参见 第4章\4.2.1节

参见 第14章\14.10节

参见 第16章\16.3节

参见 第12章\12.3节

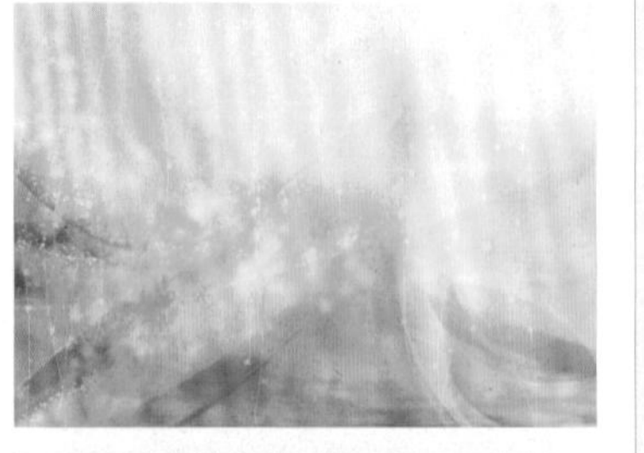

参见 第10章\10.1.2节

参见 第12章\12.4节

参见 第13章\13.4节

参见 第3章\3.9节

参见 第4章\4.3节

参见 第10章\10.6节

参见 第18章\18.3节

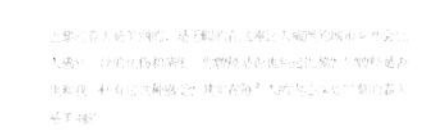

参见 第19章\19.1.2节

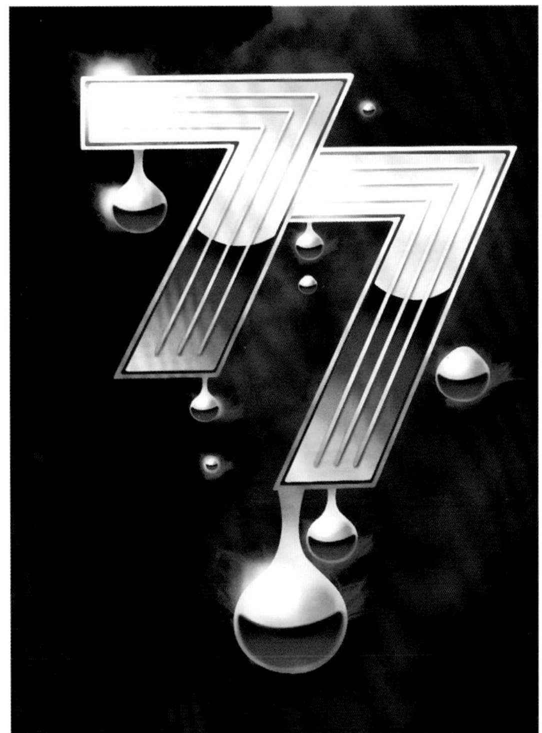

参见 第17章\17.2节

参见 第18章\18.1.1节

参见 第8章\8.8节

参见 第7章\7.5节

参见 第19章\19.2节

胜光百货 一情人节特卖
更早的爱 更浓的情
浪漫七夕

参见 第18章\18.2节

参见 第12章\12.5节

2008
吉祥
CALENDAR EXQUISITE
FU GUI JIA XIANG

参见 第10章\10.2.1节

↑ 参见 第5章\5.5节

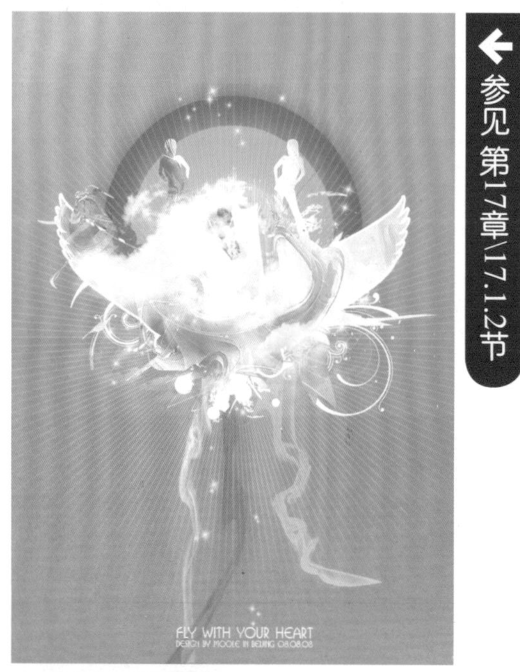

← 参见 第17章\17.1.2节

← 参见 第8章\8.6.2节

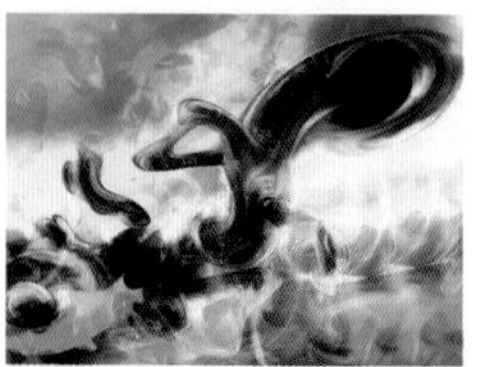

Photoshop CC 2015入门书

李慧婷
编著

清华大学出版社
北京

内 容 简 介

本书是一本根据“二八原则”与“实践出真知”原则编写的理论结合实际案例型图书，书中一半左右的篇幅讲解 Photoshop 中近 70% 最常用、最实用的理论知识与操作技能，其余篇幅则补充讲解大量案例，以便于读者通过实践得到真正有用的操作技能。该书以“理论与实践双管齐下”式的教学手法，力求让读者在掌握软件最核心技术的同时，具有实际动手操作的能力。

本书通过云盘共享的方法附送所有讲解过程中运用到的素材及效果文件，及精心整理的大量画笔、样式、动作、图案等 Photoshop 资源，此外还有专业人员录制的学习视频，帮助各位读者快速掌握最新的 Photoshop CC 2015。

本书特别适合于 Photoshop 自学者使用，也可以作为设计类院校的教材和辅导用书。

图书在版编目（CIP）数据

神奇的中文版 Photoshop CC 2015 入门书 / 李慧婷编著 .—北京：清华大学出版社，2016（2016.9重印）
ISBN 978-7-302-42274-7

Ⅰ . ①神… Ⅱ . ①李… Ⅲ . ①图象处理软件 Ⅳ . ① TP391.41

中国版本图书馆 CIP 数据核字（2015）第 283717 号

责任编辑：陈绿春
封面设计：潘国文
责任校对：徐俊伟
责任印制：何芊

出版发行：清华大学出版社
网　址：http://www.tup.com.cn，http://www.wqbook.com
地　址：北京清华大学学研大厦 A 座　　**邮　编**：100084
社总机：010-62770175　　**邮　购**：010-62786544
投稿与读者服务：010-62776969, c-service@tup.tsinghua.edu.cn
质量反馈：010-62772015, zhiliang@tup.tsinghua.edu.cn
印 装 者：北京亿浓世纪彩色印刷有限公司
经　销：全国新华书店
开　本：185mm×260mm　**印　张**：17.5　**插　页**：4　**字　数**：499 千字
版　次：2016 年 1 月第 1 版　　**印　次**：2016 年 9 月第 2 次印刷
印　数：3501 ~ 5500
定　价：79.00 元

产品编号：067169-01

在数码图片呈现爆炸式增长的时代，Photoshop 无疑是创造神奇图片的主流软件，在互联网中可以随意找到经由 Photoshop（PS）处理得到的令人捧腹大笑的图片，或让人惊叹的创意图像。

无疑，在全民 PS 的时代，Photoshop 已经从图形图像领域的专业软件，演变成一个无论是谁都应该掌握的基础软件，无怪乎有许多数码爱好者将其称为——神奇的 PS！

这是一本以“深入浅出、循序渐进”为讲解方式，以“讲解 Photoshop 最常用的技术”为原则的理论与案例相结合的图书。

在书中笔者摒弃了不易学、不常用的技术，配合大量实例讲解，力求让读者在掌握软件最核心的技术的同时，具有实际动手操作的能力。

总体而言，本书具有以下特色。

内容切中软件核心

在经历了 20 多年以及 10 余次的升级，Photoshop 软件的功能越来越多，但并非所有内容都是工作中常用的，因此，笔者结合多年的教学和使用经验，从中摘选出了最实用、最有用的知识与功能，掌握了这些知识与功能，基本保证读者能够应对工作与生活中遇到的与 Photoshop 相关的 80% 的问题。

理论与实例双管齐下

本书采用理论与实例约 6：4 的比例进行讲解，其中理论知识部分主要讲解了 Photoshop 软件的基础操作及常用工具，并对修饰、调色、图层、3D、蒙版、通道、样式、滤镜，以及自动化处理等功能。

在实例讲解中，涉及第 17~19 章的“综合实例”以及本书独有的“学而时习之”的形式。

知识结构严谨合理

本书在编写过程中，严格遵守“循序渐进”的教学原则，尽量将结构安排得合理、有序，即明确“先学什么，然后才能学什么”。

比如本书在第 3 章就讲解了图层的原理与基础操作，原因在于，图层可在极大程度上提高我们再编辑、再处理图像的可能性，因此在做任何操作（比如绘制图像、调整图像色彩）前，都应该尽量让图像位于一个独立图层中，以便于后续的单独处理。同时，读者在学习后面的内容时，也可以带着“图层”功能的基本概念去学习，一边学习其他知识，一边将已了解的图层功能应用起来，直至第 10、11 章讲解新的图层知识时，这都可作为一个逐渐熟悉图层功能的过程。

资源丰富实用

本书附赠海量资源，其内容主要包含案例素材及设计素材两部分。其中案例素材包含完整的案例及素材源文件，读者除了使用其配合图书中的讲解进行学习外，也可以直接将之应用于商业作品中，以提高作品的质量；另外，还附送 7GB 画笔、样式、动作、图案等 PS 资源等素材，以帮助读者在设计过程中，更好更快地完成设计工作。

此外笔者还委托专业讲师，针对本书内容，录制了多媒体视频教学课件合计 180 分钟，如果在学习中遇到问题，可以通过观看这些多媒体视频解释疑惑，提高学习效率。

特别提示：

本书所有素材、学习视频需要从网上下载，下载地址如下：

链接：http://pan.baidu.com/s/1nulzPhf 密码：w560

如果需要下载其他 7GB 附赠的资源请参考以下方法：

1. 关注微信公众号 PS17XX（谐音 PS 一起学习），也可以用微信直接扫描右侧的二维码，以关注此微信号。
2. 回复 CC2015。
3. 获得本书素材下载地址。
4. 如果需要获得附送资源，回复 ZY。
5. 回答相关问题后，获得本书素材下载地址。

其他声明

限于笔者的水平与时间，本书在操作步骤、效果及表述方面定然存在不少不尽如人意之处，希望各位读者来信指正，笔者的邮箱是 LB26@263.net 及 Lbuser@126.com，也可以加入 PS QQ 学习群 91335958 或 105841561。

本书是集体劳动的结晶，参与本书编著的人员包括：雷剑、吴腾飞、左福、范玉婵、刘志伟、李美、邓冰峰、詹曼雪、黄正、孙美娜、陈红艳、徐克沛、吴晴、李洪泽、漠然、李亚洲、佟晓旭、董文杰、张来勤、刘星龙、边艳蕊、马俊南、李敏、卢金凤、李静、肖辉、寿鹏程、管亮、马牧阳、杨冲、张奇、陈志新、孙雅丽、孟祥印、李倪、潘陈锡、姚天亮、葛露露、李阆琪、陈阳、潘光玲、张伟等。

本书所有的素材图像仅允许本书的购买者使用，不得用于销售、网络共享或其他商业用途。

作 者

2016 年 1 月

神奇的中文版Photoshop CC 2015 入门书

第 4 章

变化是永恒的——变换图像

第 5 章
做好工作，从正确的选择开始——选区操作

第 6 章
细节决定成败——图像润饰与修复

第 7 章
你应该“色胆包天”——调整图像颜色

第9章 享受创造的快感吧（下）——绘制矢量图形

第10章 前往创意圣堂的必经之路——混合功能

水润娇颜
水漾盈润

第 11 章 特效之王——图层样式

第 12 章 选区的暗箱——通道

第 13 章 为文字裁剪最美嫁衣——创建与格式化文本

第 14 章 特效之王——滤镜

第 15 章 年轻有“维”，舍我其谁——3D 功能

第 16 章
偷懒，从这里开始

第 17 章
视觉艺术

第 18 章
图像特效

第 19 章
商业设计

第1章 基础无敌，所向披靡——Photoshop基础入门

1.1 学好PS，方法是关键

既然是学习，自然就存在学习方法的问题。不同的人有不同的学习方法，有些人的学习方法能够有速成的功效，而有些人使用的方法可能事倍而功半。因此找到一个好的学习方法，对于每一个Photoshop学习者而言都是非常重要的。下面讲解几种不同的学习方法。

1.1.1 渐进式学习

这是大多数人使用的一种学习方法，虽然学习的速度不明显，但能够为学习者打下坚实的基础，使其具有精研Photoshop深层次知识的功底。使用这种方法学习Photoshop，可以按照下面讲述的几个步骤进行。

1. 打基础

对于Photoshop而言，扎实的基础即娴熟的操作技术及技巧。深厚的技术功底是实现创意的基石，纵有好的创意而苦于无法完全表达，那么一切也是枉然。因此，学习的第一阶段就是认真学习基础知识，打下坚实的基础，为以后的深入研究做准备。

2. 练习模仿

这一过程类似于“描红”，是任何类别的学习都必然经历的。在这个阶段需要进行大量练习，通过这些练习不仅能够熟悉并掌握软件功能及命令的使用方法，还能够掌握许多通过练习才能够掌握的操作技巧。

3. 积累表现技法

设计与创意中的许多表现技法是经过众多设计师积累经验总结出来的。这些技法对于一个初学者而言是非常重要的，能够帮助初学者快速走上创作的道路。

要积累这样的表现技法，可以通过欣赏大量的优秀作品。这些作品包括影视片头、广告、海报、招贴以及网页作品等。

通过欣赏这些作品，在仔细观察的基础上分析其美感的来源，并注意总结、积累以及灵活地运用，这样不仅能够提高自己的审美能力，还可以从中汲取到表现技法所必要的养分。

4. 实践并创意

实践出真知，纸上谈兵必然打不好仗，因此在经过前面3个阶段的积累与沉淀之后，必须进行大量的实践创作，个人的风格才会逐步形成，对于作品创意的构思技巧也能够得到极大的锤炼。

1.1.2 逆向式学习

先理论后实践的学习方法是多年来各个领域无数人证明过的学习真理。时至今日，在计算机软件学习领域里，绝大多数人仍然在按照此学习方法进行学习。但目前的现实是，包括Photoshop在内的许多计算机软件都推出了中文版本，这大大降低了学习的难度。此外，许多软件在功能设置方面越来越人性化，导致许多学习者改变了原有的学习习惯，采用了新的学习方法——逆向式学习方法。

初学者可以先使用软件进行制作，在操作的过程中遇到问题再返回来查看帮助文件或者相关书籍。

这种先实践后理论的学习方法可以大大提高初学者的学习效率，每一个问题都是初学者自己遇到的，因此在解决问题之后，印象也就格外深刻。

1.1.3 技术性软件的学习技术

无论是采用哪一种方法，许多人在学习了Photoshop 后，即使完全掌握了所有工具及命令的使用，却发现自己仍然无法做出完整的作品，除非对照书中讲解的案例进行制作。

这涉及到练习与创作的问题，在学习阶段，初学者可按照书中的步骤进行练习，因此很容易见效，但如果为了练习而练习，则只能达到学习的第一层作用，这就很容易出现掌握了软件但无法创作出好作品的情况。

创作需要的不仅仅是熟练的技术，更强调想法、技法与创意，因此只掌握了技术的初学者就会产生茫然不知所措的现象，但对于那些在练习中注重技法积累、而且自身又具有一定创意的初学者而言，就突显出了优势。

无论对于哪一类初学者而言，需要记住的是，所有软件都只是工具，对于 Photoshop 这样一个非常强调创意的软件而言，要掌握好软件功能，并灵活地运用于各个领域，不仅需要具有扎实的基本操作功底，更应该具有丰富的想象力和创意。

1.2 做好图，从工作界面开始

启动 Photoshop CC 2015 后，电脑屏幕上会显示出软件的工作界面，如图 1.1 所示。

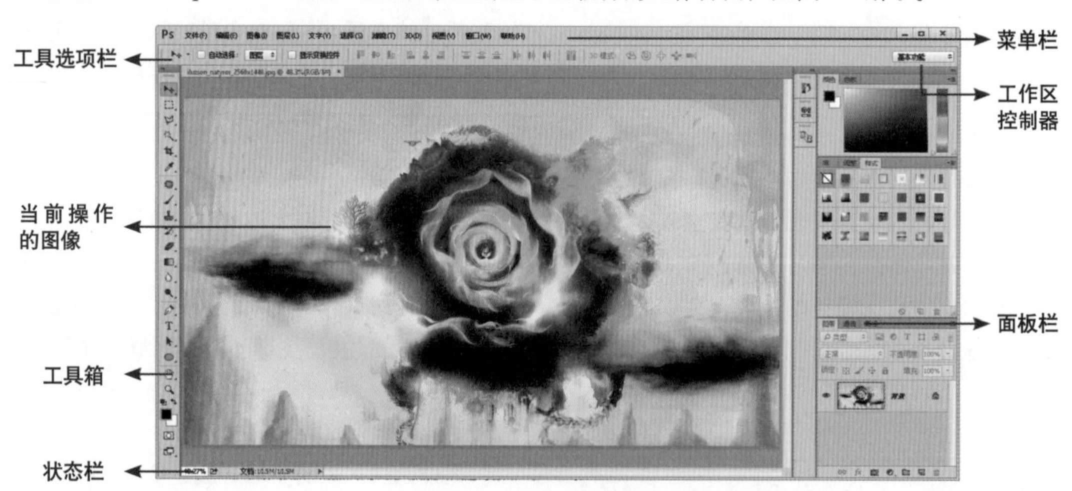

图 1.1

观察后可以看出，Photoshop 的工作界面主要包括当前操作的图像文件、菜单栏、面板栏、工具箱、工具选项栏及状态栏等元素。下面分别介绍 Photoshop 软件界面中各个部分的功能及使用方法。

1.2.1 菜单

Photoshop 包括上百个命令，听起来虽然有些复杂，但只要了解每个菜单命令的特点，通过这些特点就能够很容易地掌握这些菜单中的命令了。

许多菜单命令能够通过快捷键调用，部分菜单命令与面板菜单中的命令重合，因此在操作过程中真正使用菜单命令的情况并不太多，读者无需因为这上百个数量之多的命令产生学习的心理负担。

1.2.2 工具箱

执行“窗口”|“工具”命令，可以显示或者隐藏工具箱。

Photoshop 工具箱中的工具极为丰富，其中许多工具都非常有特点，使用这些工具可以完成绘制图像、编辑图像、修饰图像、制作选区等操作。

1. 启用工具箱中的隐藏工具

可以看到在工具箱中，部分工具的右下角有一个小三角图标，这表示该工具组中尚有隐藏工具未显示。

下面以多边形套索工具为例，讲解如何选择及隐藏工具。

01 将鼠标放置在套索工具的图标上，该工具图标呈高亮显示，如图 1.2 所示。

02 在此工具上单击鼠标右键。此时 Photoshop 会显示出该工具组中所有工具的图标，如图 1.3 所示。

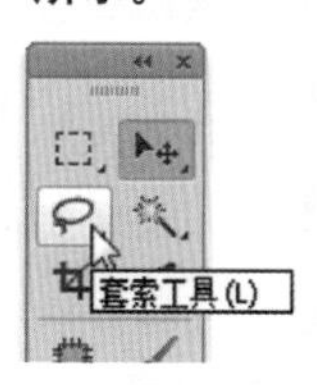

图 1.2

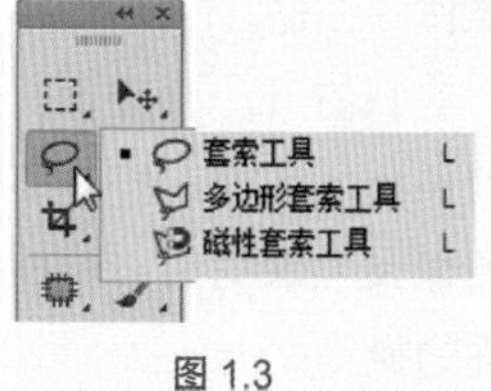

图 1.3

03 拖动鼠标指针至多边形套索工具的图标上，如图 1.4 所示，即可将其激活为当前使用的工具。

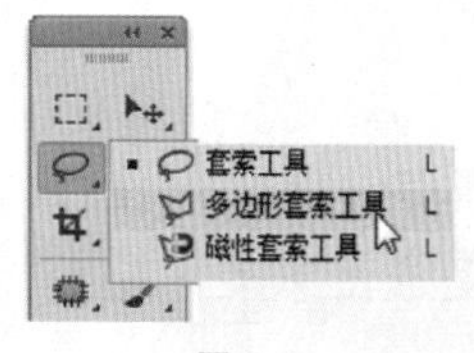

图 1.4

上面所讲述的操作适用于选择工具箱中的任何隐藏工具。

2. 伸缩工具箱

为了使操作界面更加人性化、便捷化，Photoshop 中的工具箱被设计成能够进行灵活伸缩的状态，用户可以根据操作需求将工具箱改变为单栏或双栏显示。

控制工具箱伸缩性功能的是工具箱最上面呈灰色显示的区域，其左侧有两个小“三角”形，被称为伸缩栏。下面讲解如何将工具箱的双栏改为单栏。

01 当工具箱显示为双栏时，两个小“三角”形的显示方向为左侧，双击顶部的伸缩栏（灰色区域）或单击“三角”形图标。

02 工具箱转换为单栏显示状态。

1.2.3 工具选项栏

选择工具后，在大多数情况下还需要设置其工具选项栏中的参数，这样才能够更好地使用工具。在工具选项栏中列出的通常是单选按钮、下拉菜单、参数数值框等。

1.2.4 面板

Photoshop 具有多个面板，每个面板都有其各自不同的功能。例如，与图层相关的操作大部分都被集成在“图层”面板中，而如果要对路径进行操作，则需要显示“路径”面板。

虽然面板的数量不少，但在实际工作中使用最频繁的只有其中的几个，即“图层”面板、“通道”面板、“路径”面板、“历史记录”面板、“画笔”面板和“动作”面板等。掌握这些面板的使用，基本上就能够完成工作中大多数复杂的操作。

要显示这些面板，可以在“窗口”菜单中寻找相对应的命令。

> **提示**
> 除了选择相应的命令显示面板，也可以使用各面板的快捷键显示或者隐藏面板。例如，按 F7 键可以显示“图层”面板。记住用于显示各个面板的快捷键，有助于加快操作的速度。

1. 拆分面板

当要单独拆分出一个面板时，可以选中对应的图标或标签，并按住鼠标左键，然后将其拖动至工作区中的空白位置，如图 1.5 所示。图 1.6 就是被单独拆分出来的面板。

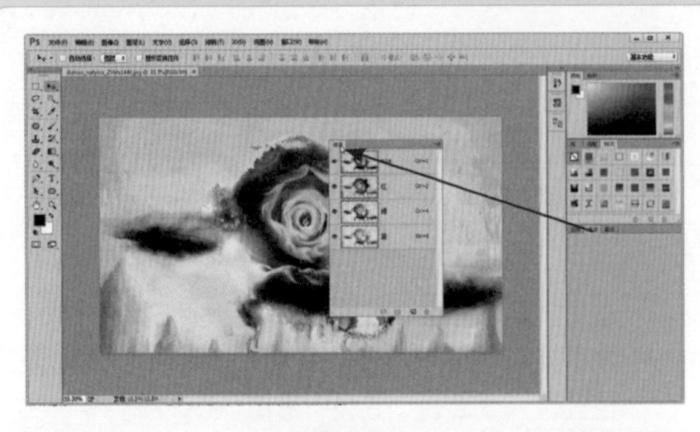

图 1.5

图 1.6

2. 组合面板

组合面板可以将两个或多个面板合并到一个面板中，当需要调用其中某个面板时，只需单击其标签名称即可。否则，如果每个面板都单独占用一个窗口，那么用于进行图像操作的空间就会大大减少，甚至会影响到正常的工作。

要组合面板，可以拖动位于外部的面板标签至想要的位置，直至该位置出现蓝色反光时，如图 1.7 所示，释放鼠标左键后，即可完成面板的拼合操作，如图 1.8 所示。通过组合面板的操作，可以将软件的操作界面布置成自己习惯或喜爱的状态，从而提高工作效率。

图 1.7

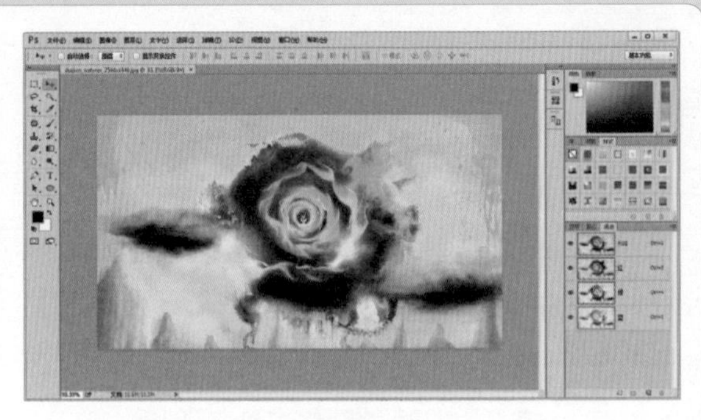

图 1.8

3. 隐藏 / 显示面板

在 Photoshop 中，按 Tab 键可以隐藏工具箱及所有已显示的面板，再次按 Tab 键可以将其全部显示。如果仅隐藏所有面板，则可按 Shift+Tab 键；同样，再次按 Shift+Tab 键可以全部显示。

1.2.5 当前操作的图像

当前操作的图像为将要或正在用 Photoshop 进行处理的对象。本节将讲解如何显示和管理当前操作的图像。

在只打开一幅图像文件时，它总是被默认为当前操作的图像；打开多幅图像时，如果要将某个图像文件激活为当前操作的对象，则可以执行下面的操作之一。

- 在图像文件的标题栏或图像上单击即可切换至该图像，并将其设置为当前操作的图像。
- 按 Ctrl+Tab 键可以在各个图像文件之间进行切换，并将其激活为当前操作的图像。该操作的缺点就是在图像文件较多时，操作起来较为烦琐。
- 选择“窗口”命令，在菜单的底部将出现当前打开的所有图像的名称，此时选择需要激活的图像文件名称，即可将其设置为当前操作的图像。

1.3 图像基本操作，一个都不能少

在使用 Photoshop 软件编辑处理图像文件之前，应该首先掌握图像文件的基本操作，包括新建、保存、关闭、打开、导入和导出等操作。

1.3.1 创建新图像文件

最常用的获得图像文件的方法是建立新文件。执行“文件”|“新建”命令后，弹出图 1.9 所示的“新建”对话框。在此对话框中可以设置新文件的“宽度”、“高度”、“颜色模式”及“背景内容”等参数，单击“确定”按钮，即可获取一个新的图像文件。

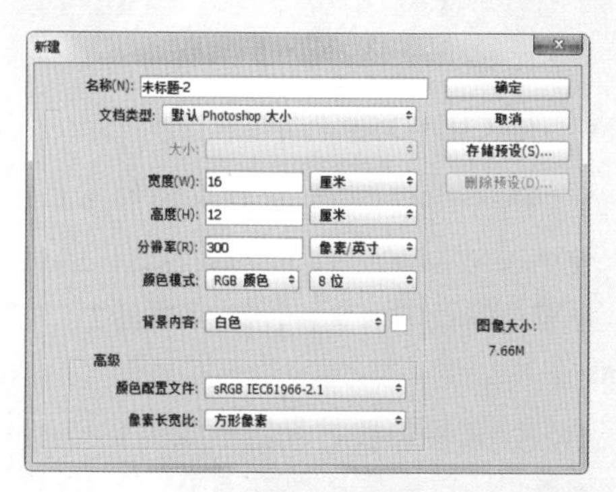

图 1.9

- 文档类型：在此下拉列表中可以选择预设的新文件类型，如“默认 Photoshop 大小”、“照片”、“美国标准纸张”及“画板”等。
- 大小 / 画板大小：在“文档类型”下拉列表中选择图像处理、照片及印刷相关的类型时，此处显示为“大小”，可在其中选择预设的文件尺寸；若在“文档类型”下拉列表中选择 Web 及移动应用程序设计相关的类型时，则此处显示为“画板大小”，可以在其中选择预设的画板尺寸。

提示

关于画板功能的讲解，请参见本书第 3 章的内容。

- 颜色模式：在其选择框的下拉菜单中可以选择新文件的颜色模式；在其右侧选择框的下拉菜单中可以选择新文件的位深度，用以确定使用颜色的最大数量。
- 背景内容：在其下拉菜单中可以设置新文件的背景颜色。
- 存储预设：单击此按钮，可以将当前设置的参数保存成为预置选项，以便从“预设”下拉菜单中调用此设置。

创建新文件是新工作的开始，正所谓“好的开端是成功的一半”。在使用此命令创建新文件时，正确设置图像文件的尺寸及分辨率是非常重要的。

提示

如果在执行新建文件前曾做过复制图像的操作，则“新建”对话框中显示的文件尺寸与所复制的对象大小相同，只需单击“确定”按钮，即可得到与复制图像大小相同的新文件；如果想得到上一次（即最近一次）新建文件时的尺寸，可以按住 Alt 键，然后执行“文件”|“新建”命令，或者直接按 Ctrl+Alt+N 快捷键。

1.3.2 直接保存图像文件

若想保存当前操作的文件，选择“文件”|“储存”命令，弹出“另存为”对话框，设置好文件名、文件类型及文件位置后，单击“保存”按钮即可。

要注意的是，只有当前操作的文件具有通道、图层、路径、专色、注解，在“格式”下拉列表中选择支持保存这些信息的文件格式时，对话框中的“Alpha 通道”、“图层”、“注解”、“专色”选项才会被激活，可以根据需要选择是否需要保存这些信息。

提示

另外提醒各位读者，要养成随时保存文件的好习惯，这仅是举手之劳，但在很多时候可能挽回不必要的损失，此操作的快捷键是 Ctrl+S。

1.3.3 另存图像文件

若要将当前操作文件以不同的格式、或不同名称、或不同存储路径再保存一份，可以选择“文件”|“存储为”命令，在弹出的“另存为”对话框中根据需要更改选项并保存。

例如，要将Photoshop中制作的产品宣传册通过电子邮件给客户看小样，因其结构复杂、有多个图层和通道，造成文件所占空间很大，通过E-mail很可能传送不过去，此时，就可以将PSD格式的原稿另存为JPEG格式的文件，从而让客户能及时又准确地看到宣传册效果。

提示

初学者在直接打开图片并对其进行修改的时候，最好能在第一时间先对其使用“另存为”命令，并在后面的操作过程中随时保存。这样做既可以保存操作，又不会覆盖原素材文件。

1.3.4 关闭图像文件

按理说关闭文件应该是最简单的操作，直接单击图像窗口右上角的关闭图标，或选择“文件”|“关闭”命令，或直接按Ctrl+W键即可。

但对于Photoshop这样的图像处理软件来说，关闭文件即表示确认了图像效果，这样就不可以再使用“历史记录”面板或按Ctrl+Z键查看前面的操作步骤了，因此，关闭前要确定是自己所要的效果。

对于操作完成后没有保存的图像，执行关闭文件操作后，会弹出提示框，询问用户是否需要保存，可以根据需要选择其中一个选项。

除了关闭文件外，还有“文件”|“退出”这样一个命令，此命令不仅会关闭图像文件，同时将退出Photoshop软件系统。也可以直接使用快捷键Ctrl+Q退出。

1.3.5 打开图像文件

要在Photoshop中打开图像文件时，可以按照下面的方法操作。

- 选择“文件”|“打开”命令。
- 按Ctrl+O键。
- 双击Photoshop操作空间的空白处。

使用以上3种方法，都可以在弹出的对话框中选择要打开的图像文件，然后单击“打开”按钮即可。

另外，直接将要打开的图像拖至Photoshop工作界面中也可以将其打开，但需要注意的是，从Photoshop CS5开始，必须置于当前图像窗口以外，如菜单区域、面板区域或软件的空白位置等，如果置于当前图像的窗口内，会创建为智能对象。

1.4 无死角浏览图像

在对图像文件操作的过程中，时常需要对图像进行观察、放大以及缩小等操作。本节将介绍相关的工具、命令以及快捷键的使用方法来提高效率。

1.4.1 缩放工具

选择工具箱中的缩放工具，在当前图像文件中单击，即可增加图像的显示倍率，按住Alt键，利用缩放工具在图像中单击，图像文件的显示倍率被缩小。

在缩放工具选项栏上选中“细微缩放”复选框，此时使用缩放工具在画布中向左侧拖动，即可缩小显示比例，而向右侧拖动即可放大显示比例，这是一项非常实用的功能。

另外，在没有选择“细微缩放”复选框的情况下，如果使用缩放工具在图像文件中拖动出一个矩形框，则矩形框中的图像部分将被放大显示在整个画布的中间，如图1.10所示。

图 1.10

1.4.2 快捷键与命令

配合以下快捷键或相应的命令，可以更快速地完成对图像显示比例的放大与缩小操作。

- 按 Ctrl+“+”键或选择“视图”|“放大”命令，可以放大图像的显示比例。
- 按 Ctrl+“-”键或选择“视图”|“缩小”命令，可以缩小图像的显示比例。
- 在按 Ctrl+“+”或“-”键缩放图像显示比例时，如果同时按下 Alt 键，可以使画布与窗口同时缩放。
- 双击“抓手工具”、按 Ctrl+0 键或选择“视图”|“按屏幕大小缩放”命令，可以按屏幕大小进行缩放。
- 双击“缩放工具”、按 Ctrl+Alt+0 键、按 Ctrl+1 键或选择“视图”|“实际像素”命令，可以快速切换至 100% 的显示比例。
- 按 Ctrl + 空格键，可切换到“缩放工具”的放大模式。
- 按 Alt + 空格键，切换到“缩放工具”的缩小模式。

1.4.3 鼠标滚轮

按住 Alt 键并使用鼠标滚轮，可实现对画布的无比例缩放，缩放时以鼠标所在位置为参照中心。

若按住 Alt+Shift 键并使用鼠标滚轮，可等比例缩放画布，缩放时以鼠标所在位置为参照中心。

1.4.4 抓手工具

如果放大后的图像大于画布的尺寸，或者图像的显示状态大于当前的显示屏幕，则可以使用“抓手工具”在画布中进行拖动，用以观察图像的各个位置。在其他工具为当前操作工具时，按住键盘上的空格键，可以暂时将其他工具切换为“抓手工具”。

提示

若当前的窗口足以显示图像，默认情况下，在屏幕右侧和底部不会显示滚动条，此时亦无法随意使用抓手工具进行拖动。若要始终显示滚动条，用以随意拖动图像，可以按 Ctrl+K 键，在弹出的对话框中选择“工具”选项卡，然后在其中选中“过界”选项即可。

1.5 出了错，也不怕

1.5.1 使用命令纠错

在执行某一错误操作后，如果要返回这一错误操作步骤之前的状态，可以选择“编辑”|“还原”命令。如果在后退之后，又需要重新执行这一命令，则可以选择“编辑”|“重做”命令。

用户不仅能够回退或重做一个操作，如果连续选择“后退一步”命令，还可以连续向前回退，如果在连续执行“编辑”|“后退一步”命令后，再连续选择“编辑”|“前进一步”命令，则可以连续重新执行已经回退的操作。

1.5.2 使用“历史记录”面板进行纠错

“历史记录”面板具有依据历史记录进行纠错的强大功能。如果使用上一节所讲解的简单命令无法得到需要的纠错效果，则需要使用此面板进行操作。

此面板几乎记录了已经进行的每一步操作。通过观察此面板，可以清楚地了解到以前所进行的操作步骤，并决定具体回退到哪一个位置，如图 1.11 所示。

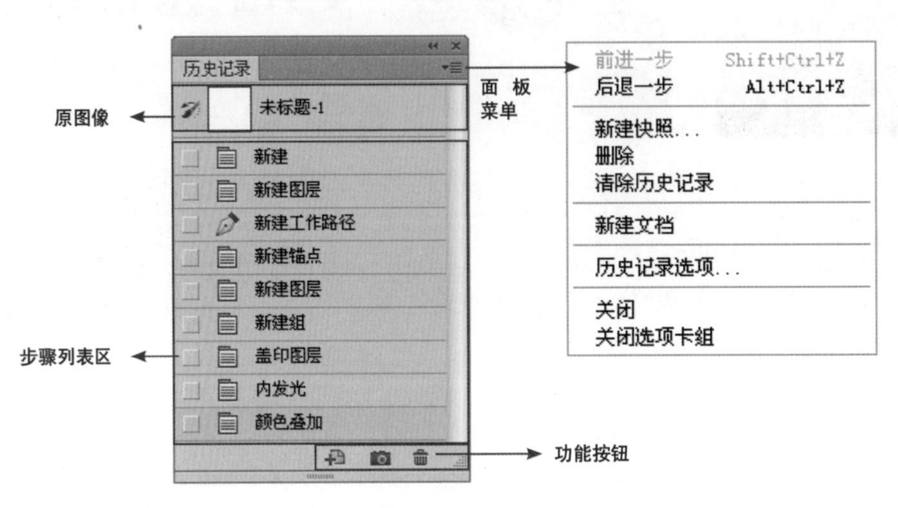

图 1.11

在进行一系列操作后，如果需要后退至某一个历史状态，可直接在历史记录列表区中单击该历史记录的名称，即可使图像的操作状态返回至此，此时在所选历史记录后面的操作都将灰度显示。例如，要回退至“新建锚点”的状态，可以直接在此面板中单击“新建锚点”历史记录，如图 1.12 所示。

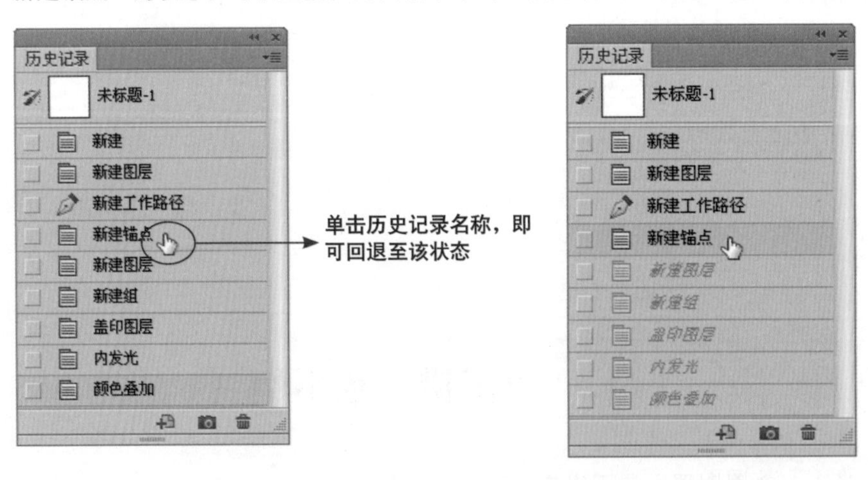

图 1.12

默认状态下，“历史记录”面板只记录最近 20 步的操作，要改变记录步骤，可选择“编辑”|“首选项”|“性能”命令或按 Ctrl+K 键，在弹出的“首选项”对话框中可以改变“历史记录状态”数值。

第 2 章　规划你的“版图”——图像及画布

2.1　位图与矢量图的是是非非

位图是由一个个像素点组合生成的图像，不同的像素点以不同的颜色构成了完整的图像。矢量图是由一系列线条所构成的图形，而这些线条的“颜色”、“位置”、“曲率”、“粗细”等属性都是通过许多复杂的数学公式来表达的。

2.1.1 位图图像

位图图像可以表达出色彩丰富、过渡自然的图像效果，一般由 Photoshop 和 PhotoImpact、Paint 等图像软件制作生成。除此之外，使用数码相机所拍摄的照片和使用扫描仪扫描的图像也都以位图形式保存。

提示

Illustrator、CorelDRAW 等矢量软件中的图形可以经过栅格化操作得到位图图像，因此图像软件并不是唯一的位图来源。

图 2.1

图 2.2

位图的缺点表现在保存位图时，电脑需要记录每个像素点的位置和颜色，所以图像像素点越多（即分辨率越高），图像越清晰，文件所占用的硬盘空间也越大，而在处理图像时电脑运算速度相应越慢。

同时，一幅位图图像中所包含的图像像素数目是一定的。如果将图像放大，其相应的像素点也会放大，当像素点被放大到一定程度后，图像就会变得不清晰，其边缘会出现锯齿。

图 2.1 所示为位图图像的原始效果。图 2.2 所示为图像被放大后的局部效果。可以看到，图像放大后显示出非常明显的像素块。

2.1.2 矢量图形

矢量图形由一系列线条所构成，而这些线条的颜色、位置、曲率、粗细等属性都是通过许多复杂的数学公式来表达的。因此文件大小与输出打印的尺寸几乎没有什么关系，这一点与位图图像的处理正好相反。

矢量图形的线条非常光滑、流畅，即使放大观察，也可以看到线条仍然保持良好的光滑度及比例相似性。图 2.3 所示为使用矢量软件 Illustrator 所绘制的图形原始效果。图 2.4 所示为图形被放大后的局部效果。

图 2.3

图 2.4

矢量图形的另一个优点是它们所占磁盘空间相对较小，其文件尺寸取决于图形中所包含的对象的数量和复杂程度。

正因为矢量图形是用数学公式来定义线条和形状的，且它的颜色表示都是以面来计算的，因此它不像位图图像那样能够表现很丰富、细腻的细节。最常见的矢量图形是企业的 LOGO、卡通以及漫画等。

2.2 尺寸与分辨率

如果需要改变图像尺寸，可以使用“图像”|“图像大小”命令，弹出的对话框如图 2.5 所示。

图 2.5

使用此命令时，首先要考虑的因素是是否需使图像的像素发生变化，这一点将从根本上影响图像被修改后的状态。

如果图像的像素总量不变，提高分辨率将降低其打印尺寸，提高其打印尺寸将降低其分辨率。但图像像素总量发生变化时，可以在提高其打印尺寸的同时保持图像的分辨率不变，反之亦然。

在此分别以在像素总量不变的情况下改变图像尺寸，及在像素总量变化的情况下改变图像尺寸为例，讲解如何使用此命令。

1. 保持像素总量不变

在像素总量不变的情况下改变图像尺寸的操作方法如下。

01 **在“图像大小”对话框中取消选中“重新取样”复选框，此时对话框如图 2.6 所示。在左侧提供了图像的预览功能，用户在改变尺寸或进行缩放操作后，可以在此看到调整后的效果。**

图 2.6

02 **在对话框的“宽度”、“高度”文本框右侧选择合适的单位。**

03 **分别在对话框的“宽度”、“高度”两个文本框中输入小于原值的数值，即可降低图像的尺寸，此时输入的数值无论大小，对话框中的“像素大小”数值都不会有变化。**

04 **如果在改变其尺寸时，需要保持图像的长宽比，则选中“约束比例”复选框，否则取消其选中状态。**

2. 像素总量发生变化

在像素总量变化的情况下改变图像尺寸的操作方法如下。

01 **确认“图像大小”对话框中的“重新取样”复选框处于选中状态，然后继续下一步的操作。**

02 **在“宽度”、“高度”文本框右侧选择合适的单位，然后在两个文本框中输入不同的数值即可。**

如果在像素总量发生变化的情况下，将图像的尺寸变小，然后以同样方法将图像的尺寸放大，则不会得到原图像的细节，因为 Photoshop 无法恢复已损失的图像细节，这是最容易被初学者忽视的问题之一。

2.3 梦想有多大，版图就有多大

画布操作，可以在原图像大小的基础上，在图片四周增加空白部分，以便于在图像之外添加其他内容。如果画布比图像小，就会裁去图像超出画布的部分。

2.3.1 裁剪工具详解

使用裁剪工具，除了可以根据需要裁掉不需要的像素外，还可以使用多种网络线进行辅助裁剪、在裁剪过程中进行拉直处理以及决定是否删除被裁剪掉的像素等，其工具选项如图 2.7 所示。

图 2.7

下面来讲解其中各选项的使用方法。

- 裁剪比例：在此下拉菜单中，可以选择裁剪工具在裁剪时的比例。另外，若是选择“新建裁剪预设”命令，在弹出的对话框中可以将当前所设置的裁剪比例、像素数值及其他选项保存成为一个预设，以便于以后使用；若是选择“删除裁剪预设”命令，在弹出的对话框中可以将用户存储的预设删除。
- 设置自定长宽比：在此处的数值输入框中，可以输入裁剪后的宽度及高度像素数值，以精确控制图像的裁剪。
- “高度和宽度互换”按钮：单击此按钮，可以互换当前所设置的高度与宽度的数值。
- “拉直”按钮：单击此按钮后，可以在裁剪框内进行拉直校正处理，特别适合裁剪并校正倾斜的画面。
- 设置叠加选项按钮：单击此按钮，在弹出的菜单中，可以选择裁剪图像时的显示设置，该菜单共分为 3 栏，如图 2.8 所示。第一栏用于设置裁剪框中辅助框的形态，如对角、三角形、黄金比例以及金色螺线等；在第 2 栏中，可以设置是否在裁剪时显示辅助线；在第3栏中，若选择“循环切换叠加”命令或按O键，则可以在不同的裁剪辅助线之间进行切换，若选择“循环切换取向”命令或按Shift+O键，则可以切换裁剪辅助线的方向。

- “裁剪选项”按钮：单击此按钮，将弹出图2.9所示的下拉菜单，在其中可以设置一些裁剪图像时的选项。选择“使用经典模式”，则使用Photoshop CS5及更旧版中的裁剪预览方式，在选中此选项后，下面的两个选项将变为不可用状态；若是选择“显示裁剪区域”选项，在裁剪过程中，会显示被裁剪掉的区域，反之，若是取消选中该选项，则隐藏被裁剪掉的图像；若选择“自动居中预览”选项，在裁剪的过程中，裁剪后的图像会自动置于画面的中央位置，以便于观看裁剪后的效果；选中“启用裁剪屏蔽”选项时，可以在裁剪过程中对裁剪掉的图像进行一定的屏蔽显示，在其下面的区域中可以设置屏蔽时的选项。

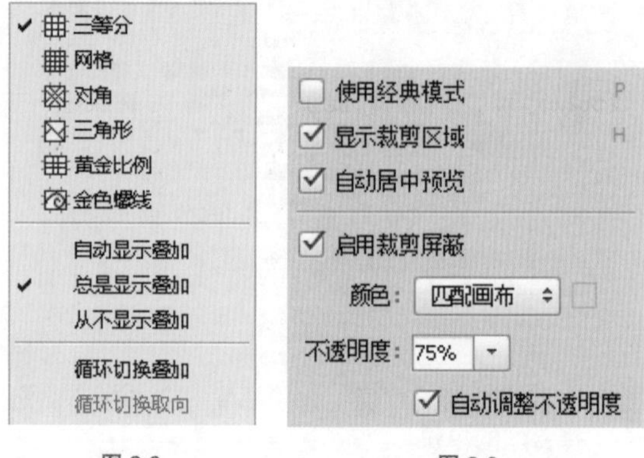

图2.8　图2.9

- 删除裁剪的像素：选择此选项时，在确认裁剪后，会将裁剪框以外的像素删除；反之，若未选中此选项，则可以保留所有被裁剪掉的像素。当再次选择裁剪工具时，只需要单击裁剪控制框上任意一个控制句柄，或执行任意的编辑裁剪框操作，即可显示被裁剪掉的像素，以便于重新编辑。

2.3.2 使用裁剪工具突出图像重点

通过裁剪工具对图像画布进行裁剪，可以得到重点突出的图像，其操作步骤如下。

01 **打开文件“第2章\2.3.2-素材.jpg”，将看到整个图片，如图2.10所示。**

02 **在工具箱中选择裁剪工具，在图片中调整裁剪区域，如图2.11所示。**

03 **按Enter键确认，裁剪后的图片如图2.12所示。**

图2.10

图2.11

图2.12

如果在得到裁剪框后需要取消此裁剪操作，则可以按Esc键。

2.3.3 使用透视裁剪工具改变画布尺寸

从 Photoshop CS6 开始，过往版本中的裁剪工具上的“透视”选项被独立出来，形成一个新的透视裁剪工具，并提供了更为便捷的操控方式及相关选项设置，其工具选项栏如图 2.13 所示。

图 2.13

下面通过一个简单的实例，来讲解此工具的使用方法。

01 打开文件“第 2 章\2.3.3- 素材 .jpg”，如图 2.14 所示。在本例中，将针对其中变形的图像进行校正处理。

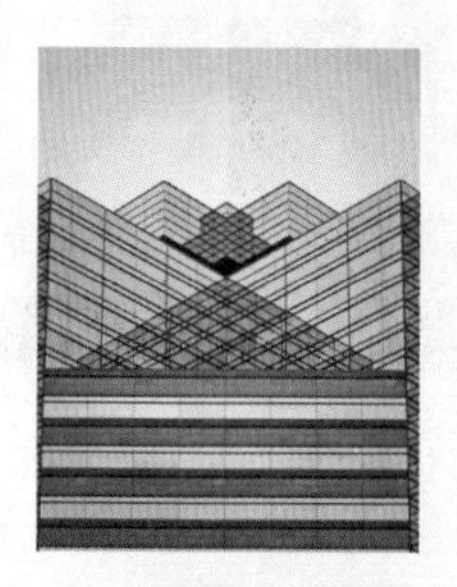

图 2.14

02 选择透视裁剪工具，将光标置于建筑的左下角位置，如图 2.15 所示。

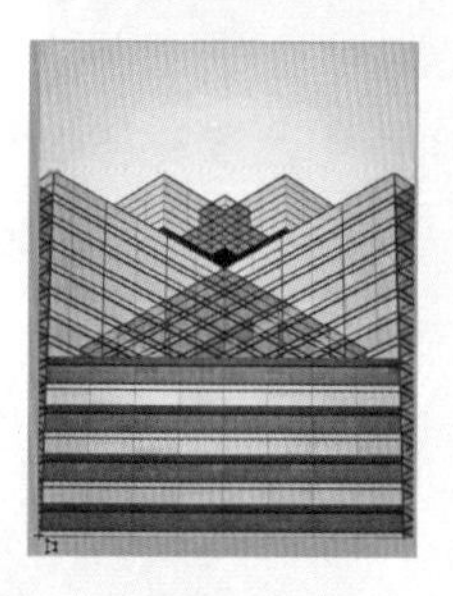

图 2.15

03 单击鼠标左键添加一个透视控制柄，然后向上移动鼠标至下一个点，并配合两点之间的辅助线，使之与左侧的建筑透视相符，如图 2.16 所示。

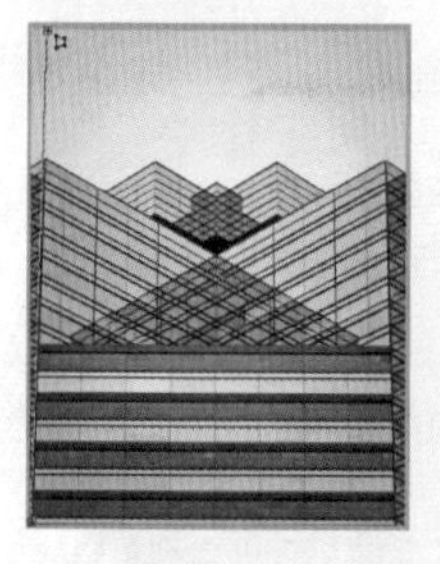

图 2.16

04 按照上一步的方法，在水平方向上添加第 3 个变形控制柄，如图 2.17 所示。由于此处没有辅助线可供参考，因此只能目测其倾斜的位置并添加变形控制柄，在后面的操作中再对其进行更正。

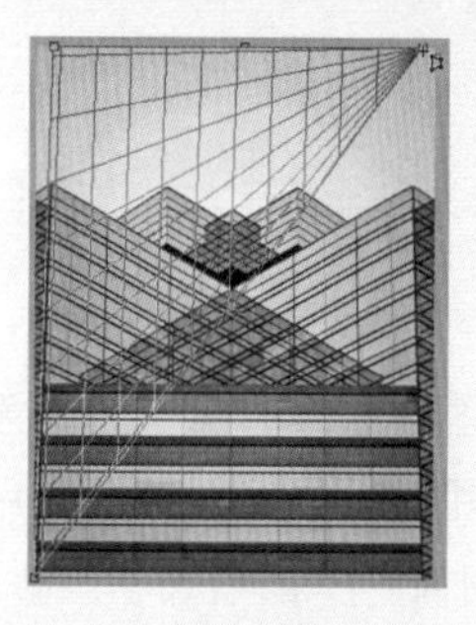

图 2.17

05 将光标置于图像右下角的位置，以完成一个透视裁剪框，如图 2.18 所示。

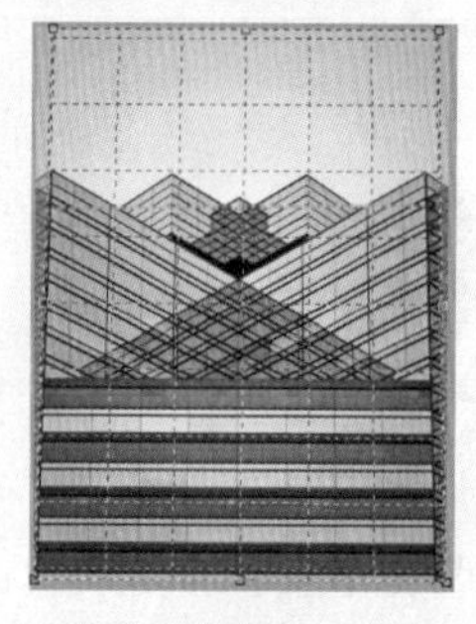

图 2.18

06 对右侧的透视裁剪框进行编辑，使之更符合右侧的透视校正需要，如图 2.19 所示。

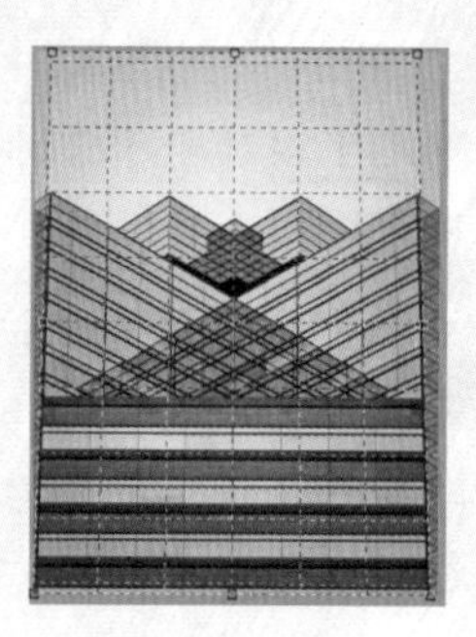

图 2.19

07 裁剪完毕后，按Enter键确认变换，得到如图2.20所示的最终效果。

图 2.20

2.3.4 使用“画布大小”命令改变画布尺寸

画布尺寸与图像的视觉质量没有太大的关系，但会影响图像的打印效果及应用效果。

执行“图像”|“画布大小”命令，调出如图2.21所示的对话框。

“画布大小”对话框中各参数释义如下。

- 当前大小：显示图像当前的大小、宽度及高度。
- 新建大小：在此数值框中可以键入图像文件的新尺寸数值。刚打开“画布大小”对话框时，此选项区数值与“当前大小”选项区数值一样。
- 相对：选择此选项，在“宽度”及“高度”数值框中显示图像新尺寸与原尺寸的差值，此时在“宽度”、“高度”数值框中如果键入正值则放大图像画布，键入负值则裁剪图像画布。
- 定位：单击“定位”框中的箭头，用以设置新画布尺寸相对于原尺寸的位置，其中空白框格中的黑色圆点为缩放的中心点。
- 画布扩展颜色：单击▾按钮，弹出图2.22所示的菜单，在此可以选择扩展画布后新画布的颜色，也可以单击其右侧的色块，在弹出的“拾色器（画布扩展颜色）”对话框中选择一种颜色，为扩展后的画布设置扩展区域的颜色。图2.23所示为原图像，图2.24所示为在画布扩展颜色为灰色的情况下，扩展图像画布的效果。

图 2.21

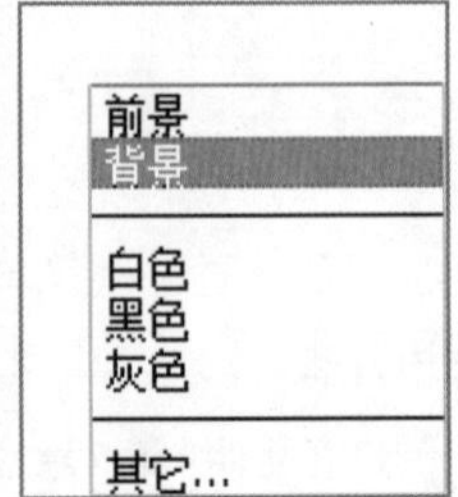

图 2.22

图 2.23

图 2.24

2.3.5 改变画布方向

如果图像在视觉上是倾斜的，可以执行“图像”|“图像旋转”命令进行角度调整，各命令的功能释义如下。

- 180度：使画布旋转180°。
- 90度（顺时针）：使画布顺时针旋转90°。
- 90度（逆时针）：使画布逆时针旋转90°。
- 任意角度：可以选择画布的任意方向和角度进行旋转。
- 水平翻转画布：将画布进行水平方向上的镜像处理。
- 垂直翻转画布：将画布进行垂直方向上的镜像处理。

图2.25就是水平及垂直翻转画布的示例。

提示

如果在“宽度”及“高度”数值框中键入小于原画布大小的数值，将弹出信息提示对话框，单击“继续”按钮，Photoshop将对图像进行剪切。

（a）原图像

（b）水平翻转

（c）垂直翻转

图 2.25

提示

上述命令可以对整幅图像进行操作，包括图层、通道、路径等。

2.4 学而时习之——按照洗印尺寸裁剪照片

进行打印输出时，需要根据照片的输出尺寸进行裁剪，同时还应该对分辨率进行适当的设置。在使用裁剪工具时，可以将这一系列工作都完成。下面以洗印照片为例，讲解其具体操作方法。

01 打开文件“第 2 章 \“2.4- 素材 .jpg”，将看到整个图片，如图 2.26 所示。

图 2.26

02 在工具箱中选择裁剪工具，在工具选项栏中单击右侧的三角按钮，在弹出的预设选择框中选择一个合适的尺寸，如图 2.27 所示，或在右侧的宽度及高度输入框中手动输入照片的尺寸。

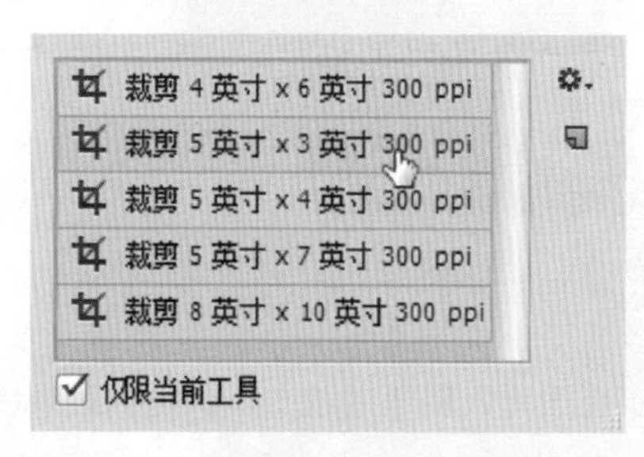

图 2.27

提示

对于“分辨率”数值，默认情况下是 300 像素 / 英寸，但在照片尺寸不够时，也可以适当缩小，只不过分辨率越低，洗印出来的照片效果就会越差一些。

03 使用裁剪工具在画布中拖动，以定义要显示的范围，如图 2.28 所示。

图 2.28

04 按 Enter 键确认，确定裁剪照片后的最终效果，如图 2.29 所示。

图 2.29

第 3 章　一层一层剥开你——图层基础知识

3.1　图层那些事

“可以将图层看作是一张一张独立的透明胶片，在每一个图层的相应位置创建组成图像的一部分内容，所有图层层叠放置在一起，就合成了一幅完整的图像。”

这一段关于图层的描述性文字，对图层的几个重点特性都有所表述。了解了图层的这些特性，对于学习图层的深层次知识有很大的好处。

以图 3.1 所示的图像为例，通过图层关系的示意来认识图层的这些特性。可以看出，分层图像的最终效果是由多个图层叠加在一起产生的。由于透明图层中的除图像外的区域（在图中以灰白格显示）都是透明的，因此在叠加时可以透过其透明区域观察到该图层下方图层中的图像。由于背景图层是不透明的，因此观察者的视线在穿透所有透明图层后，就停留在背景图层上，并最终产生所有图层叠加在一起的视觉效果。图 3.2 示意了图层的透明与合成特性。

图 3.1

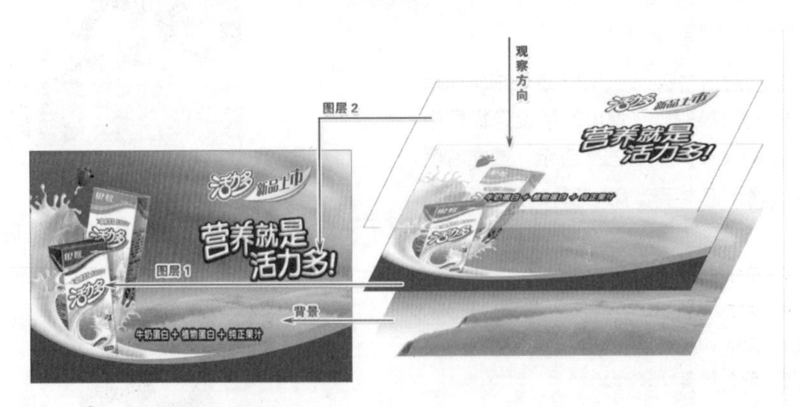

图 3.2

当然，这只是一个非常简单的示例，图层的功能远远不止于此，但通过这个示例可以理解图层最为基本的特性，即分层管理特性、透明特性、合成特性。

3.2 图层的总控制台——“图层”面板

“图层”面板集成了Photoshop中绝大部分与图层相关的常用命令及操作。使用此面板，可以快速地对图像进行新建、复制及删除等操作。按F7键或者执行“窗口”|“图层”命令即可显示“图层”面板，其功能分区如图3.3所示。

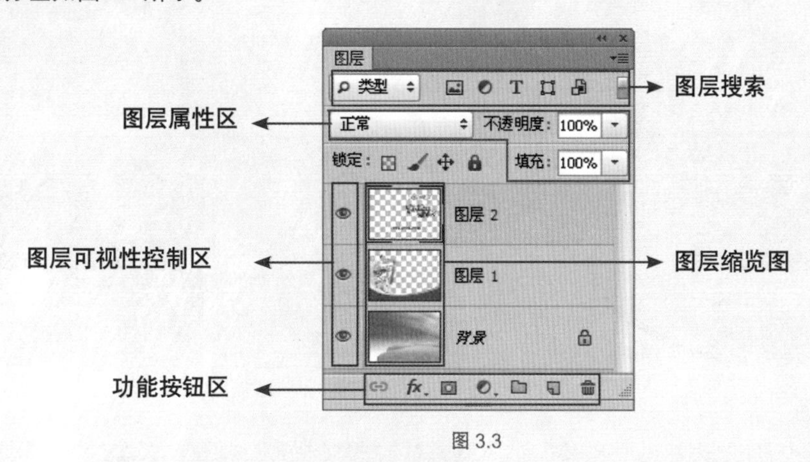

图3.3

3.3 管好你的图层

图层的基础操作是我们最常用的操作之一，例如新建图层、复制图层、显示与隐藏图层等，下面将详细讲解其操作方法。

3.3.1 常用新建图层的方法

常用的创建新图层的操作方法如下。

1. 使用按钮创建图层

单击“图层”面板底部的“创建新图层”按钮，可直接创建一个为Photoshop默认值的新图层，这也是创建新图层最常用的方法。

> 提示
> 按此方法创建新图层时如果需要改变默认值，可以按住Alt键并单击“创建新图层”按钮，然后在弹出的对话框中进行修改；按住Ctrl键的同时单击“创建新图层”按钮，则可在当前图层下方创建新图层。

如果当前存在选区，还有两种方法可以从当前选区中创建新的图层，即选择“图层”|“新建”|“通过拷贝的图层”、“通过剪切的图层”命令新建图层。

- 在选区存在的情况下，选择“图层”|“新建”|“通过拷贝的图层”命令，可以将当前选区中的图像拷贝至一个新的图层中，该命令的快捷键为Ctrl+J。
- 在没有任何选区的情况下，选择“图层”|“新建”|“通过拷贝的图层”命令，可以复制当前选中的图层。
- 在选区存在的情况下，选择“图层”|“新建”|“通过剪切的图层”命令，可以将当前选区中的图像剪切至一个新的图层中，该命令的快捷键为Ctrl+Shift+J。

例如，图3.4所示为原图像及其“图层”面板，在图像中绘制一个选区，如图3.5所示，并选择“通过拷贝的图层”命令，此时的“图层”面板如图

3.6 所示。而如果选择“通过剪切的图层”命令，则“图层”面板如图 3.7 所示。可以看到，由于执行了剪切操作，背景图层上的图像被删除并使用当前所设置的背景色进行填充（笔者当前所设置的背景色为白色）。

图 3.4

图 3.5

图 3.6

图 3.7

2. 使用快捷键新建图层

使用快捷键新建图层，可以执行以下操作之一。

- 按 Ctrl+Shift+N 键，则弹出“新建图层”对话框，设置适当的参数，单击“确定”按钮即可在当前图层上新建一个图层。
- 按 Ctrl+Alt+Shift+N 键即可在不弹出“新建图层”对话框的情况下，在当前图层上方新建一个图层。

3.3.2 选择图层

1. 在“图层”面板中选择图层

要选择某图层或者图层组，可以在“图层”面板中单击该图层或者图层组的名称，效果如图 3.8 所示。当某图层处于被选择的状态时，文件窗口的标题栏中将显示该图层的名称。另外，选择移动工具后在画布中单击鼠标右键，可以在弹出的菜单中列出当前图像所在的图层，如图 3.9 所示。

图 3.8

图 3.9

2. 选择多个图层

同时选择多个图层的方法如下。

（1）如果要选择连续的多个图层，在选择一个图层后，按住 Shift 键并在“图层”面板中单击另一图层的图层名称，则两个图层间的所有图层都会被选中。

（2）如果要选择不连续的多个图层，在选择一个图层后，按住 Ctrl 键并在“图层”面板中单击另一图层的图层名称。

通过同时选择多个图层，可以一次性对这些图层执行复制、删除、变换等操作。

3.3.3 显示或隐藏图层

在“图层”面板中单击图层左侧的👁图标，使其消失，即隐藏该图层。再次单击此处可重新显示该图层。

如果在👁图标列中按住鼠标左键不放并向下拖动，可以显示或者隐藏拖动过程中所有掠过的图层。按住 Alt 键，单击图层左侧的👁图标，则只显示该图层而隐藏其他图层；再次按住 Alt 键并单击该图层左侧的👁图标，即可恢复之前的图层显示状态。

提示

在两次按住 Alt 键并单击👁图标的操作之间，不可以有其他显示或者隐藏图层的操作，否则恢复之前的图层显示状态将无法完成。

另外，只有可见图层才可以被打印，所以要对当前图像文件进行打印时，必须保证要打印的图像其所在图层处于显示状态。

3.3.4 复制图层

要复制图层，可以按以下步骤操作。

- 直接按住 Alt 键并拖动要复制的图层至目标位置。
- 在“图层”面板中选择需要复制的图层。将图层拖动至“图层”面板底部的“创建新图层”按钮 上，即可复制图层。
- 也可以执行“图层”|“复制图层”命令，或者在“图层”面板弹出菜单中选择“复制图层”命令，在弹出的图 3.10 所示的“复制图层”对话框中设置参数。

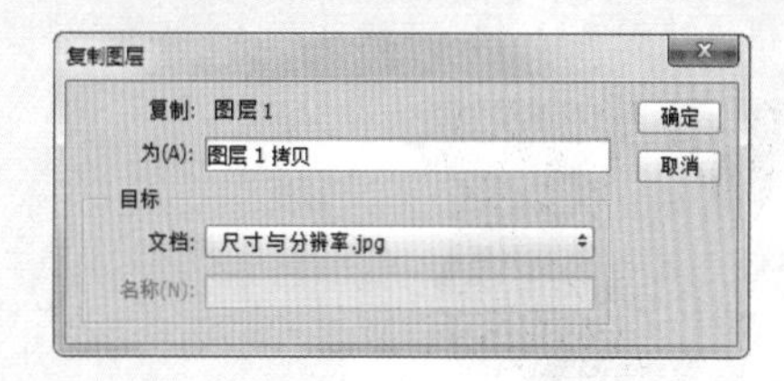

图 3.10

提示

如果在此对话框的“文档”下拉菜单中选择“新建”选项，并在“名称”文本框中输入文件名称，可将当前图层复制为新的文件。

若要复制多个图层，可以将其选中，然后再按照上述方法操作。

3.3.5 删除图层

删除无用的或者临时的图层有利于降低文件的大小，以便于文件的存储或者网络传输。在“图层”面板中可以根据需要删除任意图层，但在“图层”面板中最终至少要保留一个图层。

要删除图层，可以执行以下操作之一。

（1）执行“图层”|“删除”|“图层”命令或者单击“图层”面板底部的“删除图层”按钮 ，在弹出的提示对话框中单击“是”按钮即可删除所选图层。

（2）在“图层”面板中选择需要删除的图层，并将其拖动至“图层”面板底部的“删除图层”按钮 上。

（3）如果要删除处于隐藏状态的图层，可以执行“图层”|“删除”|“隐藏图层”命令，在弹出的提示框中单击“是”按钮。

（4）还有一种更为方便、快捷的删除图层的方法，即在当前图像中不存在选区或者路径的情况下，按 Delete 键删除当前选中的图层。

3.3.6 重命名图层

在 Photoshop 中新建图层，系统会默认生成的图层名称，新建的图层被命名为“图层 1”、“图层 2”，以此类推。

改变图层的默认名称，可以执行以下操作之一。

（1）在“图层”面板中选择要重新命名的图层，选择“图层”|“重命名图层”命令，此时该名称变为可键入状态，输入新的图层名称后，单击图层缩览图或者按 Enter 键确认。

（2）双击图层缩览图右侧的图层名称，此时该名称变为可键入状态，输入新的图层名称后，单击图层缩览图或者按 Enter 键确认。

3.3.7 改变图层次序

针对图层中的图像具有上层覆盖下层的特性，适当地调整图层顺序可以制作出更为丰富的图像效果。调整图层顺序的操作方法非常简单。以图 3.11 所示的图像为例，按住鼠标左键并将图层拖动至图 3.12 所示的目标位置，当目标位置显示出一条高光线时释放鼠标，效果如图 3.13 所示。图 3.14 所示是调整图层顺序后的“图层”面板。

图 3.11

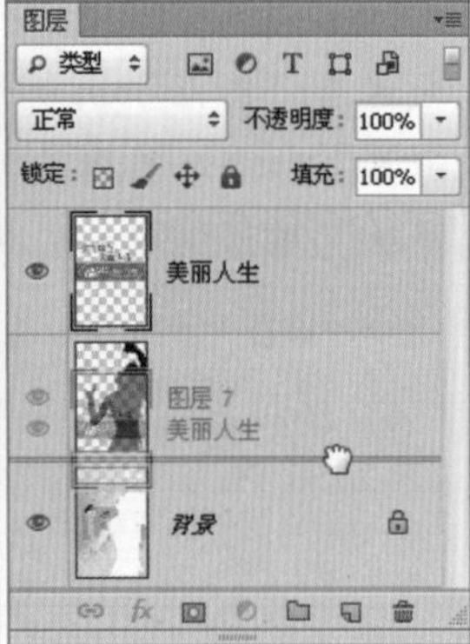

图 3.12

图 3.13

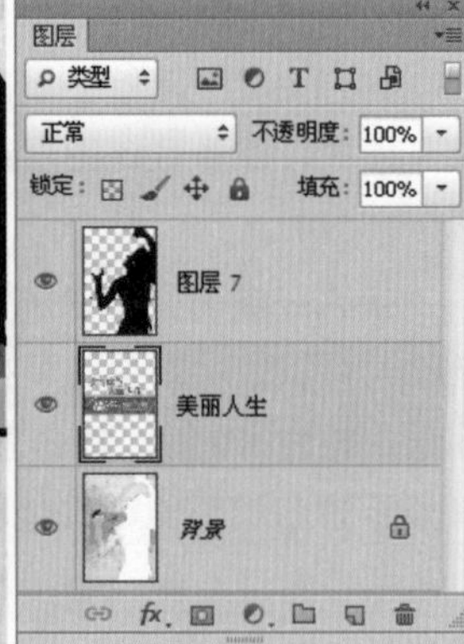

图 3.14

3.3.8 图层组及嵌套图层组

使用图层组可以在很大程度上充分利用“图层”面板的空间，更为重要的是，可以对一个图层组中的所有图层进行一致的控制，图层与图层组的关系类似于文件与文件夹的关系。

1. 新建图层组

要创建新的图层组，可以执行以下操作之一。

（1）执行“图层”|“新建”|“组”命令或者从“图层”面板弹出菜单中选择“新建组”命令，弹出“新建组”对话框。在该对话框中设置新图层组的“名称”、“颜色”、“模式”及“不透明度”等参数，设置完成后单击“确定”按钮，即可创建新图层组。

（2）如果直接单击“图层”面板底部的“创建新组”按钮，可以创建默认设置的图层组。

（3）如果要将当前存在的图层合并至一个图层组，可以将这些图层选中，然后按 Ctrl+G 键或者执行“图层”|“新建”|“从图层建立组”命令，在弹出的“新建组”对话框中单击“确定”按钮。

2. 将图层移入图层组

如果新建的图层组中没有图层，在此情况下可以通过拖动鼠标的方式将图层移入到该图层组中。将图层拖动至图层组的目标位置，待出现黑色线框时，释放鼠标左键即可，其操作的过程如图 3.15 所示。

（a）选择图层

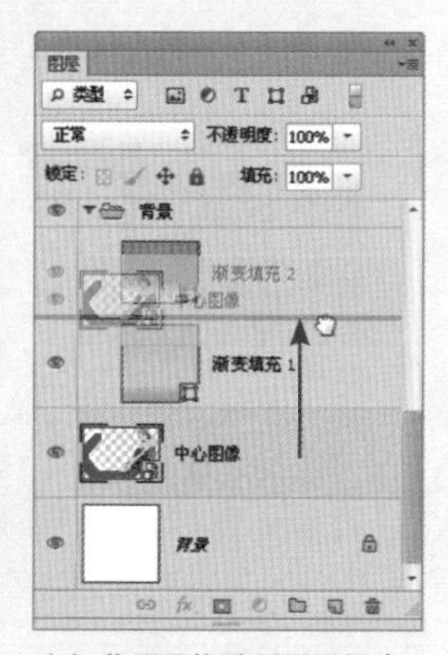

（b）将图层拖动到图层组中

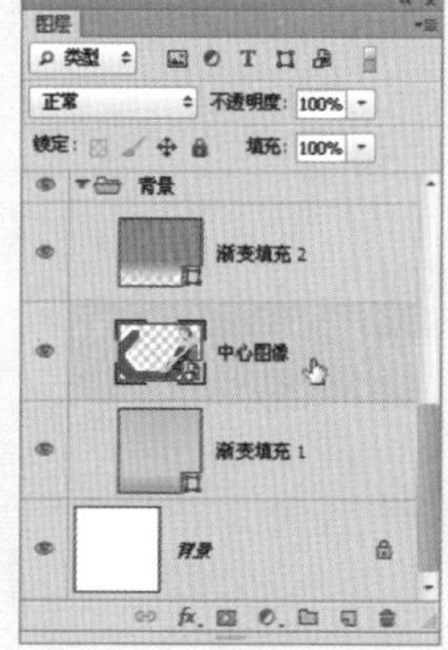

（c）释放鼠标左键

图 3.15

3. 将图层移出图层组

将图层移出图层组，可以使该图层脱离图层组，操作时只需要在“图层”面板中选中图层，然后将其拖出图层组，当目标位置出现黑色线框时，释放鼠标左键即可，其操作的过程如图 3.16 所示。

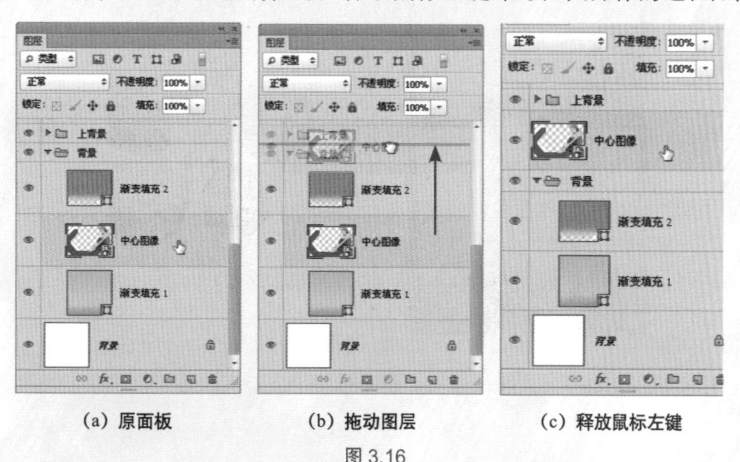

（a）原面板　（b）拖动图层　（c）释放鼠标左键

图 3.16

提示

在由图层组向外拖动多个图层时，如果要保持图层间的相互顺序不变，应该从最底层开始向上依次拖动，否则原图层顺序将无法保持。

3.4 画板

画板功能较早出现于 Adobe Illustrator 软件中，现被融合至 Photoshop 软件中，这也是 Photoshop CC 2015 中新增的一项重要功能。本节将详细讲解画板功能的概念及其使用方法。

3.4.1 画板的概念与用途

在 Photoshop 中，画板功能可用于界定图像的显示范围，且可以通过创建多个画板，以满足设计师在同一图像文件中设计多个页面或多个方案等需求。

例如在设计移动设备应用程序的界面时，常常要设计多个不同界面下的效果图。在以前，用户只能够将其保存在不同的文件中，或保存在同一文件的不同图层组中，这样不仅操作起来非常麻烦，在查看和编辑时也极为繁琐，而使用 Photoshop CC 2015 新增的画板功能，可以在同一图像文件中创建多个画板，每个画板用于设计不同的界面，如图 3.17 所示。

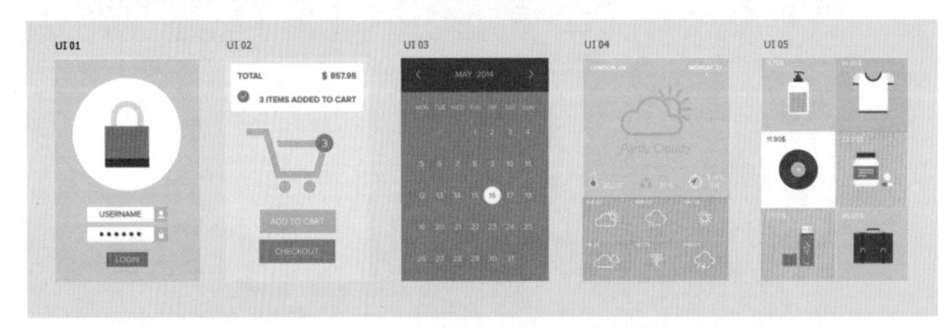

图 3.17

从画板提供的功能及参数等方面来看，主要以网络与移动设备的 UI 设计领域为主，但通过灵活的运用，也可以在平面设计、图像处理等领域中发挥作用。例如图 3.18 所示就是在同一图像文件中，利用画板功能分别设计一个海报的正面与反面时的效果。

图 3.18

3.4.2 画布与画板的区别

画布是用于界定当前图像范围的，默认情况下，超出画布的图像都会被隐藏，从这一角度来说，画布与画板的功能是相同的。

二者的不同之处在于，画板是Photoshop CC 2015中新增的功能，它是高于画布的存在。更直观地说，在没有画板的情况下，画布是界定图像范围的唯一标准，而创建了画板之后，它将取代画布成为新的界定图像范围的标准。

与画布相比，画板功能的强大之处在于，在一个图像中，画布是唯一的，其示意图如图3.19所示，而画板（据官方说法）是无限的，其示意图如图3.20所示。用户可通过在同一文件中创建多个画板，并分别在各画板中设计不同的内容，以便于进行整体的浏览、对比和编辑。如前所述，这对于网页及界面设计来说，是非常有用的功能。

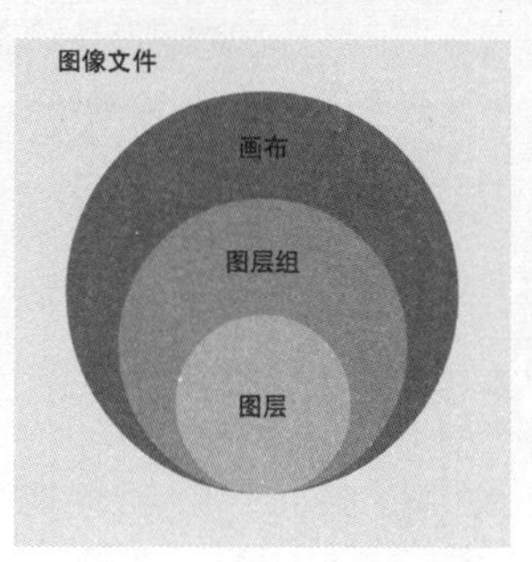

图 3.19

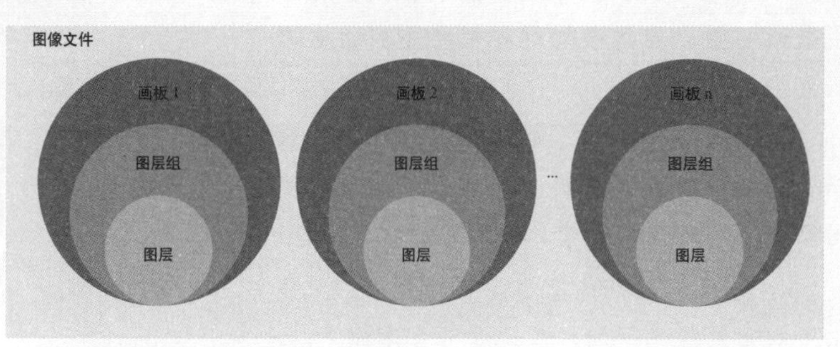

图 3.20

 3.4.3 创建新画板

在本书前面讲解新建文档时，已经提到可以在创建新的图像文件时，设置新文件的画板及相关参数。除此之外，用户还可以使用画板工具创建与管理画板。默认情况下，用户可在移动工具上单击鼠标右键，在弹出的工具列表中选择画板工具，如图3.21所示。

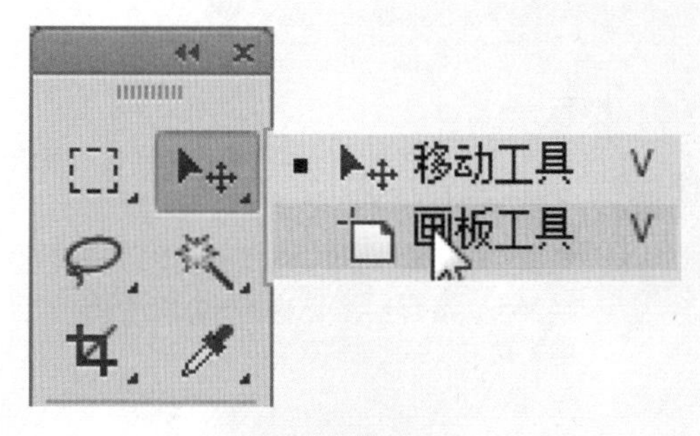

图 3.21

图 3.22

创建新画板是指使用画板工具，在一个无画板的文件中创建画板，此时可以在工具箱中选择画板工具，然后像使用裁剪工具一样，按住鼠标左键并拖动，绘制出要创建画板的范围即可。以图3.22所示的素材为例，图3.23所示是在中间的主体图像内部绘制新画板后的状态。

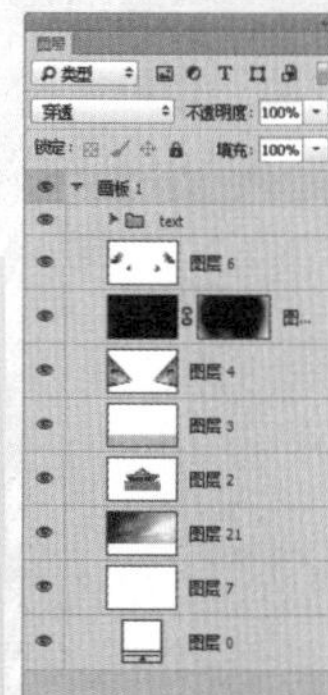

图 3.23

对比创建画板前后的效果，有以下几点需要注意。

- 创建新画板后，会在现有的全部图层及图层组上方，增加一级特殊的图层组，即“画板 1”，用于装载当前画板中的内容。
- 创建新画板后，会自动在当前画板底部添加一个白色的颜色填充图层，用户可双击其缩略图，在弹出的对话框中重新设置其颜色。
- 创建新画板后，图层缩略图中原本显示为透明的区域，自动变为白色，但其中的图像仍然具有透明背景，并没有被填充颜色。
- 超出画板的内容并没有被删除，只是由于超出画板的范围，因此没有显示出来。

3.4.4 依据图层对象转换画板

在选中的一个或多个图层后，在图层名称上单击鼠标右键，在弹出的菜单中选择“来自图层的画板”命令，将弹出图 3.24 所示的对话框。

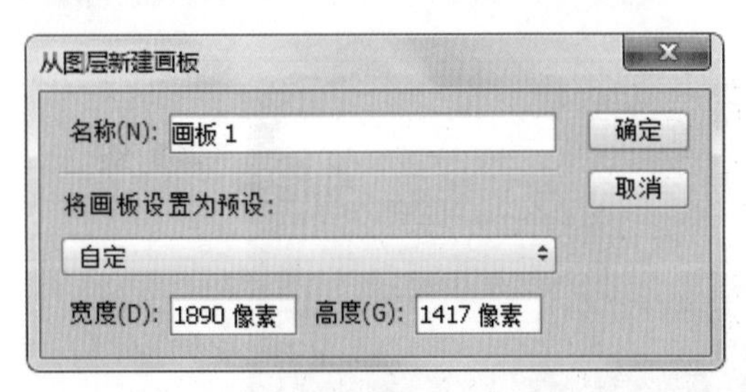

图 3.24

在“从图层新建画板”对话框中，可根据需要选择预设的尺寸，或手动输入“宽度”及“高度”数值，然后单击“确定”按钮即可。

3.4.5 移动画板

在 Photoshop 中，用户可根据需要任意调整画板的位置，且画板中的内容也会随之移动。

在“图层”面板中选中一个或多个画板后，如图 3.25 所示，将光标置于要移动的画板内部，按住鼠标左键拖动，即可移动画板，如图 3.26 所示。

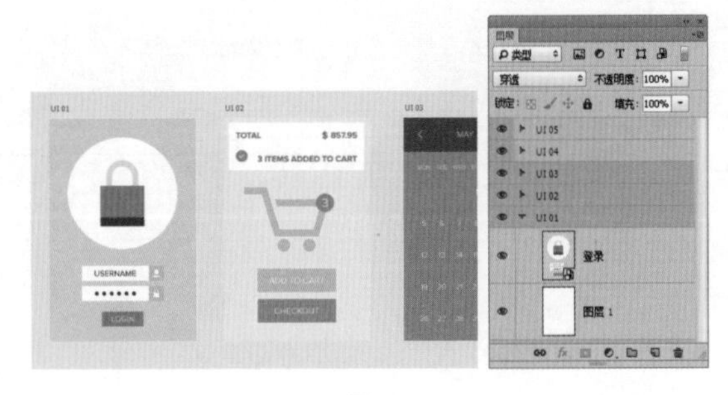

图 3.25

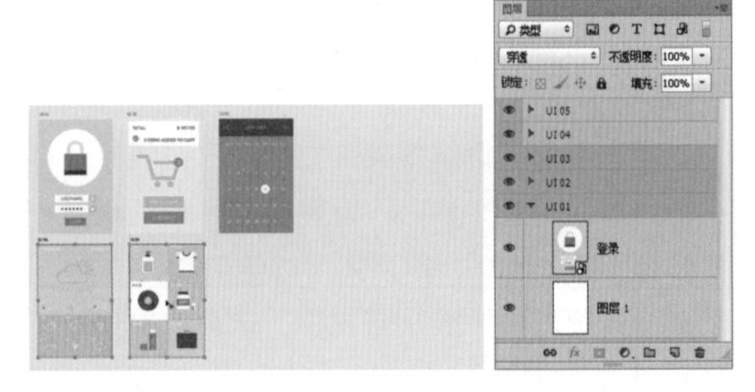

图 3.26

提示

当选中单个画板时，会自动切换至画板工具，此时必须将光标置于画板内部拖动，才可以移动画板；当选中多个画板时，会自动切换至移动工具，此时可将光标置于任意位置拖动，即可移动画板。

3.4.6 调整画板大小

在选中一个画板后，会自动切换至画板工具，在其工具选项条中可以设置当前画板的大小，如图 3.27 所示。用户可根据需要选择预设的尺寸，或手动输入“宽度”及“高度”数值即可。

图 3.27

另外，在选中一个画板后，会在其周围显示画板控制框，用户可以直接拖动该控制框以调整画板的大小，如图 3.28 所示。

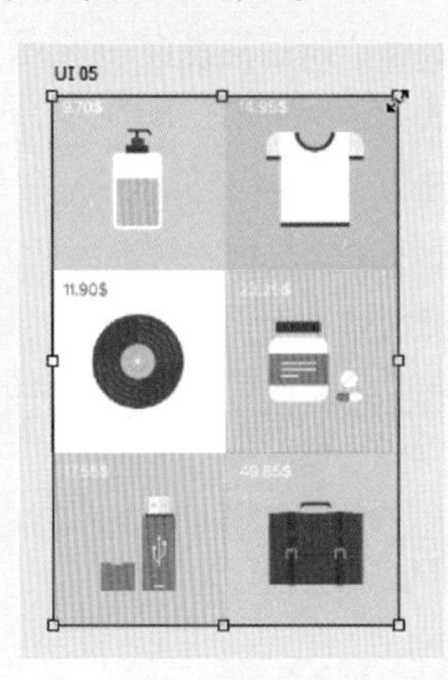

图 3.28

3.4.7 复制画板

要复制画板，可以根据需要执行以下操作之一。

- 在“图层”面板中选中一个或多个要复制的画板，然后按住 Alt 键拖动至目标位置即可。
- 在“图层”面板中选择需要复制的画板，将其拖动至“创建新图层”按钮上，即可复制画板。
- 选中要复制的画板，然后在其名称上单击右键，在弹出的菜单中选择“复制画板”命令，或直接选择“图层” | “复制画板”命令，将弹出类似图 3.29 所示的对话框，在其中可以设置复制的画板名称及目标文档的位置。

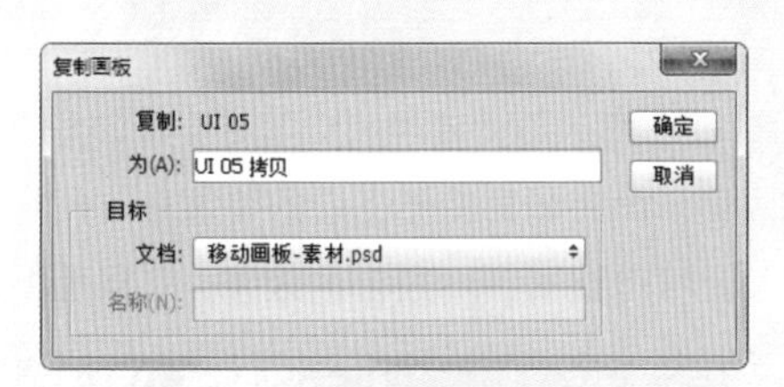

图 3.29

3.4.8 更改画板方向

在“图层”面板中选择一个画板后，在工具选项条中可以单击“制作纵版”按钮或“制作横版”按钮，以改变画板的方向。

3.4.9 重命名画板

重命名画板的方法与重命名图层或图层组是相同的，用户可直接在画板名称上双击鼠标，待其名称变为可输入状态后，输入新的名称并按 Enter 键确认即可。

3.4.10 分解画板

分解画板是指删除所选的画板，但保留其中的内容。要分解画板，可以按 Ctrl+Shift+G 键或选择“图层” | “取消画板编组”命令即可。

3.4.11 将画板导出为图像

在创建多个画板并完成设计后，要将其导出成为图像以供预览或印刷，可以按照下面的方法操作。

1. 快速导出为 PNG

选择“文件” | “导出” | “快速导出为 PNG”命令，在弹出的对话框中选择文件要保存的路径，即可按照画板的名称及默认的参数，将各个画板中的内容导出为 PNG 格式的图像。

2. 高级导出设置

按 Ctrl+Alt+Shift+W 键或选择“文件” | “导出” | “导出为”命令，将调出图 3.30 所示的对话框。

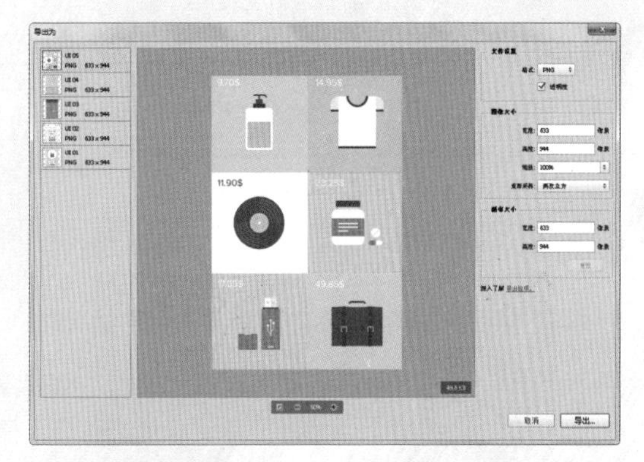

图 3.30

在“导出为”对话框中，左侧可选择各个画板，在中间进行预览，然后在右侧设置导出的格式及相关的宽度、高度、分辨率、画布大小等参数。

提示

使用上述的“快速导出为 PNG”及“导出为”命令时，对于不包含在任何画板中的图像，不会进行导出。另外，若文档中不存在任何的画板，则会将当前的图像以画布尺寸导出为 PNG 图像。

3.4.12 导出选中图层 / 画板中的内容

若要只导出当前选中的图层或画板中的内容为图像，可以在“图层”菜单中选择“快速导出为 PNG”（快捷键为 Ctrl+Shift+`）命令或“导出为”（快捷键为 Ctrl+Alt+Shift+`）命令，从而将选中图层或画板中的图像，导出为 PNG 或自定义的格式，其使用方法与“文件” | “导出”子菜单中的命令相同，故不再进行详细讲解。

3.5 透明的同与不同

在各类平面或影像作品中经常可以看到朦胧的图像叠加效果，这种效果的创建方法有很多种，其中比较常用的是使用图层的不透明度及填充透明度，下面对这两个概念做对比讲解。

3.5.1 设置图层的不透明度属性

通过设置图层的“不透明度”属性，可以改变图层的透明度。当图层的“不透明度”数值为 100% 时，当前图层完全遮盖下方的图层；而当图层的“不透明度”数值小于 100% 时，可以隐约显示下方图层中的图像。通过改变图层的“不透明度”数值，可以改变图层的整体效果。

图 3.31 所示为设置缎花所在图层的“不透明度”数值分别为 100% 和 60% 时的不同效果。

(a) 设置“不透明度”数值为 100%

(b) 设置“不透明度”数值为 60%

图 3.31

提示

要控制图层的透明度，除了可以在“图层”面板中改变“不透明度”数值外，还可以在未选中任何绘图类工具的情况下，直接按键盘上的数字键。其中，“0”键代表 100%，“1”键代表 10%，“2”键代表 20%，其他数字键依此类推。如果快速单击两个数字键，则可以取得此数字键的百分数值，例如，快速单击数字键“3”和“4”则代表 34%。

3.5.2 设置填充透明度

与图层的“不透明度”属性不同，图层的“填充”属性仅改变在当前图层中使用绘图类工具绘制得到的图像的不透明度，而不会影响图层样式的透明效果。

图 3.32 所示是为其中的文字图层添加图层样式后的效果。此时如果将该图层的“填充”数值设置为 20%，将得到图 3.33 所示的效果。可以看出，文字原来的红色变淡了，但由图层样式产生的浮雕及光泽效果仍然存在；如果是将“不透明度”数值设置为 20%，将得到图 3.34 所示的效果。可以看出，包括图层样式在内的所有效果都变淡了，由此对比就不难理解“填充”属性的特点了。

图 3.32

图 3.34

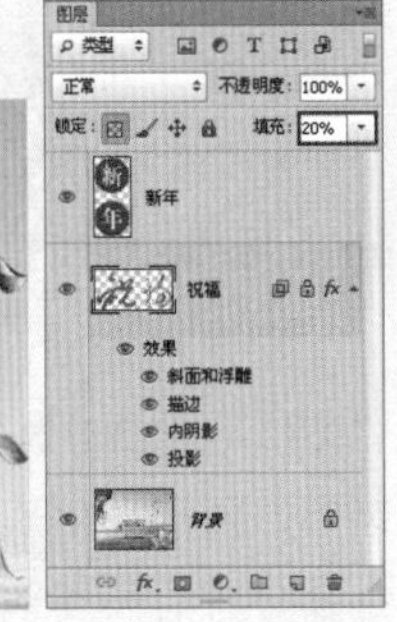

图 3.33

3.5.3 同时改变多个图层的属性

选中多个图层，在“图层”面板中设置“不透明度 / 填充不透明度”数值，如果被选中的图层分别具有不同的“不透明度 / 填充不透明度”数值，那么将以本次的设定为准。

3.6 规规矩矩作图——对齐与分布图层

使用对齐与分布功能，可以将图像以某种方式为准进行对齐或分布操作，以便于精确地编辑图像位置，下面分别讲解它们的操作方法。

3.6.1 对齐与自动对齐图层

执行“图层”|“对齐”命令下的子菜单命令，可以将所有选中图层的内容与当前图层的内容相互对齐。

“图层”|“对齐”子菜单下的各命令释义如下。

- 顶边：可以将选中图层的最顶端像素与当前图层的最顶端像素对齐。
- 垂直居中：可以将选中图层垂直方向的中心像素与当前图层垂直方向的中心像素对齐。
- 底边：可以将选中图层的最底端像素与当前图层的最底端像素对齐。
- 左边：可以将选中图层的最左侧像素与当前图层的最左侧像素对齐。
- 水平居中：可以将选中图层水平方向的中心像素与当前图层水平方向的中心像素对齐。
- 右边：可以将选中图层的最右侧像素与当前图层的最右侧像素对齐。

图 3.35 所示为未对齐前的图像及对应的“图层”面板。图 3.36 和图 3.37 所示为选择“左边”及“右边”命令对齐后的图像效果。

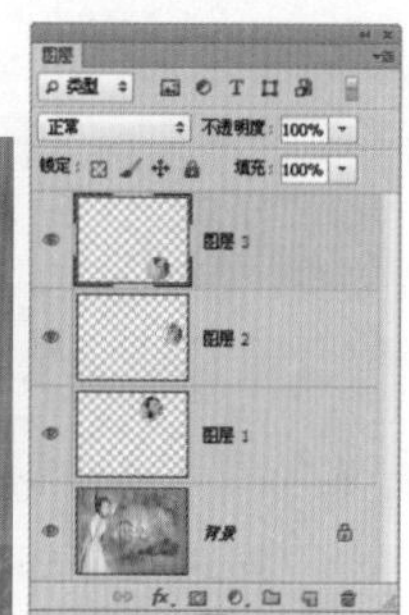

图 3.35

图 3.36

图 3.37

3.6.2 分布图层

同时选择 3 个或者 3 个以上的图层时，“图层”|“分布”子菜单被激活。选择其中的命令，可以将选中图层的图像位置以某种方式重新分布。

“图层”|“分布”子菜单下的各命令释义如下。

- 顶边：从每个图层的顶端像素开始，间隔均匀地分布图层。
- 垂直居中：从每个图层的垂直中心像素开始，间隔均匀地分布图层。
- 底边：从每个图层的底端像素开始，间隔均匀地分布图层。
- 左边：从每个图层的左端像素开始，间隔均匀地分布图层。
- 水平居中：从每个图层的水平中心像素开始，间隔均匀地分布图层。
- 右边：从每个图层的右端像素开始，间隔均匀地分布图层。

图 3.38 所示为对齐与分布前的图像及对应的“图层”面板。图 3.39 所示为将上面的 3 个图层选中，再选择“底边”命令对齐及“水平居中”命令分布后所得到的图像效果及对应的“图层”面板。

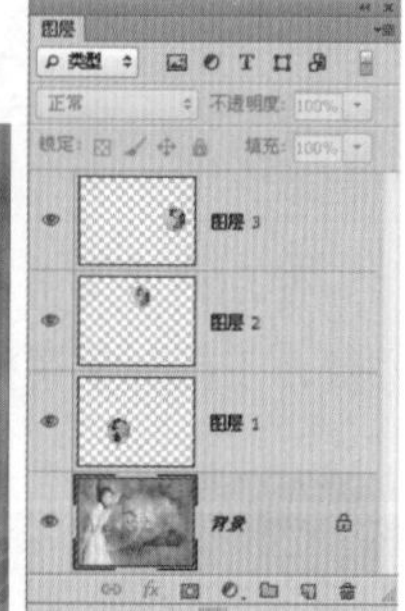

图 3.38

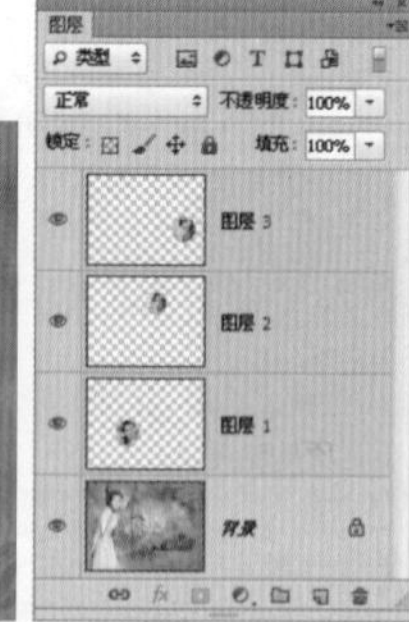

图 3.39

3.7 合体吧，图层

图像所包含的图层越多，其所占用的存储空间就越大。因此，当图像的处理基本完成时，可以将各个图层合并起来以节省系统资源。当然，对于需要随时修改的图像最好不要合并图层，或者保留拷贝文件后再进行合并操作。

1. 合并任意多个图层

按住 Ctrl 键并单击想要合并的图层并将其全部选中，然后按 Ctrl+E 键或者执行“图层”|“合并图层”命令合并图层。

2. 合并所有图层

合并所有图层是指合并“图层”面板中所有未隐藏的图层。要完成这项操作，可以执行“图层”|“拼合图像”命令，或者在“图层”面板弹出菜单中选择“拼合图像”命令。

如果“图层”面板中含有隐藏的图层，执行此操作时，将会弹出提示对话框，如果单击“确定”按钮，则 Photoshop 会拼合图层，然后删除隐藏的图层。

3. 向下合并图层

向下合并图层是指合并两个相邻的图层。要完成这项操作，可以先将位于上面的图层选中，然后执行“图层”|“向下合并”命令，或者在“图层”面板的弹出菜单中选择“向下合并”命令。

4. 合并可见图层

合并可见图层是将所有未隐藏的图层合并在一起。要完成此操作，可以执行“图层”|“合并可见图层”命令，或在“图层”面板的弹出菜单中选择“合并可见图层”命令。

5. 合并图层组

如果要合并图层组，在“图层”面板中选择该图层组，然后按 Ctrl+E 键或者执行“图层”|“合并组”命令，合并时必须确保所有需要合并的图层可见，否则该图层将被删除。

执行合并操作后，得到的图层具有图层组的名称，并具有与其相同的不透明度与图层混合模式属性。

3.8 智能对象图层

在前面的讲解中我们已经了解到，图层是图像的载体，而每个图层只能装载一幅图像。智能对象图层则不同，它可以像每个 PSD 格式图像文件一样，同时装载多个图层的图像，从这一点来说，它与图层组的功能有些相似，即都用于装载图层。不同的是，智能对象图层是以一个特殊图层的形式来装载这些图层的。

3.8.1 理解智能对象

图 3.40 所示的“图层 1”就是一个智能对象图层。从外观上看，智能对象图层最明显的特殊之处就在于其图层缩览图右下角的标志。

在编辑智能对象图层的内容时，会将其中的内容显示于一个新的图像文件中，可以像编辑其他图像文件那样，在其中进行新建或者删除图层、调整图层的颜色、设置图层的混合模式、添加图层样式、添加图层蒙版等操作。图 3.41 所示就是在智能对象文件中反复编辑所得到的水墨画效果及对应的“图层”面板。可以看出，该面板中包含了很多图层。

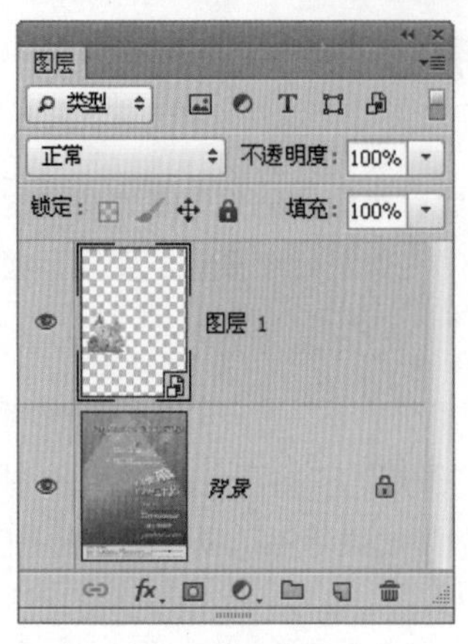

图 3.40

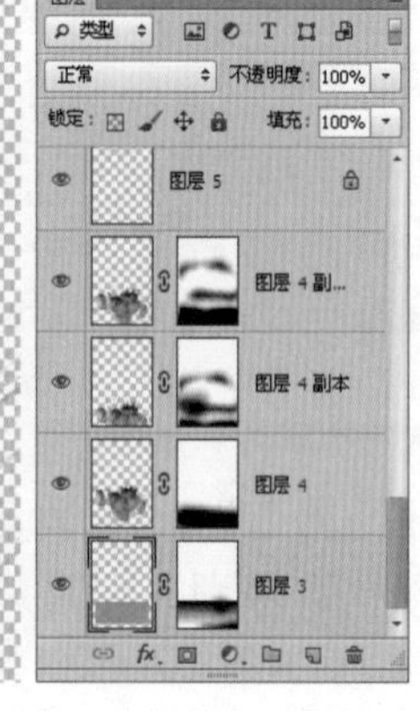

图 3.41

除了位图图像外，智能对象包括的内容还可以是矢量图形。

3.8.2 创建链接式与嵌入式智能对象

在 Photoshop CC 2015 中，创建的智能对象可分为新增的“链接式”与传统的“嵌入式”。下面分别讲解其操作方法。

1. 链接与嵌入的概念

在学习链接式与嵌入式智能对象之前，用户应该先了解对象的链接与嵌入的概念。

链接式智能对象会保持智能对象与原图像文件之间的链接关系，其好处在于当前的图像与链接的文件是相对独立的，可以分别对它们进行编辑处理。但缺点就是，链接的文件一定要一直存在，若被移动了位置或被删除，则在智能对象上会提示链接错误，如图 3.42 所示，从而导致无法正确输出和印刷。

图 3.42

相对较为保险的方法，就是将链接的对象嵌入到当前文档中，虽然这样做会增加文件的大小，但由于图像已经嵌入，因此无需担心出现链接错误等问题。在有需要时，也可以将已经嵌入的对象取消嵌入，将其还原为原本的文件。

2. 创建嵌入式智能对象

可以通过以下方法创建嵌入式智能对象。

- 选择“文件”|“置入嵌入的智能对象”命令。
- 使用“置入”命令为当前工作的 Photoshop 文件置入一个矢量文件或位图文件，甚至是另外一个有多个图层的 Photoshop 文件。
- 选择一个或多个图层后，在“图层”面板中选择“转换为智能对象”命令或选择“图层”|“智能对象”|“转换为智能对象”命令。
- 在 Illustrator 软件中复制矢量对象，然后在 Photoshop 中粘贴对象，在弹出的对话框中选择“智能对象”选项，单击“确定”按钮退出对话框即可。
- 使用“文件”|“打开为智能对象”命令将一个符合要求的文件直接打开成为一个智能对象。

- 从外部直接拖入到当前图像的窗口内，即可将其以智能对象的形式嵌入到当前图像中。

通过上述方法创建的智能对象均为嵌入式，此时，即使外部文件被编辑，也不会反映在当前图像中。图 3.43 所示为原图像及对应的“图层”面板。选择除图层“背景”以外的所有图层，然后执行“图层”|“智能对象”|“转换为智能对象”命令，此时的“图层”面板如图 3.44 所示。

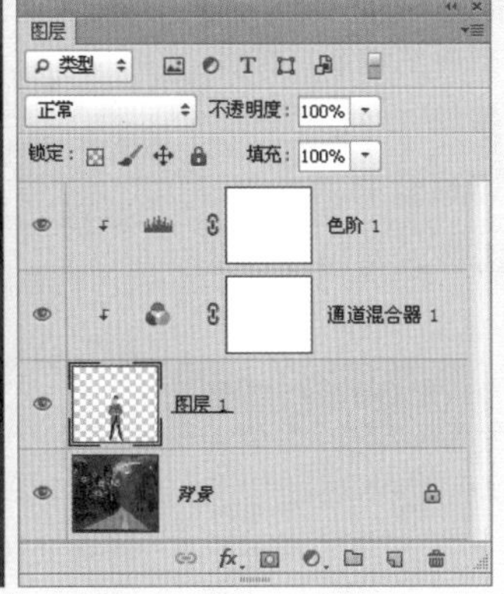

图 3.43

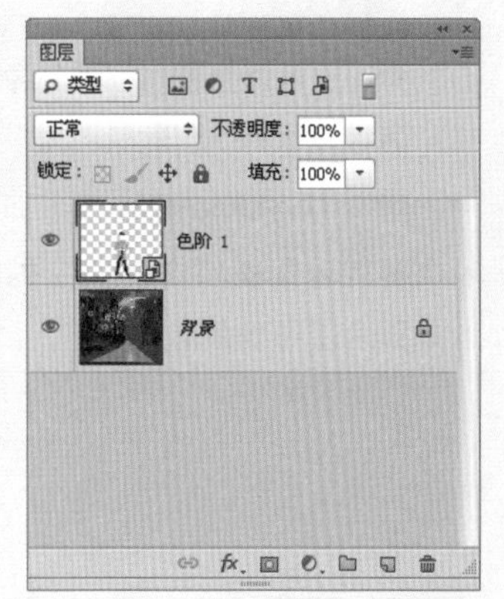

图 3.44

3. 创建链接式智能对象

链接式智能对象是 Photoshop CC 2015 中新增的一项功能，它可以将一个图像文件以链接的形式置入到当前图像中，从而成为一个链接式智能对象，其特点就在于，若要创建链接式的智能对象，可以选择“文件”|“置入链接的智能对象”命令，在弹出的对话框中打开要处理的图像即可。以图 3.45 所示的素材为例，就是在其中以链接方式置入了一个图像文件后的效果，及其对应的“图层”面板，该图层的缩略图上会显示一个链接图标，如图 3.46 所示。

图 3.45

图 3.46

3.8.3 复制智能对象

可以在 Photoshop 文件中对智能对象进行复制以创建一个新的智能对象。新的智能对象可以与原智能对象处于一种链接关系，也可以是一种非链接关系。

如果两者保持一种链接关系，则无论修改两个智能对象中的哪一个，都会影响到另一个；反之，如果两者处于非链接关系，则它们之间没有相互影响的关系。

如果希望新的智能对象与原智能对象处于一种链接关系，可以执行下面的操作。

01 **打开文件“第 3 章\3.8.3- 素材 .psd”，选择智能对象图层。**

02 **执行“图层”|“新建”|“通过拷贝的图层”命令，也可以直接将智能对象图层拖动至“图层”面板底部的“创建新图层”按钮 上。**

图 3.47 所示就是按照上面讲解的方法，复制多个智能对象图层并对其中的图像进行缩放及适当排列后所得到的效果。

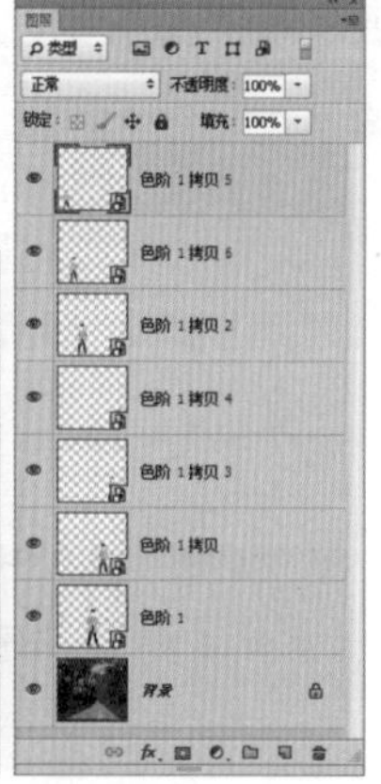

图 3.47

如果希望新的智能对象与原智能对象处于一种非链接关系，可以执行下面的操作。

01 **选择智能对象图层。**

02 **执行“图层”|“智能对象”|“通过拷贝新建智能对象”命令。**

这种复制智能对象的好处就在于复制得到的智能对象虽然在内容上都是相同的，但它们却都相对独立。此时如果编辑其中一个智能对象的内容，其他以此种方式复制得到的智能对象不会发生变化；而使用前面一种方法复制得到的智能对象，在修改其中一个智能对象的内容后，则所有相关的智能对象都会发生相同的变化。

3.8.4 编辑智能对象的源文件

智能对象的优点是能够在外部编辑智能对象的源文件，并使所有改变反映在当前工作的Photoshop 文件中。要编辑智能对象的源文件，可以按照以下的操作。

- 直接双击智能对象图层。
- 执行“图层”|“智能对象”|“编辑内容”命令。
- 在“图层”面板菜单中选择“编辑内容”命令，弹出提示对话框。直接单击“确定”按钮，进入智能对象的源文件中。

在源文件中进行修改操作，执行“文件”|“存储”命令保存所做的修改，然后关闭此文件即可，所做的修改将反映在智能对象中。

以上的智能对象编辑操作，适用于嵌入式与链接式智能对象。值得一提的是，对于链接式智能对象，除了上述方法外，也可以直接编辑其源文件，在保存修改后，图像文件中的智能对象会自动进行更新。

3.8.5 栅格化智能对象

由于智能对象具有许多编辑限制，因此如果希望对智能对象进行进一步编辑（如使用滤镜命令对其进行操作等），则必须要将其栅格化，即转换成为普通的图层。

选择智能对象图层后，执行“图层”|“智能对象”|“删格化”命令，即可将智能对象图层转换成为普通图层。

3.8.6 转换嵌入式与链接式智能对象

在 Photoshop 中，嵌入式与链接式智能对象是可以相互转换的，下面分别来讲解其具体的操作方法。

1. 将嵌入式智能对象转换为链接式

要将嵌入式的智能对象转换为链接式的智能对象，可以执行以下操作之一。

- 选择“图层”|“智能对象”|“转换为链接对象”命令。
- 在智能对象图层的名称上单击右键，在弹出的菜单中选择“转换为链接对象”命令。

执行上述任意一个操作后，在弹出的对话框

中选择文件保存的名称及位置，然后保存即可。

2. 将链接式智能对象转换为嵌入式

若要将链接式智能对象转换为嵌入式，可以执行以下操作之一。

- 选择“图层”|“智能对象”|“嵌入链接的智能对象”命令。
- 在智能对象图层的名称上单击鼠标右键，在弹出的菜单中选择“嵌入链接的智能对象”命令。

执行上述任意一个操作后，即可嵌入所选的智能对象。

3. 嵌入所有的智能对象

若要将当前图像文件中所有的链接式智能对象转换为嵌入式，可以选择“图层”|“智能对象”|“嵌入所有链接的智能对象”命令。

3.8.7 解决链接式智能对象的文件丢失问题

如前所述，链接式对象的缺点之一，就是可能会出现链接的图像文件丢失的问题，并在打开该图像文件时，会弹出类似图 3.48 所示的对话框，询问是否进行修复处理。

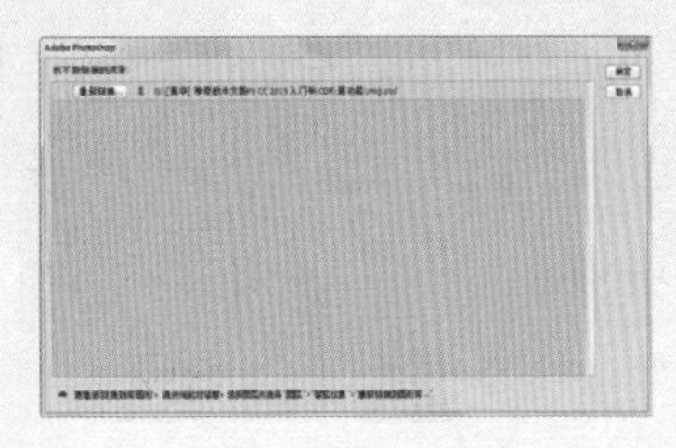

图 3.48

单击对话框中的“重新链接”按钮，在弹出的对话框中重新指定链接的文件即可；若是已经退出上述对话框，则可以直接双击丢失了链接的智能对象的缩略图，在弹出的对话框中重新指定链接的文件即可。

提示

将智能对象文件与图像文件置于同一级目录下，在打开时可自动找到链接的文件。

3.8.8 栅格化智能对象

由于智能对象具有许多编辑限制，因此如果希望对智能对象进行进一步编辑（如使用滤镜命令对其进行操作等），则必须要将其栅格化，即转换成为普通的图层。

选择智能对象图层后，执行“图层”|“智能对象”|“删格化”命令，即可将智能对象图层转换成为普通图层。

3.9 学而时习之——艺术柔光效果

柔焦照片效果能够给人以极为柔美的感觉，非常适合处理女性主题的照片。在本例中，就来结合“高斯模糊”、图层混合模式、不透明度等功能，制作一幅唯美的柔焦照片效果。在处理过程中，“高斯模糊”滤镜的数值大小对柔光的强度有很大的影响，读者在掌握本例所介绍的方法后，可以自行尝试。另外，由于柔焦处理会让照片变虚，可以在最后适当增加锐化处理。

01 打开文件“第 3 章 \3.9- 素材 .jpg”，选择智能对象图层，如图 3.49 所示。

图 3.49

02 按 Ctrl+J 键复制“背景”图层得到“图层 1”，在该图层名称上单击鼠标右键，在弹出的菜单中选择“转换为智能对象”命令，从而将其转换为智能对象图层。

03 选择“滤镜”|“模糊”|“高斯模糊”命令，在弹出的对话框中设置参数，如图 3.50 所示，为图像添加模糊效果，如图 3.51 所示。

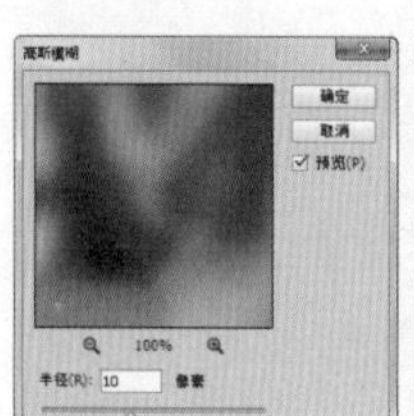

图 3.50

图 3.51

04 单击“确定”按钮退出对话框，设置“图层 1”的混合模式为“变暗”，“不透明度”为60%，如图 3.52 所示，以混合图像，如图 3.53 所示。

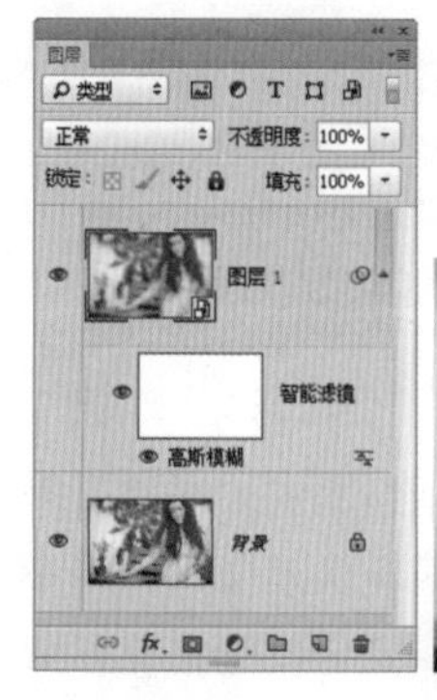

图 3.52

图 3.53

05 按 Ctrl+J 键复制“图层 1”，得到“图层 1 拷贝”，修改其混合模式为“滤色”，“不透明度”为60%，如图 3.54 所示，以混合图像，如图 3.55 所示。

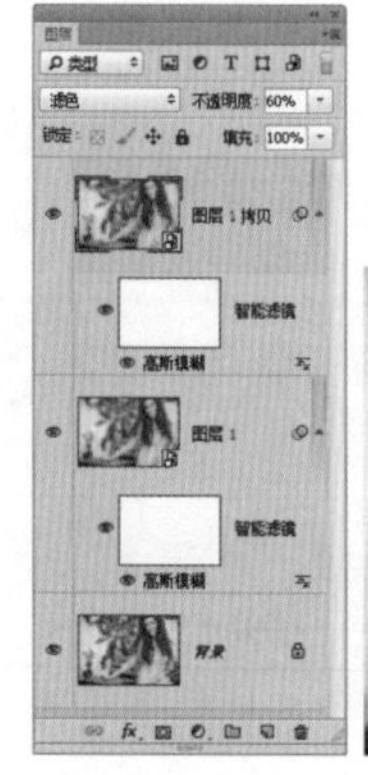

图 3.54

图 3.55

06 按 Ctrl+J 键复制“图层 1 拷贝”图层，得到“图层 1 拷贝 2”。设置“图层 1 副本”的混合模式为“柔光”，如图 3.56 所示，以混合图像，如图 3.57 所示。

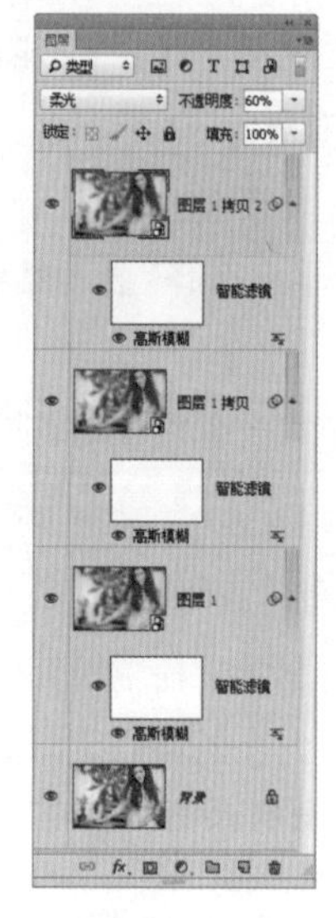

图 3.56

图 3.57

第 4 章　变化是永恒的——变换图像

4.1　变来变去

利用 Photoshop 的变换命令，可以缩放图像、倾斜图像、旋转图像或者扭曲图像等。在本节中将对各个变换命令进行详解。

 缩放图像

缩放图像的步骤如下。

01 选择要缩放的图像，执行“编辑”|“变换”|“缩放”命令，或者按 Ctrl+T 键。

02 将鼠标指针放置在变换控制框的控制手柄上，当鼠标指针变为↔形状时拖动鼠标，即可改变图像的大小。拖动左侧或者右侧的控制手柄，可以在水平方向上改变图像的大小；拖动上方或者下方的控制手柄，可以在垂直方向上改变图像的大小；拖动拐角处的控制手柄，可以同时在水平或者垂直方向上改变图像的大小。

03 得到需要的效果后释放鼠标，并双击变换控制框以确认缩放操作。

图 4.1 所示为原图像。图 4.2 所示为缩小图像后的效果。

图 4.1

图 4.2

提示

在拖动控制手柄时，尝试分别按住 Shift 键及不按住 Shift 键进行操作，观察得到的不同效果。

 旋转图像

旋转图像的步骤如下。

01 打开文件“第 4 章\4.1.2- 素材 .psd”，如图 4.3 所示，其对应的“图层”面板如图 4.4 所示。

图 4.3

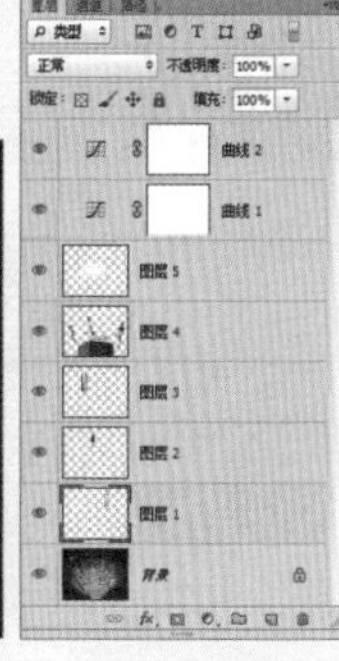

图 4.4

02 选择“图层 1”，并按 Ctrl+T 键弹出自由变换控制框。

03 将光标置于控制框外围，当光标变为一个弯曲箭头↻时拖动鼠标，即可以中心点为基准旋转图像，如图 4.5 所示。按 Enter 键确认变换操作。

图 4.5

04 按照上一步的方法分别对“图层 2”和“图层 3”中的图像进行旋转，直至得到图4.6所示的效果。

图 4.6

提示 1

如果需要按 15° 的增量旋转图像，可以在拖动鼠标的同时按住 Shift 键，得到需要的效果后，双击变换控制框即可。

提示 2

如果要将图像旋转 180°，可以执行“编辑”|“变换”|“旋转 180 度”命令。如果要将图像顺时针旋转 90°，可以执行“编辑”|“变换”|“旋转 90 度(顺时针)”命令。如果要将图像逆时针旋转 90°，可以执行“编辑”|“变换”|“旋转 90 度(逆时针)”命令。

4.1.3 斜切图像

斜切图像是指按平行四边形的方式移动图像。斜切图像的步骤如下。

01 打开文件“第 4 章\4.1.3- 素材 .psd”，选择要斜切的图像，选择“编辑”|“变换”|“斜切”命令。

02 将鼠标指针拖动到变换控制框附近，当鼠标指针变为 箭头形状时拖动鼠标，即可使图像在鼠标指针移动的方向上发生斜切变形。

03 得到需要的效果后释放鼠标，并在变换控制框中双击以确认斜切操作。

图 4.7 所示为斜切图像的操作过程。

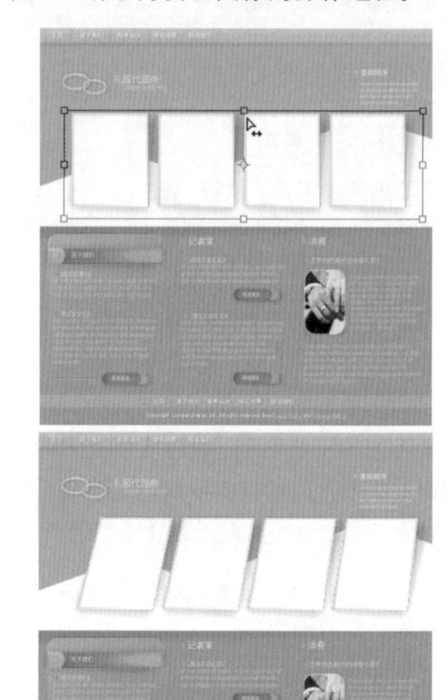

图 4.7

4.1.4 水平、垂直翻转图像

翻转图像包括水平翻转和垂直翻转两种。其步骤如下。

01 打开文件“第 4 章\4.1.4- 素材 .psd”，如图 4.8 所示，选择要水平或垂直翻转的图像。

02 执行“编辑”|“变换”|“水平翻转”命令，或编辑”|“变换”|“垂直翻转”命令。

图 4.9 所示为执行“水平翻转”命令后的效果。图 4.10 所示为执行“垂直翻转”命令后的效果。

图 4.8

图 4.9

图 4.10

4.1.5 扭曲图像

扭曲图像是应用非常频繁的一类变换操作。通过此类变换操作，可以使图像根据任何一个控制手柄的变动而发生变形。扭曲图像的步骤如下。

01 分别打开文件“第 4 章 \4.1.5- 素材 1.jpg”和“第 4 章 \4.1.5- 素材 2.jpg”，使用移动工具将“素材 1”中的图像拖至“素材 2”文件中。

02 选择“编辑”|“变换”|“扭曲”命令，将鼠标指针拖动到变换控制框附近或控制句柄上，当鼠标指针变为 ▷ 箭头形状时拖动鼠标，即可将图像拉斜变形。

03 得到需要的效果后释放鼠标，并在变换控制框中双击以确认扭曲操作。

图 4.11 所示为扭曲图像的操作过程。

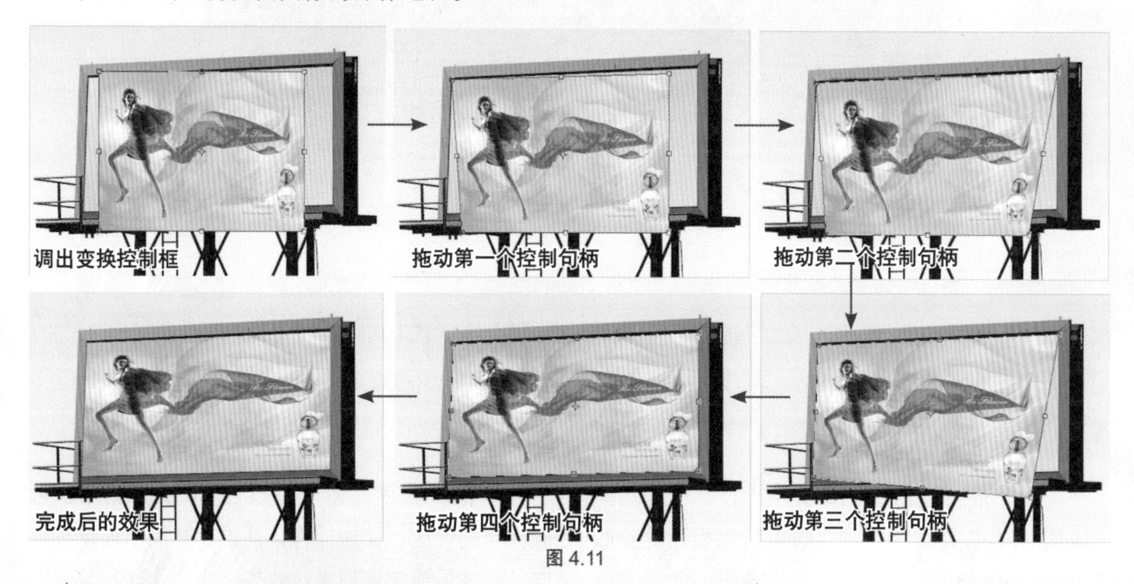

图 4.11

4.1.6 透视图像

通过对图像进行透视变换，可以使图像获得透视的效果。透视图像的步骤如下。

01 打开文件“第 4 章 \4.1.6- 素材 1.jpg”和“第 4 章 \4.1.6- 素材 2.jpg”，选择“编辑”|“变换”|“透视”命令。

02 将鼠标指针移动到控制句柄上，变为 ▷ 箭头形状时，拖动鼠标，即可使图像发生透视变形。

03 得到需要的效果后释放鼠标，双击变换控制框以确认透视操作。

为图像添加透视效果的操作过程如图 4.12 所示，其中的最终效果图设置了图层的混合模式及添加其他元素后的效果，从而将水面与木桥融合在了一起。

图 4.12

提示

执行此操作时应该尽量缩小图像的观察比例，显示多一些图像外围的灰色区域，以便于拖动控制手柄进行调整。

4.2 变形金刚来了

4.2.1 再次变换图像

如果已进行过任何一种变换操作，可以选择“编辑”|“变换”|“再次”命令，以相同的参数值再次对当前操作图像进行变换操作，使用此命令可以确保前后两次变换操作的效果相同。例如，上一次将图像旋转 90°，选择此命令可以对任意操作图像完成旋转 90° 的操作。

如果在选择此命令时按住 Alt 键，则可以对被操作图像进行变换操作，并进行复制。如果要制作多个拷贝连续变换操作效果，此操作非常有效。

下面通过一个添加背景效果的小实例讲解此操作。

01 打开文件“第 4 章\4.2.1- 素材 .psd”，如图 4.13 所示。为便于操作，首先隐藏最顶部的图层。

图 4.13

02 选择钢笔工具，在其工具选项栏上选择“形状”选项，在图中绘制图 4.14 所示的形状。

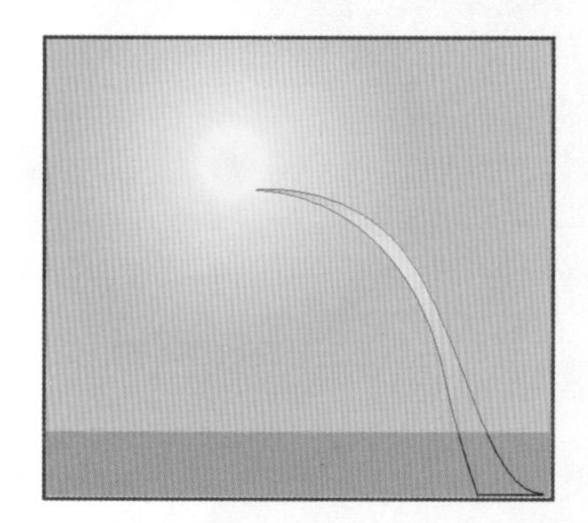

图 4.14

03 单击钢笔工具选项栏上“填充”右侧的图标，设置弹出的面板，如图 4.15 所示。此时图像的效果如图 4.16 所示。

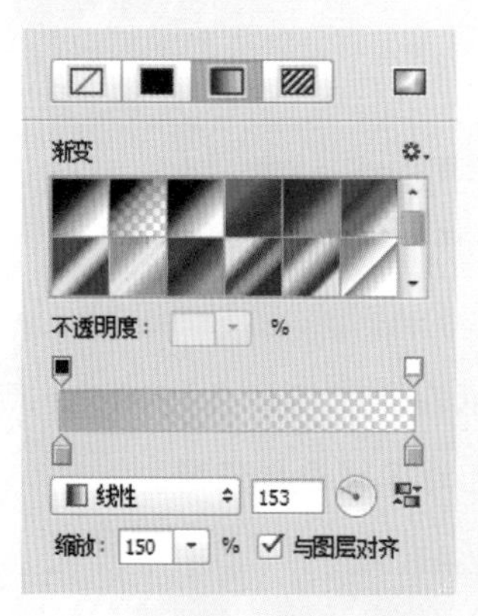

图 4.15

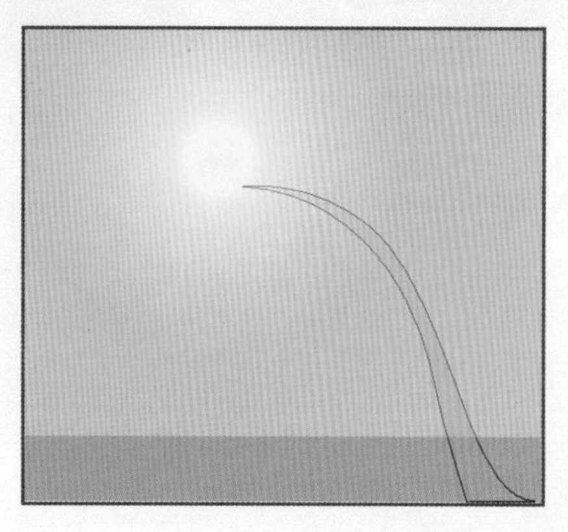

图 4.16

04 按 Ctrl+Alt+T 键调出自由变换并复制控制框。使用鼠标将控制中心点调整到左上角的控制句柄上，如图 4.17 所示。

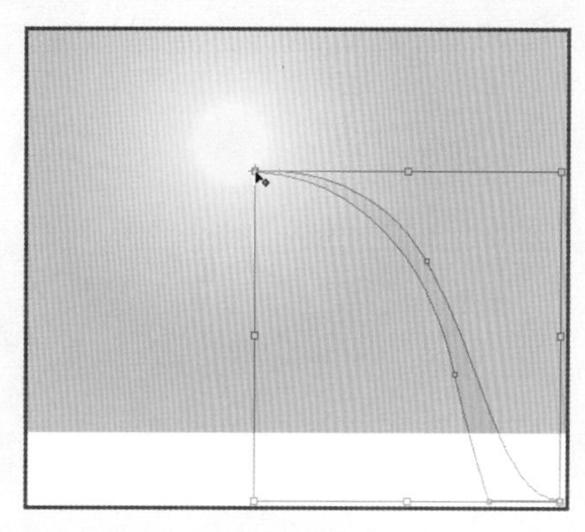

图 4.17

05 拖动控制框顺时针旋转 -15°，可直接在工具选项栏上输入数值 -15.0 度，得到图 4.18 所示的变换效果。

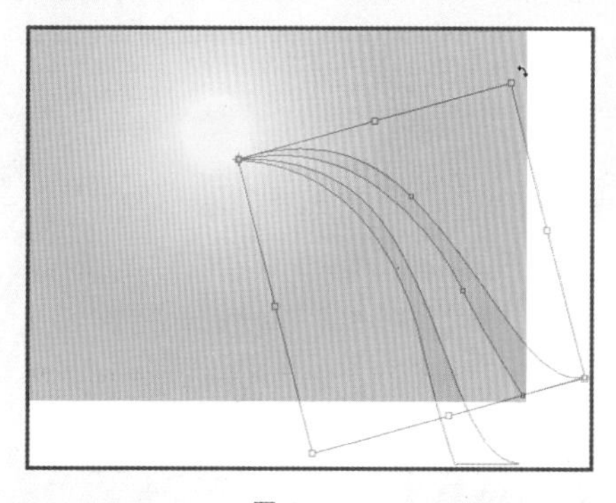

图 4.18

06 按Enter键确认变换操作，连续按 Ctrl+Alt+Shift+T 键执行连续变换并复制操作，直至得到图 4.19 所示的效果。图 4.20 是显示图像整体的状态，图 4.21 是显示步骤 1 隐藏图层后的效果，对应的“图层”面板如图 4.22 所示。

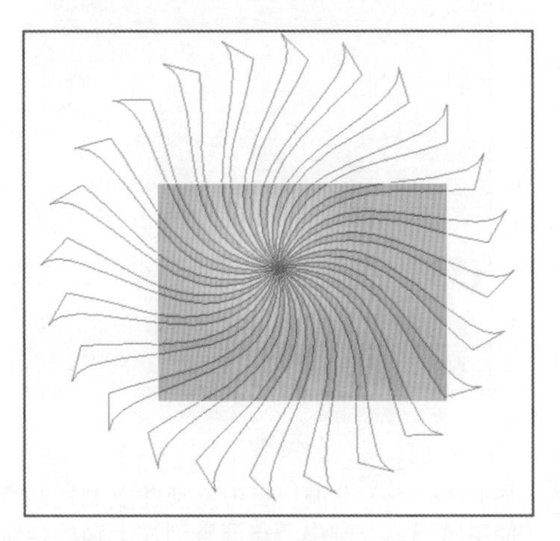

图 4.19

图 4.20

图 4.21

图 4.22

4.2.2 使用内容识别比例变换图像

使用内容识别比例变换功能对图像进行缩放处理，可以在不更改图像中重要的可视内容（如人物、建筑、动物等）的情况下，调整图像的大小。

此功能的使用步骤如下所述。

01 选择要缩放的图像后，选择“编辑”|“内容识别比例”命令。

02 在图 4.23 所示的工具选项栏中设置相关参数。

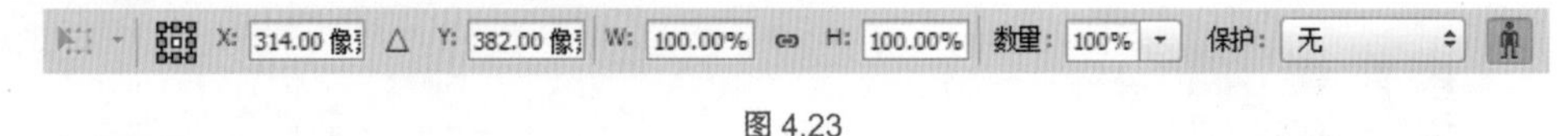

图 4.23

- 数量：可以指定内容识别缩放与常规缩放的比例。
- 保护：如果要使用 Alpha 通道保护特定区域，可以在此选择相应的 Alpha 通道。
- “保护肤色”按钮：单击此按钮，可以对含肤色的区域进行保留。

03 拖动围绕在被变换图像周围的变换控制框，可以得到需要的变换效果。

04 完成变换后，按 Enter 键确认变换操作。

图 4.24 所示为原图像。图 4.25 所示为使用内容识别比例变换对图像进行垂直放大操作后的效果，可以看出原图像中的人像基本没有受到影响，只是将背景进行了缩放处理。

图 4.24

图 4.25

提示

此功能不适用于处理调整图层、图层蒙版、通道、智能对象、3D 图层、视频图层、图层组中的图像，或者同时处理多个图层中的图像。

4.3 学而时习之——创意变形合成

下面将以一个简单实例，讲解变形功能的使用方法。在此实例中，主要是将一幅照片中的云彩图像，通过变形功能将其转换为拖影效果。

01 打开文件“第 4 章\4.3- 素材 .jpg”，如图 4.26 所示。首先我们来扭曲云彩图像。使用套索工具沿云彩图像上方绘制选区以将其选中，如图 4.27 所示。

图 4.26

图 4.27

02 选择“编辑”|“变换”|“变形”命令以调出变形控制框，如图 4.28 所示。然后在控制区域内拖动，此时变形控制框将变为图 4.29 所示的状态。

图 4.28

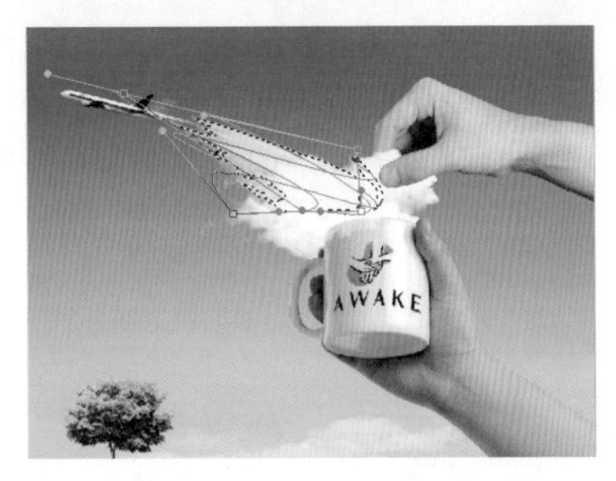

图 4.29

03 按 Enter 键确认变形操作，再按 Ctrl+D 键取消选区，得到图 4.30 所示的效果。

图 4.30

04 图 4.31 所示为按照第 1~3 步的操作方法，制作的另外一种拖影效果。

图 4.31

第5章　做好工作，从正确的选择开始——选区操作

5.1　选区那些事

所谓“选择”，就是将图像内容选中，以便对被选中的图像进行编辑。简单地说，选择的目的就是为了限制，限制所操作的图像范围。

当图像中存在选区时，后面所执行的操作都会被限制在选区中，直至取消选区为止。

选区是由黑白浮动的线条所围绕的区域，由于这些浮动的线形像一队蚂蚁在走动，如图5.1所示，因此围绕选区的线条也被称为“蚂蚁线”，图5.2也是一个选区，只是这个选区选中了图像。

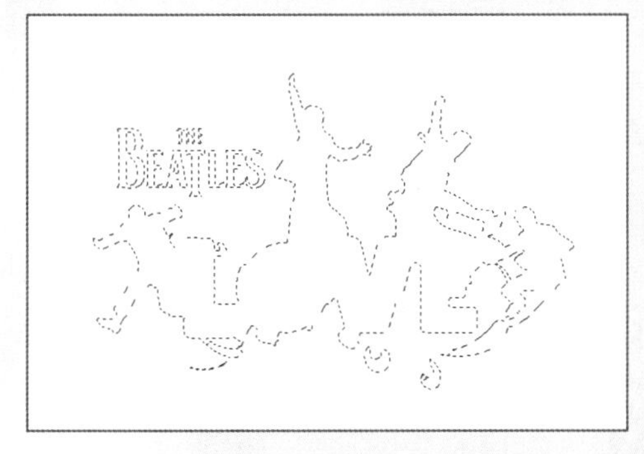

图5.1

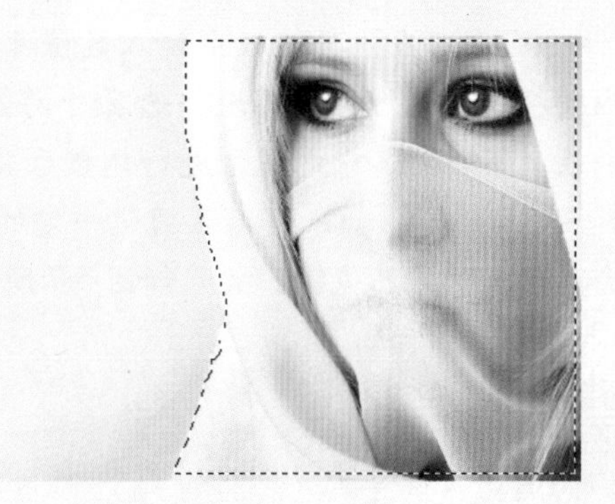

图5.2

5.2　选择，从这里开始

Photoshop提供了用于创建如矩形及圆形等规则选区的工具，下面将分别对它们进行详细讲解。

5.2.1 矩形选框工具

利用矩形选框工具可以制作规则的矩形选区。要制作矩形选区，在工具箱中单击矩形选框工具，然后在图像文件中需要制作选区的位置，按住鼠标左键向另一个方向进行拖动，如图5.3所示。

图5.3

以图5.3为例，要选择图像中的矩形区域，可以利用矩形选框工具沿着要被选择的区域进行拖动，即可得到需要的选区。

■ 选区模式：矩形选框工具在使用时有4种工作模式，表现在图5.4所示的工具选项栏中为4个按钮。要设置选区模式，可以在工具选项栏中通过单击相应的按钮进行选择。

图5.4

选区模式为更灵活地制作选区提供了可能性，可以在已存在的选区基础上执行添加、减去、交叉选区等操作，从而得到不同的选区。

提示

选择任意一种选择类工具，在工具选项栏中都会显示4个选区模式按钮，因此在此所讲解的4个不同按钮的功能具有普遍适用性。

■ 羽化：在此数值框中键入数值可以柔化选区。这样在对选区中的图像进行操作时，可以使操作后的图像更好地与选区外的图像相融合。图5.5所示的椭圆形选区，在未经过羽化的情况下，对其中的图像进行调整后其调整区域与非调整区域显示出非常明显的边缘，效果如图5.6所示。如果将选区羽化一定的数值，其他参数设置相同，再进行调整后的图像将不会显示出明显的边缘，效果如图5.7所示。

图5.5

图5.6

图5.7

提示

在选区存在的情况下调整人像照片，尤其需要为选区设置一定的羽化数值。

■ 样式：在该下拉菜单中选择不同的选项，可以设置矩形选框工具的工作属性。下拉菜单中的“正常”、“固定比例”和“固定大小”等3个选项，可以得到3种创建矩形选区的方式。

■ 正常：选择此选项，可以自由创建任何宽高比例、任何大小的矩形选区。

■ 固定比例：选择此选项，其后的“宽度”和“高度”数值框将被激活，在其中键入数值以设置选区高度与宽度的比例，可以得到精确的不同宽高比的选区。例如，在“宽度”数值框中键入1，在“高度”数值框中键入3，可以创建宽高比例为1:3的矩形选区。

■ 固定大小：选择此选项，“宽度”和“高度”数值框将被激活，在此数值框中键入数值，可以确定新选区高度与宽度的精确数值，然后只需在图像中单击，即可创建大小确定、尺寸精确的选区。例如，如果需要为网页创建一个固定大小的按钮，可以在矩形选框工具[]被选中的情况下，设置其工具选项栏参数，如图 5.8 所示。

图 5.8

- **调整边缘**：在当前已经存在选区的情况下，此按钮将被激活，单击即可弹出“调整边缘”对话框，以调整选区的状态。

提示

如果需要制作正方形选区，可以在使用矩形选框工具[]拖动的同时按住 Shift 键；如果希望从某一点出发制作以此点为中心的矩形选区，可以在拖动矩形选框工具[]的同时按住 Alt 键；同时按住 Alt+Shift 键制作选区，可以得到从某一点出发制作的矩形选区。

5.2.2 椭圆选框工具

在工具箱中按住矩形选框工具[]图标片刻，在弹出的工具图标列表中选择椭圆选框工具[]，使用此工具可以制作正圆形或者椭圆形的选区。该工具与矩形选框工具[]的使用方法大致相同，在此不再赘述。选择椭圆选框工具[]，其工具选项栏如图 5.9 所示。

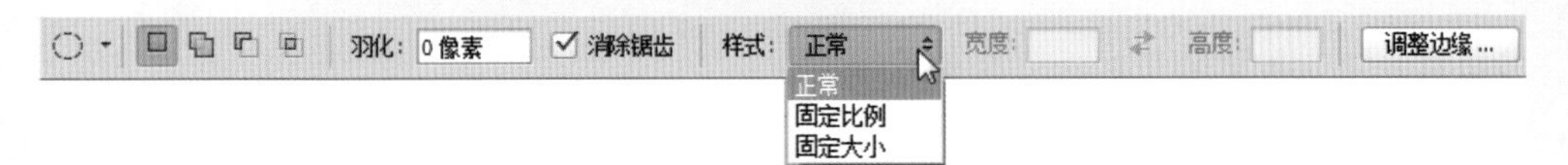

图 5.9

椭圆选框工具[]选项栏中的参数基本和矩形选框工具[]相似，只是“消除锯齿”选项被激活。选择该选项，可以使椭圆形选区的边缘变得比较平滑。

图 5.10 所示为在未选择此选项的情况下制作圆形选区并填充颜色后的效果。图 5.11 所示为在选择此选项的情况下制作圆形选区并填充颜色后的效果。

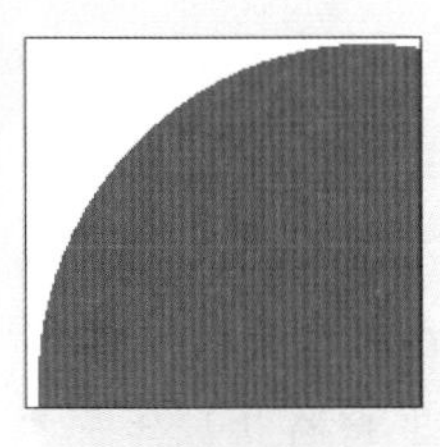

图 5.10

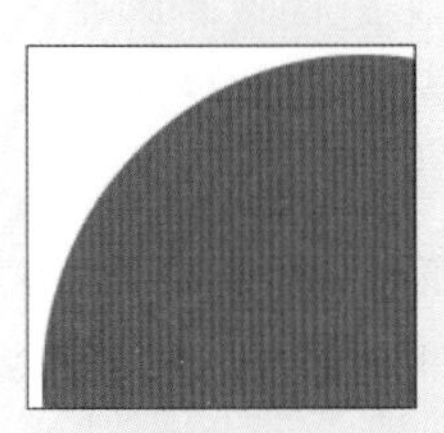

图 5.11

提示

在使用椭圆选框工具[]制作选区时，尝试分别按住 Shift 键、Alt+Shift 键、Alt 键，观察效果有什么不同。

5.2.3 使用套索工具创建选区

利用套索工具[]，可以制作自由手画线式的选区。此工具的特点是灵活、随意，缺点是不够精确，但其应用范围还是比较广泛的。

使用套索工具[]的步骤如下。

01 选择套索工具[]，在其工具选项栏中设置适当的参数。

02 按住鼠标左键拖动鼠标指针，环绕需要选择的图像。

03 要闭合选区，释放鼠标左键即可。

如果鼠标指针未到达起始点便释放鼠标左键，则释放点与起始点自动连接，形成一条具有直边的选区，如图 5.12 所示，图像上方的黑色点为开始制作选区的点，图像下方的白色点为释放鼠标左键时的点，可以看出两点间自动连接成为一条直线。

图 5.12

与前面所述的选择类工具相似，套索工具也具有可以设置的选项及参数，由于参数较为简单，在此不再赘述。

5.2.4 使用多边形套索工具创建选区

多边形套索工具用于制作具有直边的选区，如图 5.13 所示。如果需要选择图中的扇子，可以使用多边形套索工具，在各个边角的位置单击，要闭合选区，将鼠标指针放置在起始点上，鼠标指针一侧会出现闭合的圆圈，此时单击鼠标左键即可。如果鼠标指针在非起始点的其他位置，双击鼠标左键也可以闭合选区。

图 5.13

提示

通常在使用此工具制作选区时，当终点与起始点重合即可得到封闭的选区；但如果需要在制作过程中封闭选区，则可以在任意位置双击鼠标左键，以形成封闭的选区。在使用套索工具与多边形套索工具进行操作时，按住 Alt 键，看看操作模式会发生怎样的变化。

5.2.5 使用磁性套索工具创建选区

磁性套索工具是一种比较智能的选择类工具，用于选择边缘清晰、对比度明显的图像。此工具可以根据图像的对比度自动跟踪图像的边缘，并沿图像的边缘生成选区。

选择磁性套索工具后，其工具选项栏如图 5.14 所示。

羽化：0像素　消除锯齿　宽度：24像素　对比度：10%　频率：51　调整边缘...

图 5.14

- 宽度：在该数值框中键入数值，可以设置磁性套索工具搜索图像边缘的范围。此工具以当前鼠标指针所处的点为中心，以在此键入的数值为宽度范围，在此范围内寻找对比度强烈的图像边缘以生成定位锚点。

提示

如果需要选择的图像其边缘不十分清晰，应该将此数值设置得小一些，这样得到的选区较精确，但拖动鼠标指针时需要沿被选图像的边缘进行，否则极易出现失误。当需要选择的图像具有较好的边缘对比度时，此数值的大小不十分重要。

- 对比度：该数值框中的百分比数值控制磁性套索工具选择图像时确定定位点所依据的图像边缘反差度。数值越大，图像边缘的反差也越大，得到的选区则越精确。
- 频率：该数值框中的数值对磁性套索工具在定义选区边界时插入定位点的数量起着决定性的作用。键入的数值越大，则插入的定位点越多；反之，越少。

图 5.15 所示为分别设置“频率”数值为 10 和 80 时，Photoshop 插入的定位点。

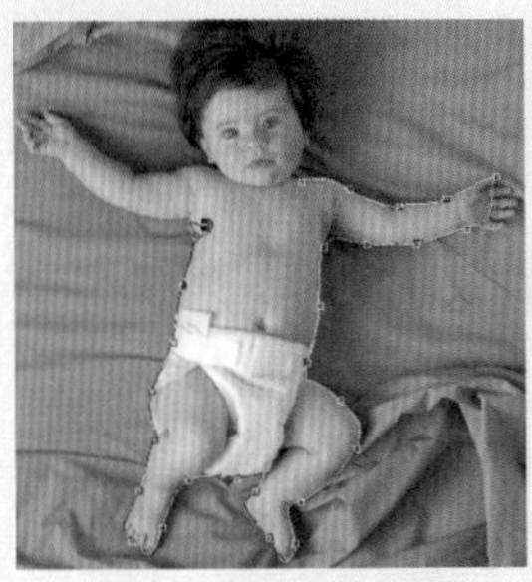

（a）设置“频率”数值为 10

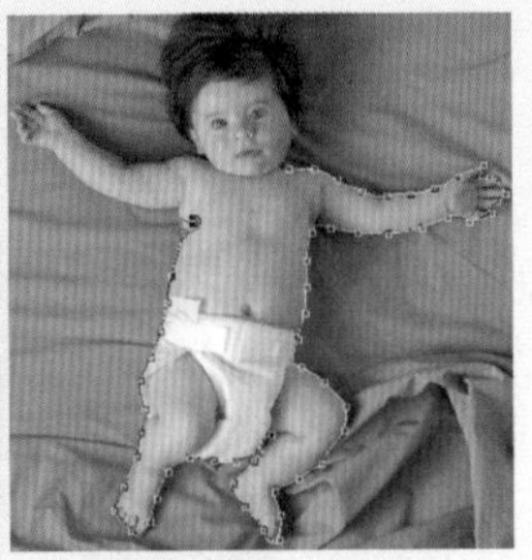

（b）设置“频率”数值为 80

图 5.15

使用此工具的步骤如下。

01 **在图像中单击鼠标左键，定义开始选择的位置，然后释放鼠标左键并围绕需要选择的图像的边缘拖动鼠标指针。**

02 **将鼠标指针沿需要跟踪的图像边缘进行拖动，与此同时选择线会自动贴紧图像中对比度最强烈的边缘。**

03 **操作时如果感觉图像某处边缘不太清晰会导致得到的选区不精确，可以在该处人为地单击一次以添加一个定位点，如果得到的定位点位置不准确，可以按 Delete 键删除前一个定位点，再重新移动鼠标指针以选择该区域。**

04 **双击鼠标左键，可以闭合选区。**

5.2.6 使用魔棒工具创建选区

魔棒工具可以依据图像颜色制作选区。使用此工具单击图像中的某一种颜色，即可将在此颜色容差值范围内的颜色选中。选择该工具后，其工具选项栏如图 5.16 所示。

取样大小： 取样点　容差： 10　☑ 消除锯齿　☐ 连续　☐ 对所有图层取样　调整边缘...

图 5.16

■ 容差：该数值框中的数值将定义魔棒工具进行选择时的颜色区域，其数值范围在 0 ～ 255 之间，默认值为 32。此数值越低，所选择的像素颜色和单击点的像素颜色越相近，得到的选区越小；反之，被选中的颜色区域越大，得到的选区也越大。图 5.17 所示是分别设置“容差”数值为 32 和 82 时选择湖面区域的图像效果。很明显，数值越小，得到的选区也越小。

（a）设置“容差”数值为 32

（b）设置“容差”数值为 82

图 5..17

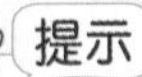

提示

各位读者可以尝试设置“容差”数值为 50、100、250，然后分别选择图像，看看当此数值发生变化时得到的选区有何异同。

■ 连续：选择该选项，只能选择颜色相近的连续区域；反之，可以选择整幅图像中所有处于“容差”数值范围内的颜色。设置“容差”数值为 150，图 5.18 所示为未选择此选项单击图像中蓝色区域后得到的选区，和选择此选项单击同一处颜色区域后得到的选区。可以看出，选择此选项后只有相连续的区域被选中了。

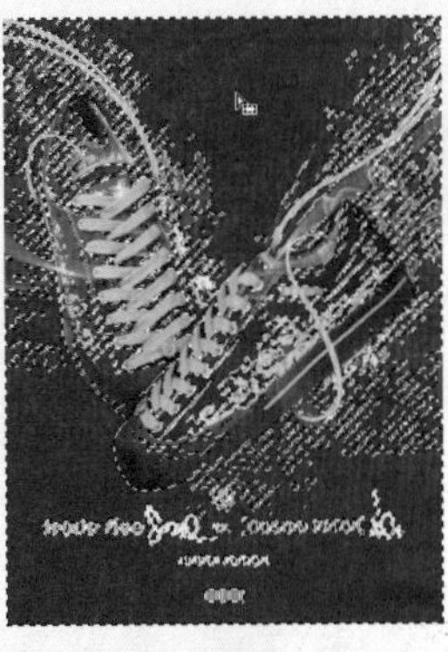

（a）未选择“连续”选项

（b）选择“连续”选项

图 5.18

■ 对所有图层取样：选择该选项，无论当前是在哪一个图层中进行操作，所使用的魔棒工具将对所有可见颜色都有效。

5.2.7 使用快速选择工具创建选区

使用快速选择工具，可以通过调整圆形画笔笔尖来快速制作选区。拖动鼠标时，选区会向外扩展并自动查找和跟踪图像中定义的边缘。

下面通过一个示例来进行详细的讲解。

01 打开文件"第5章\5.2.7-素材.tif"，如图5.19所示。在工具箱中选择快速选择工具，在其工具选项栏中设置适当的"大小"数值，在图像中单击鼠标左键并进行拖动，得到的选区如图5.20所示。

图 5.19

图 5.20

02 分别按住Shift键和Alt键增加和减少选区，并适当调整"大小"数值，将人物图像与摩托车图像完整地选择出来，得到的选区如图5.21所示。

图 5.21

03 按Ctrl+Shift+I键执行"反向"命令，对选区中的图像执行"滤镜"|"模糊"|"动感模糊"命令，在弹出的"动感模糊"对话框中设置适当的参数，最终效果如图5.22所示。

图 5.22

5.2.8 使用"色彩范围"命令抠选火焰

相对于魔棒工具而言，"选择"|"色彩范围"命令虽然与其操作原理相同，但功能更为强大，可操作性也更强。使用此命令可以从图像中一次得到一种颜色或几种颜色的选区。

下面将以选择火焰图像为例，讲解此命令的操作步骤。

01 打开文件"第5章\5.2.8-素材.tif"，如图5.23所示。

图 5.23

02 选择"选择"|"色彩范围"命令，弹出图5.24所示的对话框。

图 5.24

“色彩范围”对话框中的重要参数含义如下。

- 颜色吸管：选择吸管工具，单击图像中要选择的颜色区域，则该区域内所有相同的颜色将被选中。如果需要选择不同的几个颜色区域，可以在选择一种颜色后，选择吸管加工具单击其他需要选择的颜色区域。如果需要在已有的选区中去除某部分选区，可以选择吸管减工具单击其他需要去除的颜色区域。

- 本地化颜色簇：如果希望精确控制选择区域的大小，选择“本地化颜色簇”选项，此选项被选中的情况下“范围”滑块将被激活。

在对话框的预视区域中通过单击确定选择区域的中心位置，图 5.25 所示的预视状态表明选择区域位于图像下方，图 5.26 所示的预视状态表明选择区域位于图像上方。

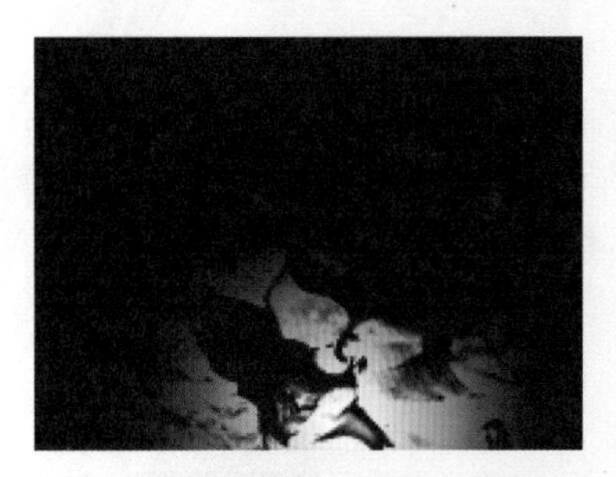

图 5.25

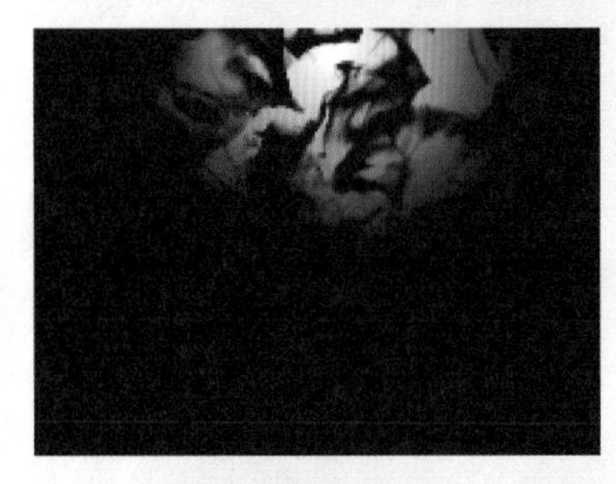

图 5.26

通过拖动“范围”滑块可以改变对话框图预视区域中的光点范围，光点越大表明选择区域越大。

- 颜色容差：如果要在当前选择的基础上扩大选区，可以将“颜色容差”滑块向右侧滑动，以扩大“颜色容差”数值。

- 反相：选择“反相”选项可以将当前选区反选。

- 选择范围、图像：利用“选择范围”和“图像”单选按钮可指定预览窗口中的图像显示方式。

- 选区预览：下拉列表表示指定图像窗口（不是预览窗口）中的图像选择预览方式。默认情况下，其设置为“无”，即不在图像窗口显示选择效果。若选择“灰度”、“黑色杂边”和“白色杂边”选项，则分别表示以灰色调、黑色或白色显示未选区域。若选择“快速蒙版”选项，表示以预设的蒙版颜色显示未选区域。

- 检测人脸：在“色彩范围”命令中新增了检测人脸功能，用于创建选区时自动根据检测到的人脸进行选择。

03 **使用吸管工具在火焰中红色的地方单击，并设置“颜色容差”数值为 200，此时对话框将变为图 5.27 所示的状态。**

图 5.27

04 **在对话框中按住 Shift 键在火焰高光（即黄色图像处）进行单击，从而加选此处的图像，此时对话框将变为图 5.28 所示的状态。**

图 5.28

> **提示**
> 根据所选图像的不同，可以多次执行上一步的操作，直至将所有图像都选中为止。

05 设置完成各选项后，单击“确定”按钮退出对话框，即可得到所需要的选区，如图 5.29 所示。

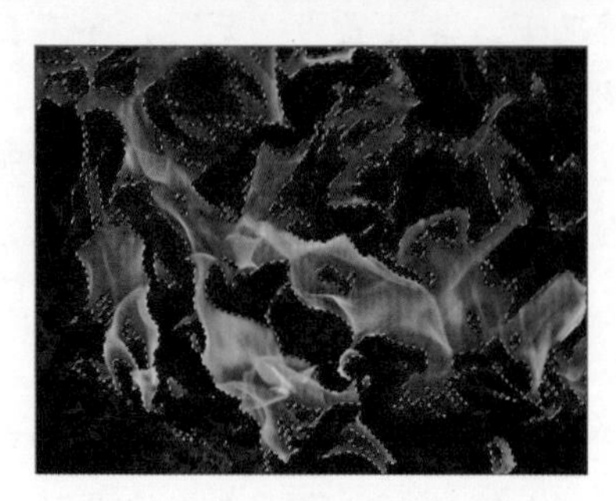

图 5.29

06 结合“拷贝”和“粘贴”命令，可以将选区中的图像拷贝至新图层或新文件中，图 5.30 所示为仅显示所选火焰图像时的效果。

图 5.30

图 5.31 所示为结合图层混合模式与图层蒙版功能，对图像进行融合处理前后的对比。

图 5.31

 5.2.9 使用“色彩范围”命令快速选择皮肤

从 Photoshop CS6 开始，在“色彩范围”命令中提供了检测人脸功能，在使用此命令创建选区时，可以自动根据检测到的人脸进行选择，对人像摄影师或日常修饰人物的皮肤非常有用。

要启用“人脸检测”功能，必须选中“本地化颜色簇”选项，如图 5.32 所示，若选择了多余的内容，可以按住 Alt 键在不希望选中的人物以外的区域单击，以减去这些区域，如图 5.33 所示，设置完成后，单击“确定”按钮，将得到图 5.34 所示的选区。

图 5.32

图 5.33

> **提示**
> 由于减去选择区域，将影响对人物皮肤的选择，因此在操作时要注意平衡二者之间的关系。

图 5.35 所示是使用“曲线”命令，然后对选中的皮肤图像进行提亮处理，并按 Ctrl+D 键取消选区后的状态。

图 5.34

图 5.35

 5.2.10 使用“焦点区域”自动选择主体图像

“焦点区域”命令是 Photoshop CC 2015 中新增的一个用于创建选区的命令，它可以分析图像中的焦点，从而自动将其选中。用户也可以根据需要，调整和编辑其选择范围。

以图 5.36 所示的图像为例，选择“选择”|“焦点区域”命令，将弹出图 5.37 所示的对话框，默认情况下，其选择结果如图 5.38 所示。

图 5.36

图 5.37

图 5.38

拖动其中的“焦点对准范围”滑块，或在后面的文本框中输入数值，可调整焦点范围，此数值越大，则选择范围越大，反之则选择范围越小，图 5.39 所示是将此数值设置为 5.12 时的选择结果。

另外，用户也可以使用其中的焦点区域添加工具和焦点区域减去工具，增加或减少选择的范围，其使用方法与快速选择工具基本相同，图 5.40 所示是使用焦点区域减去工具，减选下方人物以外图像后的效果。

图 5.39

图 5.40

在得到满意的结果后，可在“输出到”下拉列表中选择结果的输出方式，其选项及功能与“调整边缘”命令相同，故不再详细讲解。

通过上面的演示就可以看出，此命令的优点在于能够快速选择主体图像，大大提高选择工作的效率。其缺点就是，对毛发等细节较多的图像，很难进行精确的抠选，此时可以在调整结果的基础上，单击对话框中的“调整边缘”按钮，以使用“调整边缘”命令继续对其进行深入的抠选处理，关于此命令的讲解，请参考本章5.3.2节的内容。

5.3　选区形态随心调

在绝大多数情况下，都需要对选区进行或简单或复杂的编辑操作，才会最终得到满意的选区状态，例如，可能对某一个选区进行扩大、缩小、二次编辑等操作，才可能得到令人满意的选区，因此掌握编辑选区的方法是必需的。本节就来讲解一些常用的、重要的选区编辑功能。

5.3.1 羽化选区

选择“选择”|“修改”|“羽化”命令，可以将生硬边缘的选区处理得更加柔和，选择该命令后弹出的对话框，如图5.41所示，设置的参数越大，选区的效果越柔和，另外，在Photoshop CC 2015中，新增了“应用画布边缘的效果”选项。选中此选项后，靠近画布边缘的选区也会被羽化，反之则不会对靠近画布边缘的选区进行羽化。

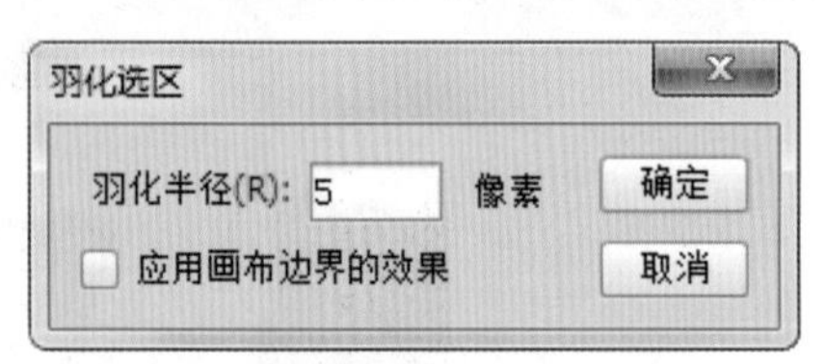

图 5.41

以图5.42所示的选区为例，图5.43所示是为选区设置10像素的羽化参数后，再按Ctrl+Shift+I键执行“反向”命令，然后填充白色后的效果。

图 5.42

图 5.43

实际上，除了使用“羽化”命令来柔化选区外，各个选区创建工具中也同样具备了羽化功能，例如矩形选框工具和椭圆选框工具，在这两个工具的工具选项栏中都有一个非常重要的参数即“羽化”。

提示

如果要使选择工具的“羽化”值有效，必须在绘制选区前在工具选项栏中输入数值。即如果在创建选区后，在“羽化”文本框中输入数值，该选区不会受到影响。

 增强型抠图圣手之“调整边缘”命令

创建一个选区，选择“选择”|“调整边缘”命令，或在各个选区绘制工具的工具选项栏上单击“调整边缘”按钮，即可调出其对话框，如图5.44所示。

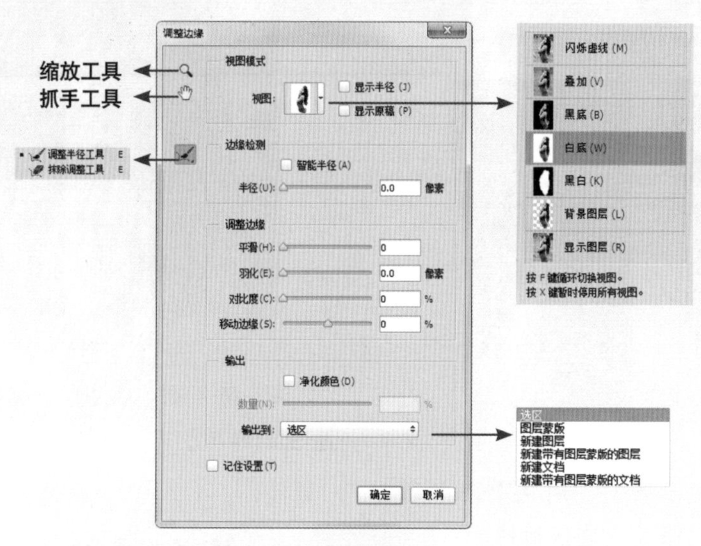

图5.44

下面来讲解一下“调整边缘”对话框中各个参数的含义。

1. 视图模式

此区域中的各参数解释如下。

- 视图列表：在此列表中，Photoshop依据当前处理的图像，生成了实时的预览效果，以满足不同的观看需求。根据此列表底部的提示，按F键可以在各个视图之间进行切换，按X键即只显示原图。
- 显示半径：选中此复选框后，将根据下面所设置的“半径”数值，仅显示半径范围以内的图像。
- 显示原稿：选中此复选框后，将依据原选区的状态及所设置的视图模式进行显示。

2. 边缘检测

此区域中的各参数解释如下。

- 半径：此处可以设置检测边缘时的范围。
- 智能半径：选中此复选框后，将依据当前图像的边缘自动进行取舍，以获得更精确的选择结果。

图5.45所示的参数进行设置后，图5.46所示是预览得到的效果。

图5.45

图5.46

3. 调整边缘

此区域中的各参数解释如下。

■ 平滑：当创建的选区边缘非常生硬，甚至有明显的锯齿时，可使用此选项来进行柔化处理，如图 5.47 所示。

图 5.47

■ 羽化：此参数与“羽化”命令的功能基本相同，是用来柔化选区边缘的。

■ 对比度：设置此参数可以调整边缘的虚化程度，数值越大则边缘越锐化。通常可以帮助用户创建比较精确的选区，如图 5.48 所示。

图 5.48

■ 移动边缘：该参数与“收缩”和“扩展”命令的功能基本相同，向左侧拖动滑块可以收缩选区，而向右侧拖动则可以扩展选区。

4. 输出

此区域中的各参数解释如下。

■ 净化颜色：选择此复选框后，下面的“数量”滑块被激活，拖动调整其数值，可以去除选择后的图像边缘的杂色。例如图 5.49 所示就是选择此选项并设置适当参数后的效果对比，可以看出，处理后的结果被过滤掉了原有的诸多绿色杂边。

图 5.49

■ 输出到：在此下拉列表中，可以选择输出的结果。

5. 工具

此区域中的各参数解释如下。

■ 缩放工具：使用此工具可以缩放图像的显示比例。

■ 抓手工具：使用此工具可以查看不同的图像区域。

■ 调整半径工具：使用此工具可以编辑检测边缘时的半径，以放大或缩小选择的范围。

■ 抹除调整工具：使用此工具可以擦除部分多余的选择结果。当然，在擦除过程中，Photoshop 仍然会自动对擦除后的图像进行智能优化，以得到更好的选择结果。图 5.50 所示为擦除前后的效果对比。

图 5.50

图 5.51 所示是继续执行了细节修饰后的抠图结果及将其应用于写真模板后的效果。

图 5.51

需要注意的是，“调整边缘”命令相对于通道或其他专门用于抠图的软件及方法，其功能还是比较简单的，因此无法苛求它能够抠出高品质的图像，通常可以作为在要求不太高的情况下，或图像对比非常强烈时使用，以快速达到抠图的目的。

5.4 选区的相关操作

除了可以对选区进行平滑、扩大以及羽化等操作外，还可以对选区进行反相、取消后重新选择等操作。

选择所有像素

执行“选择”|“全部”命令或者按 Ctrl+A 键执行全选操作，可以将图像中的所有像素（包括透明像素）选中，在此情况下图像四周显示浮动的黑白线。

反向选择

执行“选择”|“反向”命令或按 Ctrl+Shift+I 键，可以在图像中颠倒选区与非选区，使选区成为非选区，而非选区则成为选区。

取消选择区域

执行“选择”|“取消选择”命令，可以取消当前存在的选区。

在选区存在的情况下，按 Ctrl+D 键也可以取消选区。

再次选择选区

执行“选择”|“重新选择”命令，可以使 Photoshop 重新载入最后一次所取消的选区。

移动选区

移动选区的操作十分简单。使用任何一种选择类工具，将鼠标指针放置在选区内，此时鼠标指针会变为 ▹⬚ 形，表示可以移动，直接拖动选区，即可将其移动至图像的另一处。图 5.52 所示为移动前后的效果对比。

图 5.52

提示

如果要限制选区移动的方向为 45° 的增量，可以先开始拖动，然后按住 Shift 键继续拖动；如果需要按 1 个像素的增量移动选区，可以使用键盘上的箭头键；如果需要按 10 个像素的较大增量移动选区，可以按住 Shift 键，再按箭头键。

5.5 学而时习之——快速调整人物皮肤颜色

使用“色彩范围 ”命令中的“检测人脸”功能，可以帮助我们很好地选择照片中的人物皮肤，尤其是面部附近的皮肤，在处理时，我们可以充分利用这个特别，将人物的皮肤选中，然后使用调整命令对皮肤进行美白处理。用户也可以在学习了本书后面其他知识点后，按照类似的方法，对皮肤进行其他的处理。

01 **打开文件“第 5 章\5.5- 素材 .jpg”，选择“选择”|“色彩范围”命令，在弹出的对话框中选中顶部的“本地化颜色簇”和“检测人脸”选项，如图 5.53 所示，此时将自动识别人物。**

图 5.53

02 **保持在“色彩范围”对话框中，增加“颜色容差”的数值，以增加选择的范围，如图 5.54 所示。**

图 5.54

03 **单击“确定”按钮退出对话框，即可得到人物的选区，如图 5.55 所示。**

图 5.55

04 **在上一步得到的选区中，还选中了人物以外的区域，此时可以使用套索工具，按住 Alt 键减去选区人物以外的选区，如图 5.56 所示。**

图 5.56

05 按 Ctrl+L 键应用“色阶”命令，在弹出的对话框中分别调整“输入色阶”区域中的 3 个滑块，如图 5.57 所示，以调整人物的肤色。

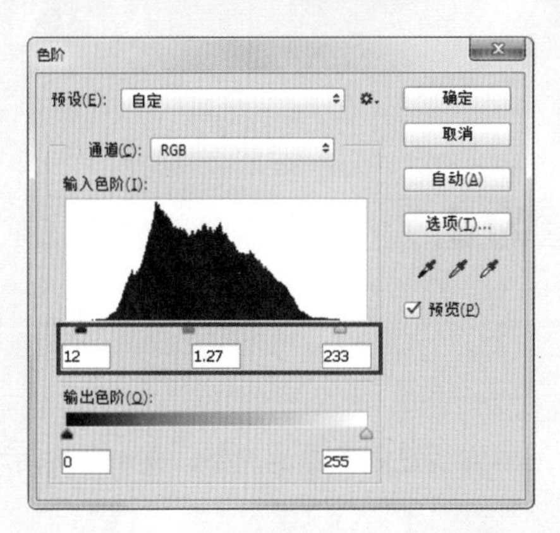

图 5.57

06 设置完成后，单击“确定”按钮退出对话框，并按 Ctrl+D 键取消选区即可，如图 5.58 所示。

图 5.58

第 6 章　细节决定成败——图像润饰与修复

6.1　修到满意为止

6.1.1 使用仿制图章工具复制图像

使用仿制图章工具和“仿制源”面板，可以用作图的方式复制图像的局部，并十分灵活地仿制图像。仿制图章工具选项栏如图 6.1 所示。

图 6.1

在使用仿制图章工具进行复制的过程中，图像参考点位置将显示一个十字准心，而在操作处将显示仿制图章工具图标或代表笔刷大小的空心圆，在“对齐”选项被选中的情况下，十字准心与操作处显示的图标或空心圆间的相对位置与角度不变。

仿制图章工具选项栏的重要参数含义如下。

- 对齐：在此选项被选择的状态下，整个取样区域仅应用一次，即使操作由于某种原因而停止，再次使用仿制图章工具进行操作时，仍可从上次操作结束时的位置开始；如果未选择此选项，则每次停止操作后再继续绘画时，都将从初始参考点位置开始应用取样区域。
- 样本：在此下拉菜单中可以选择定义源图像时所取的图层范围，包括“当前图层”、“当前和下方图层”以及“所有图层”3 个选项，从其名称上便可以轻松理解在定义样式时所使用的图层范围。
- “忽略调整图层”按钮：在“样本”下拉菜单中选择了“当前和下方图层”或“所有图层”命令时，该按钮将被激活，按下以后将在定义源图像时忽略图层中的调整图层。

使用仿制图章工具复制图像的操作步骤如下所述。

01 **打开文件“第 6 章 /6.1.1- 素材 .jpg”，如图 6.2 所示。在本例中，将修除人物面部的光斑。**

图 6.2

提示

本实例将要完成的任务是将左侧装饰图像复制到右侧，使整体图像更加美观。

02 **单击“创建新图层”按钮，得到“图层 1”。选择仿制图章工具，并设置其工具选项栏上，如图 6.3 所示。按住 Alt 键在左下方没有光斑的面部图像上单击以定义源图像，如图 6.4 所示。**

图 6.3

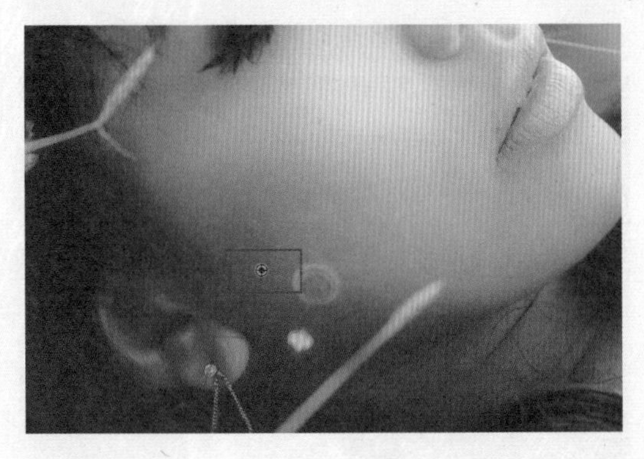

图 6.4

> **提示**
> 由于我们要复制的花朵图像为一个类似半圆的图形，所以在复制第一笔的时候一定要将位置把握适当，以免在复制操作的过程中，出现重叠或残缺的现象。

04 **按照第 2~3 步的方法，根据需要，适当调整画笔的大小、不透明度等参数，直至将该光斑修除，如图 6.6 所示，对应的“图层”面板如图 6.7 所示。**

图 6.6

图 6.7

03 **将仿制图章的光标置于右侧的目标位置，如图 6.5 所示，单击鼠标左键以复制上一步定义的源图像。**

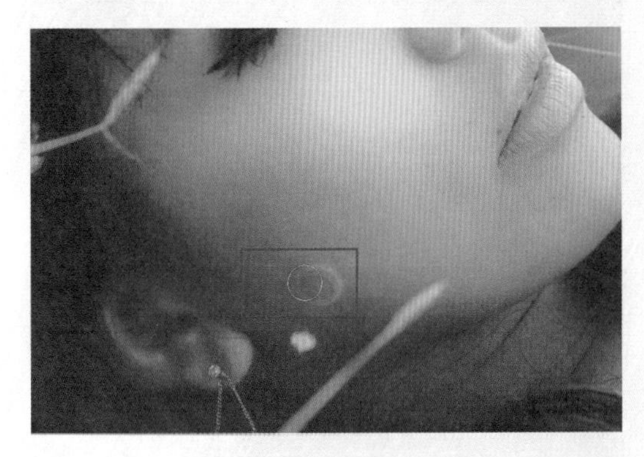

图 6.5

6.1.2 使用修复画笔工具校正瑕疵

修复画笔工具的最佳操作对象是有皱纹或雀斑等的照片，或者有污点、划痕的图像，因为该工具能够根据要修改点周围的像素及色彩将其完美无缺地复原，而不留任何痕迹。

使用修复画笔工具的具体操作步骤如下。

01 **打开文件“第 6 章\6.1.2- 素材 .jpg”。**

02 **选择修复画笔工具，在工具选项栏中设置其选项，如图 6.8 所示。**

图 6.8

修复画笔工具选项栏中的重要参数解释如下。

- 取样：用取样区域的图像修复需要改变的区域。

- 图案：用图案修复需要改变的区域。

03 **在“画笔”下拉列表中选择合适大小的画笔。**

提示

画笔的大小取决于需要修补的区域大小。

04 **在工具选项栏中选择“取样”单选按钮，按住 Alt 键，在需要修改的区域单击取样，如图 6.9 所示。**

图 6.9

05 **释放 Alt 键，并将光标放置在复制图像的目标区域，按住鼠标左键拖动此工具，即可修复此区域，如图 6.10 所示。**

图 6.10

6.1.3 使用污点修复画笔工具去除面部斑点

“污点修复画笔工具” 用于去除照片中的杂色或者污斑。此工具与“修复画笔工具” 非常相似，不同之处在于使用此工具时不需要进行取样，只需要用此工具在图像中有需要的位置单击，即可去除该处的杂色或者污斑，如图 6.11 所示，图 6.12 所示是修复多处斑点后的效果。

图 6.11

图 6.12

6.1.4 使用修补工具让你的照片更漂亮

修补工具 的操作原理是先选择图像中的某一个区域，然后使用此工具拖动选区至另一个区域以完成修补工作。修补工具 的工具选项栏显示如图 6.13 所示。

修补：正常 源 目标 透明 使用图案

图 6.13

工具选项栏中各参数释义如下。

- 修补：在此下拉列表中，选择“正常”选项时，将按照默认的方式进行修补；选择“内容识别”选项时，Photoshop 将自动根据修补范围周围的图像进行智能修补。

- 源：单击“源”单选按钮，则需要选择要修补的区域，然后将鼠标指针放置在选区内部，拖动选区至无瑕疵的图像区域，选区中的图像被无瑕疵区域的图像所替换。

- 目标：如果单击“目标”单选按钮，则操作顺序正好相反，需要先选择无瑕疵的图像区域，然后将选区拖动至有瑕疵的图像区域。

- 透明：选择此选项，可以将选区内的图像与目标位置处的图像以一定的透明度进行混合。

- 使用图案：在图像中制作选区后，在其“图案拾色器”面板中选择一种图案并单击 使用图案 按钮，则选区内的图像被应用为所选择的图案。

若在“修补”下拉列表中选择“内容识别”选项，则其工具选项栏变为图 6.14 所示的状态。

图 6.14

- 结构：此数值越大，则修复结果的形态会更贴近原始选区的形态，边缘可能会略显生硬；反之，则修复结果的边缘会更自然、柔和，但可能会出现过度修复的问题。以图 6.15 所示的选区为例，图 6.16 所示是将选区中的图像向左侧拖动以进行修复时的状态，图 6.17 所示是分别将此数值设置为 1 和 7 时的修复结果。

图 6.15

图 6.16

(a) “结构”数值为 1

(b) “结构”数值为 7

图 6.17

- 颜色：此参数用于控制修复结果中，可修改源色彩的强度。此数值越小，则保留更多被修复图像区域的色彩；反之，则保留更多源图像的色彩。

值得一提的是，在使用修补工具以“内容识别”方式进行修补后，只要不取消选区，即可随意设置“结构”及“颜色”参数，直至得到满意的结果为止。

下面讲解修补工具的使用方法，其具体操作如下。

01 打开文件“第 6 章 \6.1.4- 素材 .jpg”。

02 选择修补工具，在工具选项栏中设置其选项，如图 6.18 所示。

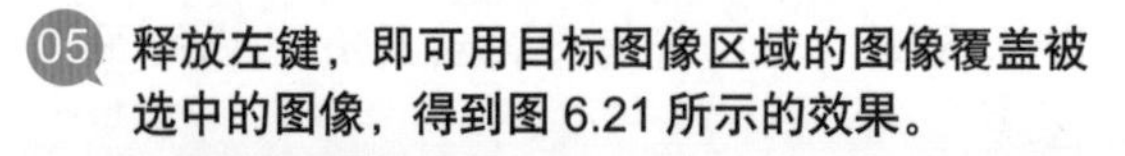

图 6.18

03 在图像中用修补工具选择需要修补或覆盖的区域，如图 6.19 所示。

图 6.19

04 将光标放在选区中，按住鼠标左键拖动选区至目标图像区域，如图 6.20 所示。

图 6.20

05 释放左键，即可用目标图像区域的图像覆盖被选中的图像，得到图 6.21 所示的效果。

图 6.21

06 按此方法多次操作，即可完整修补或覆盖图像，得到满意的效果，如图 6.22 所示。

图 6.22

6.2 学而时习之——照片综合修饰处理

01 打开文件“第 6 章 \6.2- 素材 .jpg”。在工具箱中选择套索工具，在图像上绘制选区，如图 6.23 所示。

02 按 Ctrl+J 键复制选区中的内容，得到“图层 1”。按 Ctrl+T 键调出自由变换控制框，在控制框内单击鼠标右键，在弹出的菜单中选择“水平翻转”命令。按 Enter 键确认操作，然后使用移动工具调整图像的位置，如图 6.24 所示。

图 6.23

图 6.24

03 选择橡皮擦工具，然后对“图层 1”中的多余图像进行涂抹，将其擦除，如图 6.25 所示。

图 6.25

04 选择“背景”图层作为当前的工作层，按照第 2~3 步的操作方法，应用套索工具在画布中绘制选区，然后复制选区中的内容，得到“图层 2”。将此图层拖至“图层 1”上方，结合自由变换控制框及移动工具调整图像的角度及位置，如图 6.26 所示，此时的“图层”面板如图 6.27 所示。

图 6.26

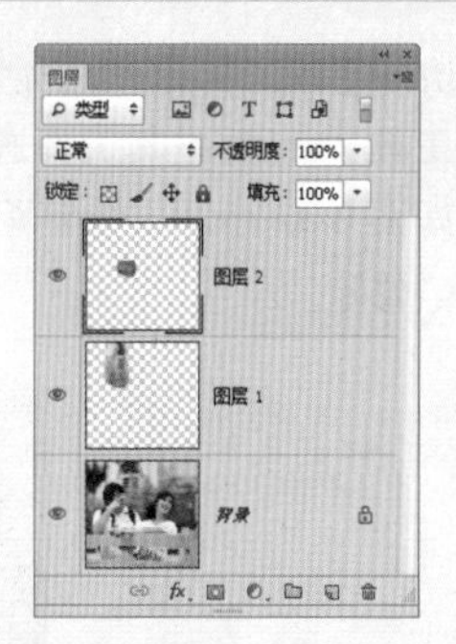

图 6.27

05 对“图层 2”中的图像进行擦除处理，直至图像边缘拥有自然的过渡效果为止，如图 6.28 所示。

图 6.28

06 将“图层 2”拖至“创建新图层”按钮上，得到“图层 2 拷贝”，然后利用自由变换控制框调整图像的角度及位置，如图 6.29 所示。

图 6.29

07 按照上一步的方法，继续复制更多的图层，并对其他部分的图像进行处理，直至得到较好的修复效果，如图 6.30 所示，此时的“图层”面板如图 6.31 所示。

图 6.30

08 下面利用仿制图章工具 将护栏上方的男性人物修除。单击“创建新图层”按钮 ，得到“图层 3”，选择钢笔工具 ，并在其工具选项栏中选择“路径”选项，沿着女孩的左臂及男孩手臂下方的护栏绘制路径，如图 6.32 所示。绘制路径的目的，是想限制图像的范围。以便下面在涂抹的过程中，将不该修除的图像修除。

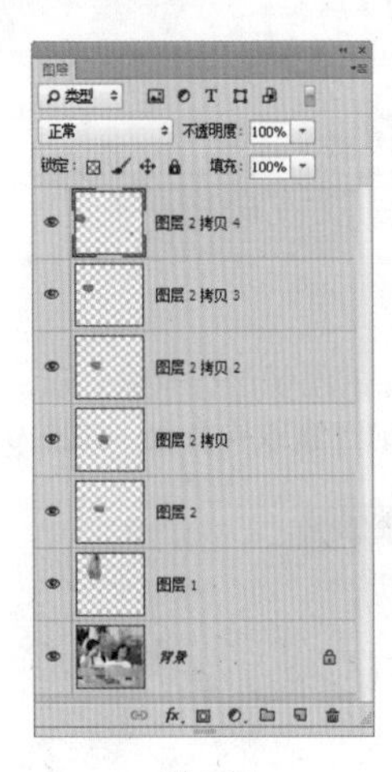

图 6.31

图 6.32

09 按 Ctrl+Enter 键将路径转换为选区，按 Ctrl+Shift+I 键执行“反向”操作，以反向选择当前的选区。在工具箱中选择仿制图章工具 ，并在其工具选项栏中设置适当的画笔的大小及其他设置，如图 6.33 所示。

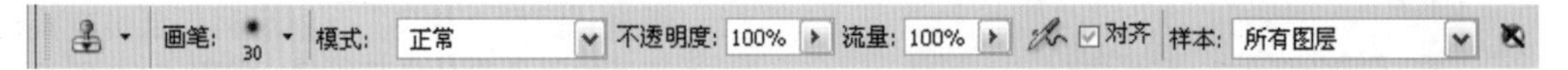

图 6.33

10 将光标置于男孩上方的风景区域。按 Alt 键单击鼠标左键以定义源图像，释放 Alt 键，在男孩身上进行涂抹复制操作，如图 6.34 所示。

11 按照第 9~10 步的方法，将栏杆中的男孩及左上角的图像修复，即可得到最终的结果，如图 6.35 所示，此时的“图层”面板如图 6.36 所示。

图 6.34

图 6.35

图 6.36

第 7 章　你应该“色胆包天”——调整图像颜色

7.1　调色，就是这么简单

 使用“去色”命令制作图像视觉焦点

执行“图像”|“调整”|“去色”命令，可以删除彩色图像中的所有颜色，并将其转换为相同颜色模式下的灰度图像。例如图 7.1 所示的照片中，就是将花朵选中的选区，按 Ctrl+Shift+I 键执行“反向”操作，选择“图像”|“调整”|“去色”命令，得到如图 7.2 所示的状态。

图 7.1

图 7.2

 使用“反相”命令反相图像色彩

执行“图像”|“调整”|“反相”命令，可以反相图像。对于黑白图像而言，使用此命令可以将其转换为底片效果；而对于彩色图像而言，使用此命令可以将图像中的各部分颜色转换为其补色。

图 7.3 所示为原图像。图 7.4 所示为使用“反相”命令后的效果。

图 7.3

图 7.4

使用此命令对图像的局部进行操作，也可以得到令人惊艳的效果。

7.1.3 使用“亮度/对比度”命令调整图像亮度及对比度

执行“图像”|“调整”|“亮度/对比度”命令，可以对图像进行全局调整。此命令属于粗略式调整命令，其操作方法不够精细，因此不能作为调整颜色的第一手段。

执行“图像”|“调整”|“亮度/对比度”命令，弹出图7.5所示的对话框。

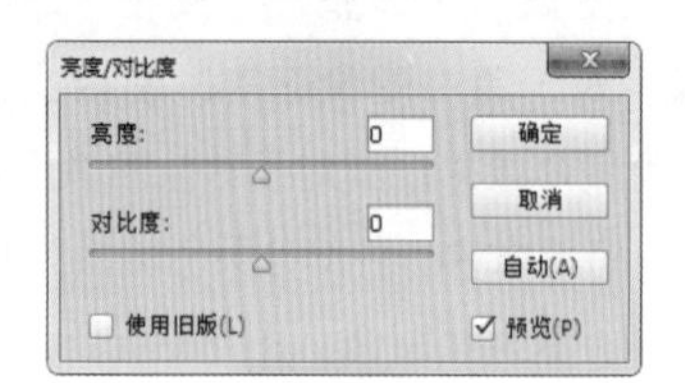

图7.5

- 亮度：用于调整图像的亮度。数值为正时，增加图像的亮度；数值为负时，降低图像的亮度。
- 对比度：用于调整图像的对比度。数值为正时，增加图像的对比度；数值为负时，降低图像的对比度。
- 使用旧版：选中此复选框，可以使用早期版本的“亮度/对比度”命令来调整图像，而默认情况下，则使用新版的功能进行调整。在调整图像时，新版命令仅对图像的亮度进行调整，色彩的对比度保持不变。
- 自动：单击此按钮，即可自动针对当前的图像进行亮度及对比度的调整。

以图7.6所示的图像为例，图7.7所示就是使用此命令调整后的效果。

图7.6

图7.7

7.1.4 减淡工具

使用减淡工具可以增亮图像中较暗的部分，其工具选项栏如图7.8所示。

65 范围: 中间调 曝光度: 30% 保护色调

图7.8

使用此工具调整图像的操作步骤如下。

01 在工具箱中选择减淡工具，在其工具选项栏中设置合适的“大小”数值。

02 在工具选项栏中“范围”的下拉菜单中选择调整图像的色调范围。要调整图像的暗调区域，可以选择“阴影”选项；要调整图像的亮调区域，可以选择“高光”选项；要调整图像的中间色调区域，可以选择“中间调”选项。

03 在工具选项栏中确定“曝光度”数值，以定义使用此工具操作时的亮化程度。此数值越大，亮化的效果越明显。

04 如果希望在操作后图像的色调不发生变化，选择“保护色调”选项，然后使用此工具在图像中需要调亮的区域进行拖动。

图 7.9 为原图像。图 7.10 所示是分别在工具选项栏中选择“中间调”及“阴影”选项的情况下，设置适当的画笔大小及“曝光度”数值，对人物面部进行美白前后的对比效果。

图 7.9

图 7.10

加深工具

使用加深工具可以使图像中较亮的区域变暗，其工具选项栏如图 7.11 所示。

图 7.11

此工具的工具选项栏参数、操作方法与减淡工具类似，此不赘述。图 7.12 所示为原图像。图 7.13 所示为对原图像使用此工具操作后的效果。可以看出，原来顶部曝光过度的区域变得正常了。

图 7.12

图 7.13

7.2 调色大师的选择

使用“色阶”命令调整偏色照片

使用“色阶”命令，可以随意地控制图像的明暗对比度。在调整图像时此命令很常用，其具体操作步骤如下。

01 打开文件“第 7 章\7.2.1- 素材 .jpg”，如图 7.14 所示。

图 7.14

02 按 Ctrl+L 键或选择“图像”|“调整”|“色阶”命令，弹出图 7.15 所示的对话框。

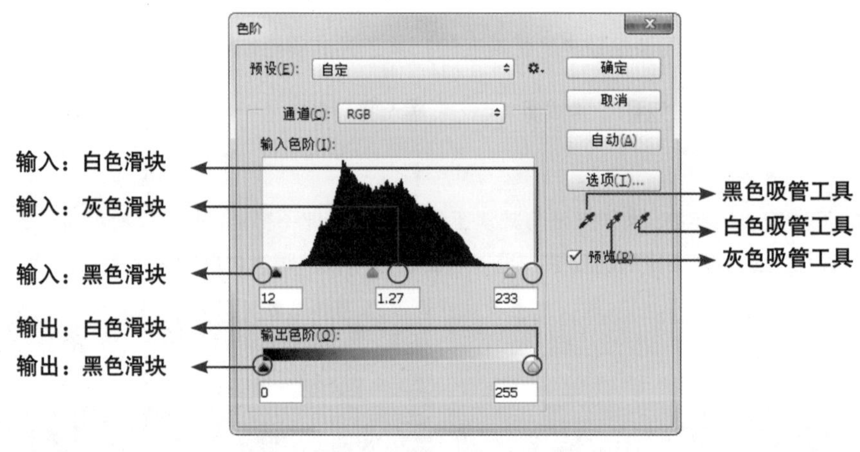

图 7.15

在“色阶”对话框中，拖动“输入色阶”直方图下面的滑块，或在对应文本框中输入值，以改变图像的高光、中间调或暗调，从而增加图像的对比度。

- 向左拖动“输入色阶”中的白色滑块或灰色滑块，可以使图像变亮。
- 向右拖动“输入色阶”中的黑色滑块或灰色滑块，可以使图像变暗。
- 向左拖动“输出色阶”中的白色滑块，可降低图像亮部对比度，从而使图像变暗。
- 向右拖动“输出色阶”中的黑色滑块，可降低图像暗部对比度，从而使图像变亮。

03 使用对话框中的吸管工具在图像中单击取样，可以通过重新设置图像的黑场、白场或灰点调整图像的明暗。

- 使用设置黑场的黑色吸管工具在图像中单击，可以使图像基于单击处的色值变暗。
- 使用设置白场的白色吸管工具在图像中单击，可以使图像基于单击处的色值变亮。
- 使用设置灰点的灰色吸管工具在图像中单击，可以在图像中减去单击处的色调，以减弱图像的偏色。

04 在此下拉列表中选择要调整的通道名称。如果当前图像是 RGB 颜色模式，"通道"下拉列表中包括 RGB、红、绿和蓝 4 个选项；如果当前图像是 CMYK 颜色模式，"通道"下拉列表中包括 CMYK、青色、洋红、黄色和黑色 5 个选项。在本实例中将对通道 RGB 进行调整。

提示

为保证图像在印刷时的准确性，需要定义一下黑、白场的详细数值。

05 首先来定义白场。双击"色阶"对话框中的白色吸管工具，在弹出的"拾色器（目标高光颜色）"对话框中设置数值为（R：244，G：244，B：244）。单击"确定"按钮关闭对话框，此时我们再定义白场时，则以该颜色作为图像中的最亮色。

06 下面来定义黑场。双击"色阶"对话框中的黑色吸管工具，在弹出的"拾色器（目标阴影颜色）"对话框中设置数值为（R：10，G：10，B：10）。单击"确定"按钮关闭对话框，此时我们再定义黑场时，则以该颜色作为图像中的最暗色。

07 使用白色吸管工具在白色裙子类似图 7.16 所示的位置单击，使裙子图像恢复为原来的白色，单击"确定"按钮关闭对话框。

08 使用黑色吸管工具在右侧阴影类似图 7.17 所示的位置单击，加强图像的对比度，单击"确定"按钮关闭对话框。

图 7.16　　图 7.17

09 至此，我们已经将图像的颜色恢复为正常，但为了保证印刷的品质，还需要使用吸管工具配合"信息"面板，查看图像中是否存在纯黑或纯白的图像，然后按照上面的方法继续使用"色阶"命令对其进行调整。

7.2.2 使用"曲线"命令调整图像明暗及色彩

"曲线"命令是 Photoshop 中最为强大且调整效果最为精确的命令，使用此命令不仅可以调整图像整体的色调，还可以精确地控制多个色调区域的明暗度及色调，应用广泛。使用此命令调整图像的操作步骤如下。

01 打开文件"第 7 章\7.2.2- 素材 .jpg"，如图 7.18 所示。

图 7.18

02 按 Ctrl+M 键或选择"图像"|"调整"|"曲线"命令，弹出图 7.19 所示的"曲线"对话框。

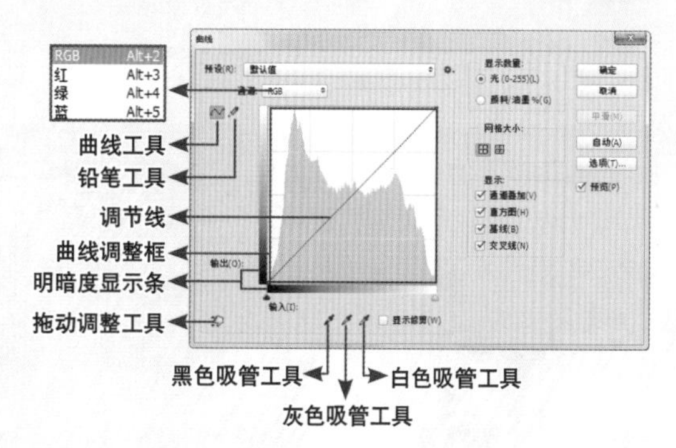

图 7.19

"曲线"对话框中的参数解释如下。

- 预设：除了可以手动编辑曲线来调整图像外，还可以直接在"预设"下拉列表中选择一个 Photoshop 自带的调整选项。

- 通道：与“色阶”命令相同，在不同的颜色模式下，该下拉列表将显示不同的选项。
- 曲线调整框：该区域用于显示当前对曲线所进行的修改，按住 Alt 键在该区域中单击，可以增加网格的显示数量，从而便于对图像进行精确的调整。
- 明暗度显示条：即曲线调整框左侧和底部的渐变条。横向的显示条为图像在调整前的明暗度状态，纵向的显示条为图像在调整后的明暗度状态。图 7.20 所示为分别向上和向下拖动节点时，该点图像在调整前后的对应关系。

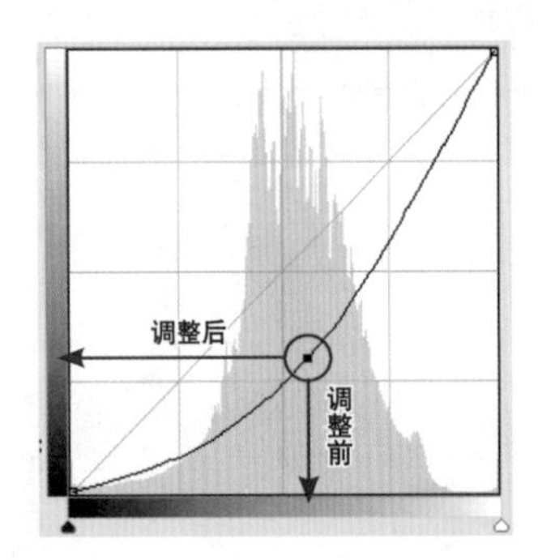

图 7.20

- 调节线：在该直线上可以添加最多不超过 14 个节点，当鼠标置于节点上并变为✣状态时，就可以拖动该节点对图像进行调整。要删除节点，可以选中并将节点拖至对话框外部，或在选中节点的情况下，按 Delete 键即可。
- “编辑点以修改曲线”：使用该工具可以在调节线上添加控制点，将以曲线的方式调整调节线。
- “通过绘制来修改曲线”：使用该工具可以使用手绘方式在曲线调整框中绘制曲线。
- 平滑：当使用“通过绘制来修改曲线”绘制曲线时，该按钮才会被激活，单击该按钮，可以让所绘制的曲线变得更加平滑。

03 在“通道”下拉列表中选择要调整的通道名称。默认情况下，未调整前图像“输入”与“输出”值相同，因此在“曲线”对话框中表现为一条直线。

04 在直线上单击增加一个变换控制点，向上拖动此节点，即可调整图像对应色调的明暗度，如图 7.21 所示。

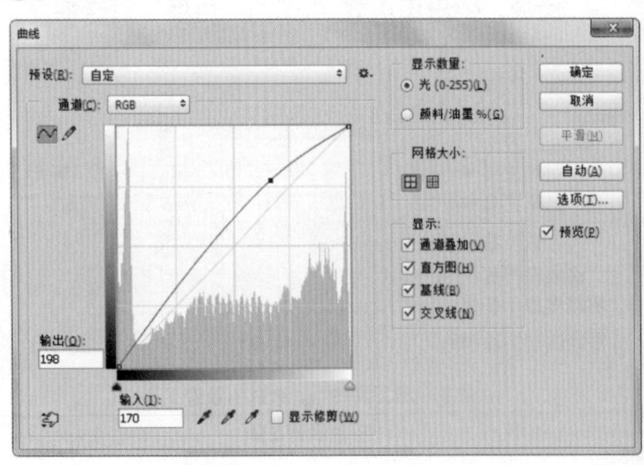

图 7.21

05 如果需要调整多个区域，可以在直线上单击多次，以添加多个变换控制点。对于不需要的变换控制点，可以按住 Ctrl 键，单击此点将其删除。图 7.22 所示为多次添加控制点并调整后得到的图像效果。

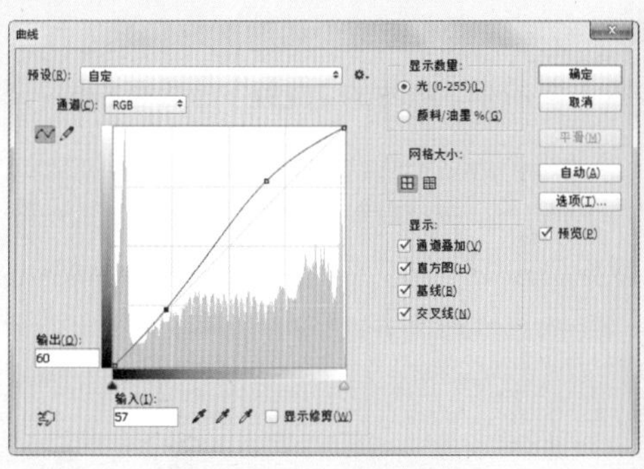

图 7.22

06 如果需要其他状态的曲线，可以单击“曲线”对话框左侧的“通过绘制来修改曲线”图标，然后在曲线调整框中拖动鼠标即可。绘制的曲线形状越不规则，色彩的明暗变化越强烈，如图 7.23 所示。

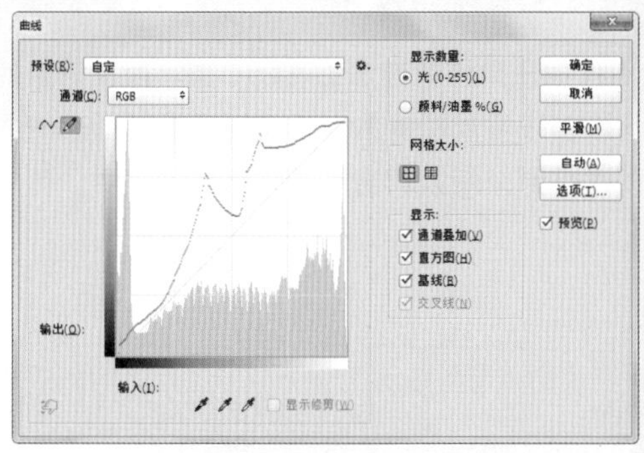

图 7.23

07 用对话框中的取样吸管定义图像的黑场、白场或灰点，其应用方法及意义与“色阶”对话框中的一样，在此不再赘述。

08 选择对话框中的存储命令，在弹出的对话框中输入一个文件名，以将当前使用的调整曲线保存为一个文件（如果需要对成批图像进行处理，则需要执行此步骤）。

09 设置好对话框中的参数后，单击“确定”按钮，即可完成图像的调整操作。

在“曲线”对话框中使用拖动调整工具，可以在图像中通过拖动的方式快速调整图像的色彩及亮度。图 7.24 所示是选择拖动调整工具后，在要调整的图像位置摆放鼠标时的状态。如图 7.25 所示，由于当前摆放鼠标的位置显得曝光不足，所以将向上拖动鼠标以提亮图像，此时的“曲线”对话框如图 7.26 所示。

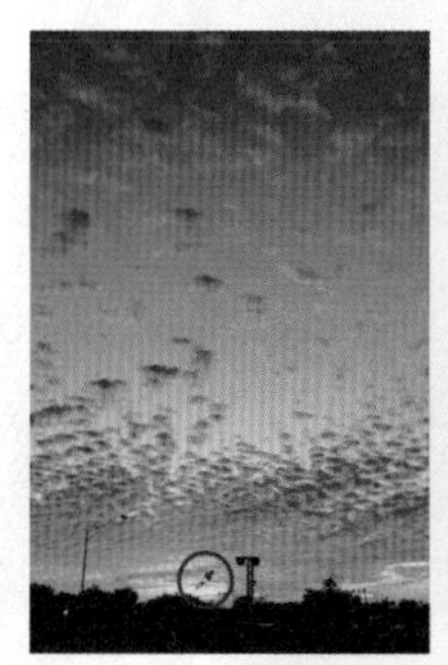

图 7.24

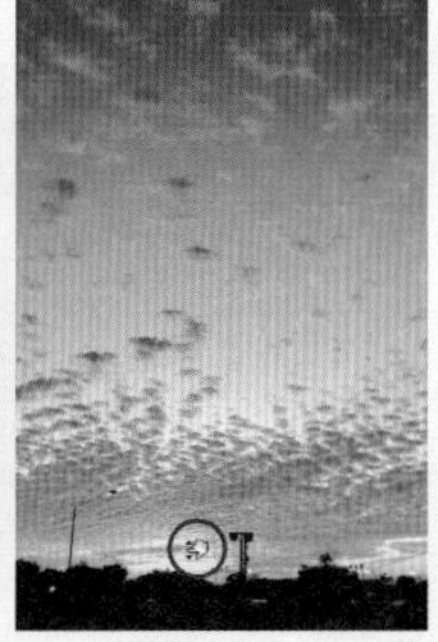

图 7.25

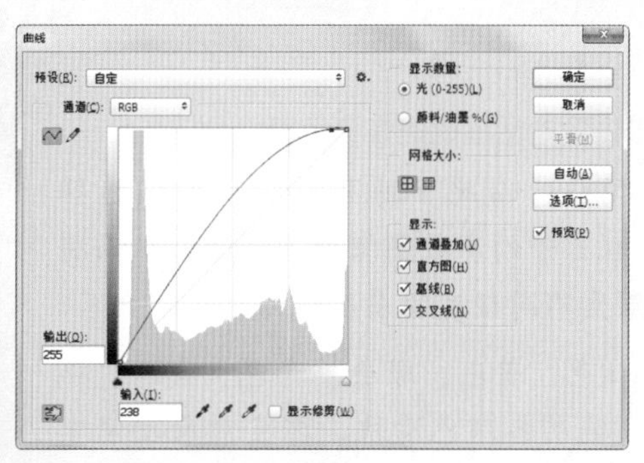

图 7.26

在上面处理的图像的基础上，再将光标置于阴影区域要调整的位置，如图 7.27 所示。按照前面所述的方法，此时将向下拖动鼠标以调整阴影区域，如图 7.28 所示。此时的“曲线”对话框如图 7.29 所示。

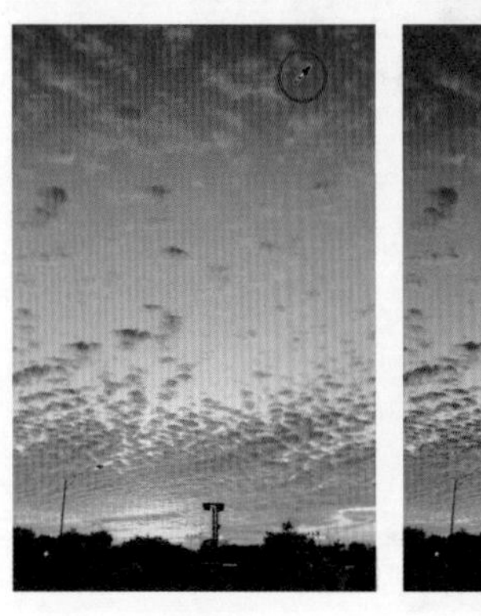

图 7.27

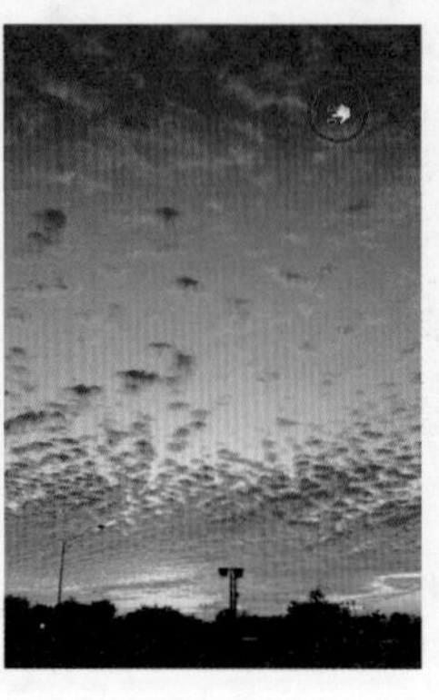

图 7.28

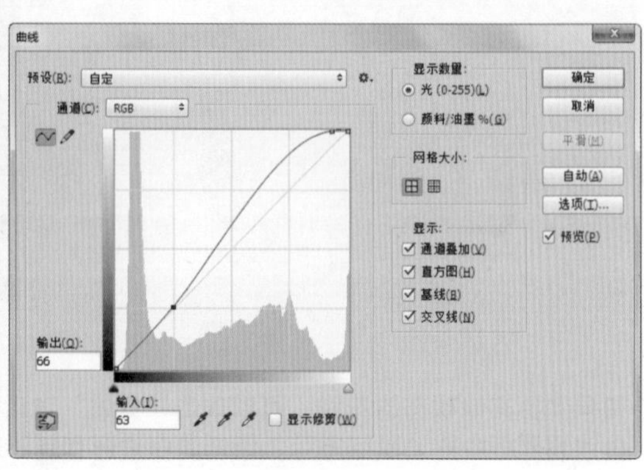

图 7.29

通过上面的实例可以看出，拖动调整工具只不过是在操作的方法上有所不同，而在调整的原理上是没有任何变化的。如同刚才的实例中，利用了 S 形曲线增加图像的对比度，而这种形态的曲线也完全可以在“曲线”对话框中通过编辑曲线的方式创建得到，所以读者在实际运用过程中，可以根据自己的需要，选择使用某种方式来调整图像。

7.2.3 使用“黑白”命令制作艺术化的单色调照片效果

“黑白”命令可以将图像处理为灰度或者单色调图像的效果。执行“图像”|“调整”|“黑白”命令，弹出图 7.30 所示的“黑白”对话框。

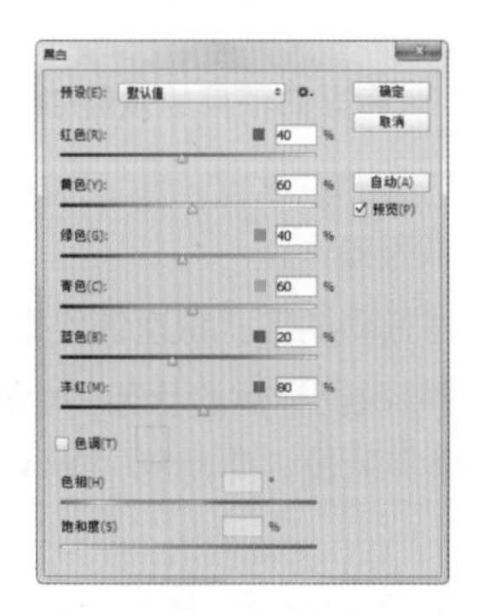

图 7.30

“黑白”对话框中的各参数释义如下。

- 预设：在此下拉菜单中，可以选择 Photoshop 自带的多种图像处理选项，从而将图像处理为不同程度的灰度效果。
- 红色、黄色、绿色、青色、蓝色、洋红：分别拖动各颜色滑块，即可对原图像中对应颜色的区域进行灰度处理。
- 色调：选择此选项后，对话框底部的两个色条及右侧的色块将被激活，其中，两个色条分别代表了“色相”和“饱和度”参数，可以拖动其滑块或者在其数值框中键入数值，以调整出要叠加到图像中的颜色；也可以直接单击右侧的色块，在弹出的“拾色器（色调颜色）”对话框中选择需要的颜色。

使用“黑白”命令的操作步骤如下。

01 打开文件“第 7 章\7.2.3- 素材 .tif”，如图 7.31 所示。

图 7.31

02 执行“图像”|“调整”|“黑白”命令，弹出“黑白”对话框，在“预设”下拉菜单中选择适当的选项，以初步对整体图像进行调整。在这里选择的是“绿色滤镜”选项，此时图像的预览效果如图 7.32 所示。

图 7.32

提示

观察图像可以看出，图像整体效果偏亮。下面将通过调整相关参数来解决这一问题。

03 现在为图像着色。在对话框中选择“色调”选项，然后适当调整相关的颜色参数，如图 7.33 所示，此时图像的预览效果如图 7.34 所示。

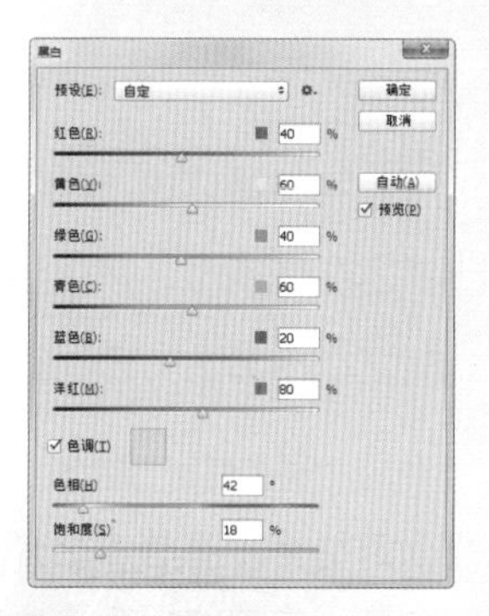

图 7.33

图 7.34

04 调整完毕后，单击“确定”按钮退出对话框。

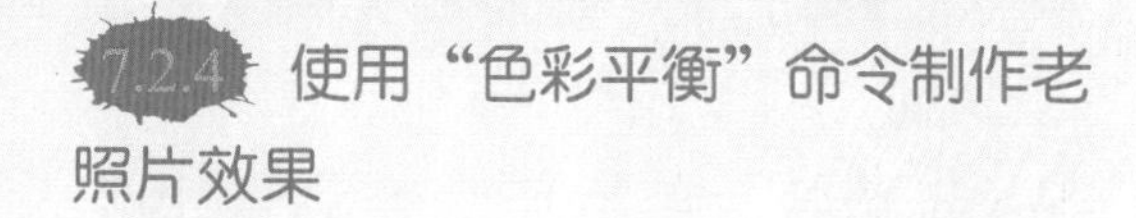

7.2.4 使用“色彩平衡”命令制作老照片效果

使用“色彩平衡”命令，可以在图像或者选区中增加或者减少处于高光、中间调以及阴影区域中的特定颜色。

执行“图像”|“调整”|“色彩平衡”命令，弹出图 7.35 所示的“色彩平衡”对话框。

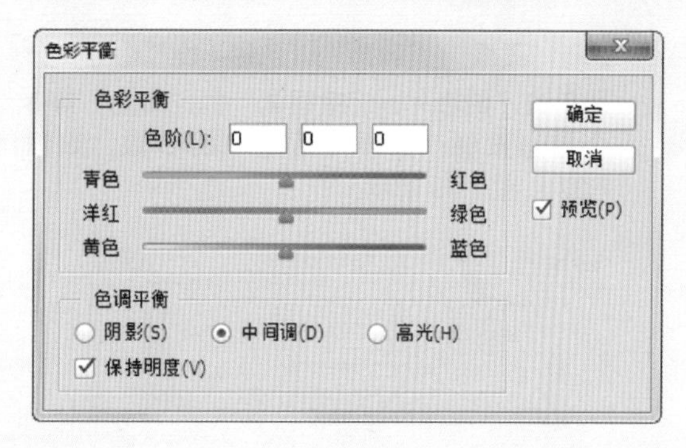

图 7.35

“色彩平衡”对话框中各参数释义如下。

- 颜色调整滑块：颜色调整滑块区显示互补的 CMYK 和 RGB 颜色。在调整时可以通过拖动滑块增加该颜色在图像中的比例，同时减少该颜色的补色在图像中的比例。例如，要减少图像中的蓝色，可以将“蓝色”滑块向“黄色”方向进行拖动。
- 阴影、中间调、高光：单击对应的单选按钮，然后拖动滑块，即可调整图像中这些区域的颜色值。
- 保持明度：选择此选项，可以保持图像的亮调，即在操作时只有颜色值可以被改变，像素的亮度值不可以被改变。

使用“色彩平衡”命令调整图像的操作步骤如下。

01 打开文件“第 7 章\7.2.4- 素材 .jpg”，如图 7.36 所示。可以看出，图像中存在偏色。

图 7.36

02 执行“图像”|“调整”|“色彩平衡”命令，分别单击“阴影”、“中间调”、“高光”等 3 个单选按钮，设置对话框中的参数，如图 7.37 ～图 7.39 所示。

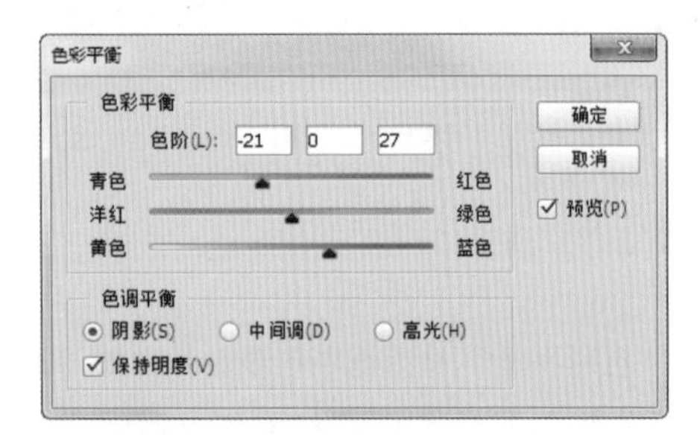

图 7.37

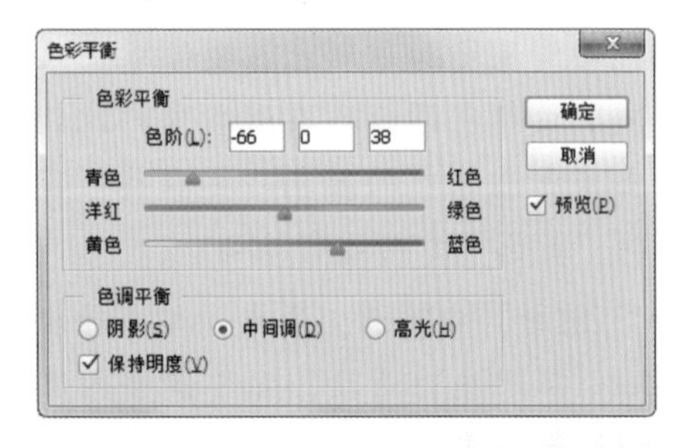

图 7.38

图 7.39

03 单击“确定”按钮退出对话框，效果如图 7.40 所示。

图 7.40

7.2.5 使用“色相 / 饱和度”命令改变衣服的颜色

使用“色相 / 饱和度”命令，可以调整整体图像或者选区中图像的色相、饱和度以及明度。此命令的特点在于可以根据需要调整某一个色调范围内的颜色。

执行“图像”|“调整”|“色相 / 饱和度”命令，弹出图 7.41 所示的“色相 / 饱和度”对话框。

图 7.41

在对话框顶部的下拉菜单中选择“全图”选项，可以同时调整图像中的所有颜色，或者选择某一颜色成分（如“红色”等）单独进行调整。

另外，也可以使用位于“色相 / 饱和度”对话框底部的吸管工具，在图像中吸取颜色，并修改颜色范围。使用“添加到取样”工具可以扩大颜色范围；使用“从取样中减去”工具可以缩小颜色范围。

对话框中各参数释义如下。

提示

可以在选择吸管工具时按住 Shift 键扩大颜色范围，按住 Alt 键缩小颜色范围。

- 色相：可以调整图像的色调，无论是向左还是向右拖动滑块，都可以得到新的色相。
- 饱和度：可以调整图像的饱和度。向右拖动滑块可以增加饱和度，向左拖动滑块可以降低饱和度。
- 明度：可以调整图像的亮度。向右拖动滑块可以增加亮度，向左拖动滑块可以降低亮度。
- 颜色条：在对话框的底部显示有两个颜色条，代表颜色在色轮中的次序及选择范围。上面的颜色条显示调整前的颜色，下面的颜色条显示调整后的颜色。
- 着色：用于将当前图像转换为某一种色调的单色调图像。
- ：单击此按钮，然后在图像中单击某一种颜色，并在图像中向左或向右拖动，可以减少或增加包含所单击位置处像素颜色范围的饱和度；如果在执行此操作时按住了Ctrl键，则左右拖动可以改变相对应颜色区域的色相。

提示

与前面讲解的“曲线”对话框中的工具类似，此处的工具也仅是不同操作方式、相同工作原理的一种替代功能。读者可以在下面学习了“曲线”命令基本的颜色调整方法后，再尝试使用此工具对图像颜色进行调整。

如果在颜色选择下拉菜单中选择的不是“全图”选项，则颜色条显示对应的颜色区域。选择不同选项的对话框显示如图7.42所示。

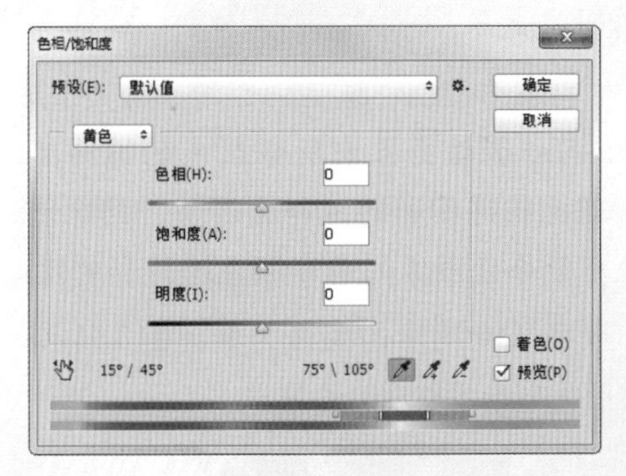

图7.42

如果使用“色相”滑块进行调整并将颜色条拖动到新的范围处，则下面的颜色条会在色轮中移动以标示新的调整颜色。

使用“色相/饱和度”命令调整图像的步骤如下。

01 打开文件“第7章\7.2.5-素材.jpg”，如图7.43所示。

图7.43

提示

下面使用“色相/饱和度”命令调整人物衣服的颜色。

02 按Ctrl+U键，或者执行“图像”|“调整”|“色相/饱和度”命令，弹出“色相/饱和度”对话框。

03 现在将右侧人物穿着的绿色衣服改变为紫红色衣服。在颜色选择下拉菜单中选择要调整的颜色，此处为“绿色”。

04 选择“绿色”选项后，拖动各滑块，直至改变衣服的基本颜色为止，如图7.44所示，效果如图7.45所示。

提示

此时绿色的衣服上仍有一部分未被调整为紫红色，下面继续进行调整。

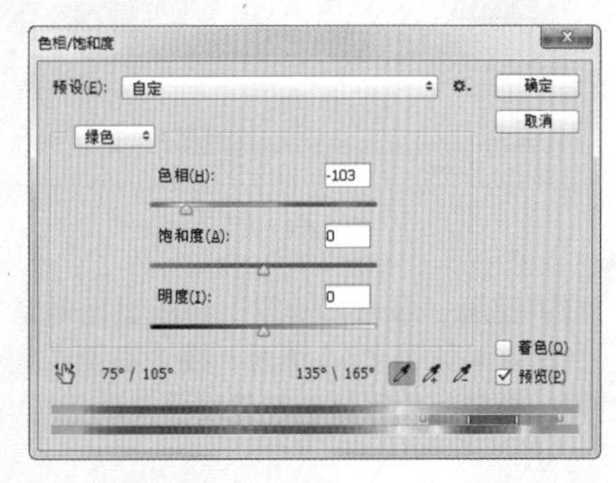

图7.44

图 7.45

05 **向左拖动颜色条最左侧的颜色滑块，如图 7.46 所示，用以扩大颜色的调整范围，按照同样的方法，再向左拖动颜色条左侧第二个颜色滑块，如图 7.47 所示。**

图 7.46

图 7.47

06 **完成调整后，单击“确定”按钮退出对话框，得到的效果如图 7.48 所示，图中右侧中间位置的两个模特的衣服颜色已经发生了明显变化。**

图 7.48

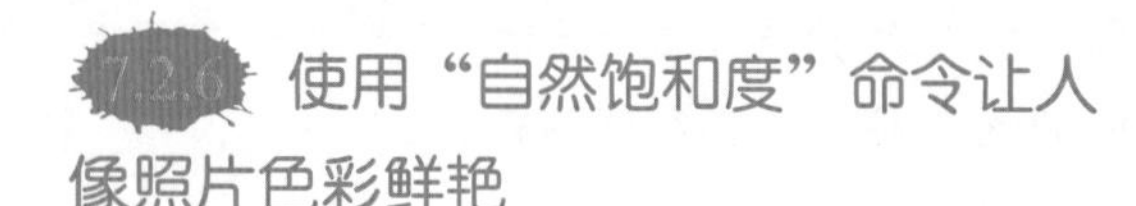

7.2.6 使用“自然饱和度”命令让人像照片色彩鲜艳

执行“图像”|“调整”|“自然饱和度”命令，弹出的对话框如图 7.49 所示。使用此命令调整图像时，可以使图像颜色的饱和度不会溢出，换言之，此命令可以仅调整与已饱和的颜色相比，那些不饱和的颜色的饱和度。

图 7.49

对话框中各参数释义如下。

- 自然饱和度：拖动此滑块，可以使 Photoshop 调整那些与已饱和的颜色相比不饱和的颜色的饱和度，用以获得更加柔和、自然的图像效果。
- 饱和度：拖动此滑块，可以使 Photoshop 调整图像中所有颜色的饱和度，使所有颜色获得等量的饱和度调整，因此使用此滑块可能导致图像的局部颜色过饱和的现象。

以图 7.50 所示的图像为例，图 7.51 所示就是使用此命令调整后的效果。

图 7.50

图 7.51

使用“照片滤镜”命令改变图像的色调

使用“照片滤镜”命令，可以通过模拟传统光学的滤镜特效以调整图像的色调，使其具有暖色调或者冷色调的倾向，也可以根据实际情况自定义其他色调。执行“图像”|“调整”|“照片滤镜”命令，弹出图 7.52 所示的“照片滤镜”对话框。

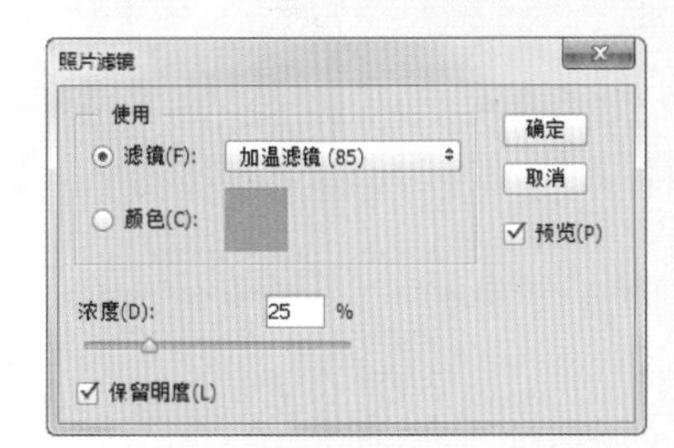

图 7.52

“照片滤镜”对话框中的各参数释义如下。

- 滤镜：在其下拉菜单中有多达 20 种预设选项，可以根据需要进行选择，以对图像进行调整。
- 颜色：单击该色块，在弹出的“拾色器（照片滤镜颜色）”对话框中可以自定义一种颜色作为图像的色调。
- 浓度：可以调整应用于图像的颜色数量。该数值越大，应用的颜色调整越多。
- 保留明度：在调整颜色的同时保持原图像的亮度。

下面讲解如何利用“照片滤镜”命令改变图像的色调，其操作步骤如下。

01 打开文件“第 7 章\7.2.7- 素材 .jpg”，如图 7.53 所示。

图 7.53

02 执行“图像”|“调整”|“照片滤镜”命令，在弹出的“照片滤镜”对话框中设置以下参数。

- 加温滤镜：可以将图像调整为暖色调。
- 冷却滤镜：可以将图像调整为冷色调。

03 参数设置完毕后，单击“确定”按钮退出对话框。

图 7.54 所示为经过调整后图像色调偏冷的效果。

图 7.54

“可选颜色”命令

相对于其他调整命令，“可选颜色”命令的原理较为难以理解。具体来说，它是通过为一种选定的颜色，增减青色、洋红、黄色及黑色，从而实现改变该色彩的目的，选择“图像”|“调整”|“可选颜色”命令，调出其对话框，如图 7.55 所示。例如图 7.56 所示的 RGB 三原图示意图，现在对其进行图像调整。

图 7.55

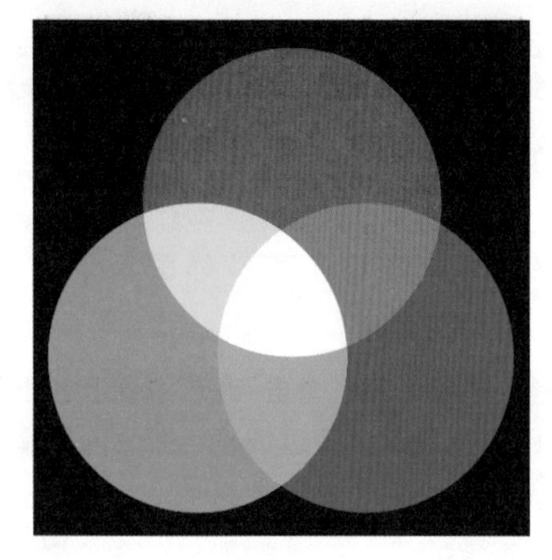

图 7.56

图 7.57 所示是在“颜色”下拉列表中选择“红色”选项，表示对该颜色进行调整，并在选中“绝对”选项时，向右侧拖动“青色”滑块至100%，由于红色与青色是互补色，当增加了青色时，红色就相应地变少，当增加青色至 100% 时，红色完全消失变为黑色，如图 7.58 所示。

图 7.57

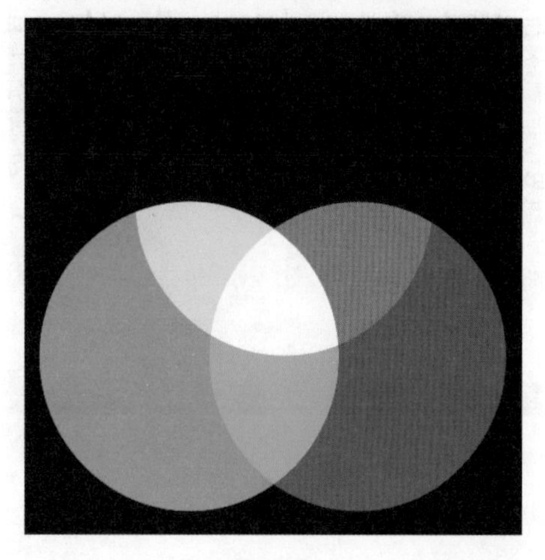

图 7.58

虽然在使用时没有其他调整命令那么直观，但熟练掌握之后，就可以实现非常多样化的调整。以图 7.59 所示的素材为例，图 7.60 所示是进行多个色彩调整后的效果。

图 7.59

图 7.60

7.2.9 使用“HDR 色调”命令调出照片质感

HDR 是近年来一种极为流行的摄影表现手法，或者更准确地说，是一种后期图像处理技术，而所谓的 HDR，英文全称为 High-Dynamic Range，指“高动态范围”，简单来说，就是让照片无论高光还是阴影部分细节都很清晰。

Photoshop 提供的这个“HDR 色调”命令，其实并非具有真正意义上的 HDR 合成功能，而是在同一张照片中，通过对高光、中间调及暗调的分别处理，模拟得到类似的效果，在细节上自然不可能与真正的HDR照片作品相提并论，但其最大的优点就是在只使用一张照片的情况下，就可以合成得到不错的效果，因而具有比较高的实用价值。

执行“图像”|“调整”|“HDR色调”命令，即可调出其对话框，如图7.61所示。

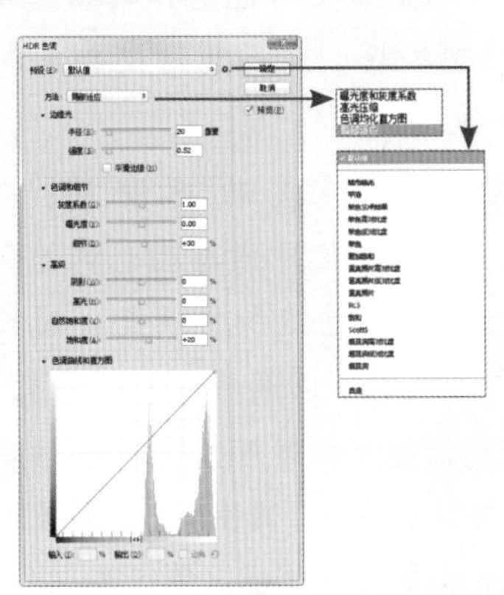

图7.61

在“方法”下拉列表中，包含了“局部适应”、“高光压缩”等选项，其中以“局部适应”选项最为常用，因此下面将重点介绍选择此选项时的参数设置。

- 半径：此参数可控制发光的范围。图7.62所示就是分别设置不同数值时的对比效果。

图7.62

- 强度：此参数可控制发光的对比度。图7.63所示就是分别设置不同数值时的对比效果。

图7.63

在“色调和细节”区域中的参数用于控制图像的色调与细节，各参数的具体解释如下。

- 灰度系数：此参数可控制高光与暗调之间的差异，其数值越大（向左侧拖动），则图像的亮度越高，反之则图像的亮度越低。
- 曝光度：控制图像整体的曝光强度，也可以将其理解成为亮度，如图7.64所示。
- 细节：数值为负数时（向左侧拖动）画面变得模糊，反之，数值为正数（向右侧拖动）时，可显示出更多的细节内容。

图 7.64

在“高级”区域中的参数用于控制图像的阴影、高光以及色彩饱和度，各参数的具体解释如下。

- 阴影、高光：这两个参数用于控制图像阴影或高光区域的亮度。
- 自然饱和度：拖动此滑块可以使Photoshop 调整那些与已饱和的颜色相比不饱和颜色的饱和度，从而获得更加柔和自然的图像饱和度效果。
- 饱和度：拖动此滑块，可以使Photoshop 调整图像中所有颜色的饱和度，使所有颜色获得等量饱和度调整，因此使用此滑块可能导致图像的局部颜色过度饱和。

在“色调曲线和直方图”区域中的参数用于控制图像整体的亮度，其使用方法与编辑“曲线”对话框中的曲线基本相同，单击其右下角的“复位曲线”按钮，可以将曲线恢复到初始状态。

7.3 无损调色才是王道

在本书相关章节的讲解内容中涉及了大量调色功能，调整图层是在其中常用调色功能的基础上同时兼备图层特性的产物。下面来讲解调整图层的使用方法。

7.3.1 了解“调整”面板

“调整”面板的作用就是在创建调整图层时，将不再通过调整对话框设置参数，而是转为在此面板中。在没有创建或选择任意一个调整图层的情况下，选择“窗口”|“调整”命令，即可调出“调整”面板。

在选中或创建了调整图层后，即可在“属性”面板中显示相应的参数，如图 7.65 所示。图 7.66 所示是在选择了“黑白”调整图层时的面板状态。

图 7.65　　图 7.66

在此状态下，面板中的按钮功能解释如下。

- “创建剪贴蒙版”按钮：单击此按钮，可以在当前调整图层与下面的图层之间创建剪贴蒙版，再次单击则取消剪贴蒙版。
- “预览最近一次调整结果”按钮：单击此按钮，可以预览本次编辑调整图层参数时，最初始与刚刚调整完参数时的状态对比。
- “复位”按钮：单击此按钮，则完全复位到该调整图层默认的参数状态。
- “图层可见性”按钮：单击此按钮，可以控制当前所选调整图层的显示状态。
- “删除此调整图层”按钮：单击此按钮，并在弹出的对话框中单击“是”按钮，可以删除当前所选的调整图层。
- “蒙版”按钮：单击此按钮，将进入选中的调整图层的蒙版编辑状态。此面板能够提供用于调整蒙版的多种控制参数，使操作者可以轻松修改蒙版的不透明度、边缘柔化度等属性，并可以方便地增加矢量蒙版、反相蒙版或者调整蒙版边缘等。

使用“属性”面板可以对蒙版进行如羽化、反相及显示 / 隐藏蒙版等操作，具体的操作将在下一章讲解。

7.3.2 创建调整图层

在 Photoshop 中，可以采用以下方法创建调整图层。

- 选择“图层”|“新建调整图层”子菜单中的命令，此时将弹出图 7.67 所示的对话框，这与创建普通图层时的“新建图层”对话框基本相同，单击“确定”按钮退出对话框，即可得到一个调整图层。

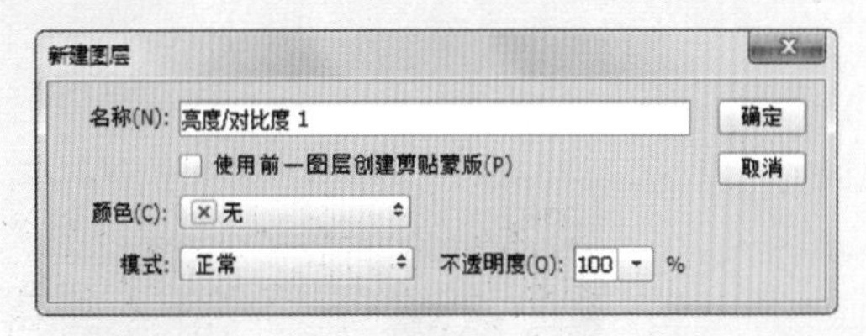

图 7.67

- 单击“图层”面板底部的“创建新的填充或调整图层”按钮，在弹出的菜单中选择需要的命令，然后在“属性”面板中设置参数即可。
- 在“调整”面板中单击各个图标，即可创建对应的调整图层。

7.3.3 编辑调整图层

在创建了调整图层后，如果对当前的调整效果不满意，可以对其进行修改直至满意为止，这也是调整图层的优点之一。

要重新设置调整图层中所包含的命令参数，可以先选择要修改的调整图层，再双击调整图层的图层缩览图，即可在“属性”面板中调整其参数。

提示

如果用户当前已经显示了“属性”面板，则只需要选择要编辑参数的调整图层，即可在面板中进行修改。如果用户添加的是“反相”调整图层，则无法对其进行调整，因为该命令没有任何参数。

另外，调整图层也是图层的一种，因此还可以根据需要，为其设置混合模式、不透明度、图层蒙版等属性。

7.4 学而时习之——强化风景照片的色彩

01 打开文件“第 7 章 \7.4- 素材 .jpg”。单击“创建新的填充或调整图层”按钮，在弹出的菜单中选择“亮度 / 对比度”命令，得到图层“亮度 / 对比度 1”，在“属性”面板中设置其参数，如图 7.68 所示，以调整图像的亮度及对比度，得到图 7.69 所示的效果。

图 7.68　　图 7.69

02 单击“创建新的填充或调整图层”按钮，在弹出的菜单中选择“自然饱和度”命令，得到图层“自然饱和度 1”，在“属性”面板中设置其参数，如图 7.70 所示，以调整图像整体的饱和度，得到图 7.71 所示的效果。

图 7.70　　图 7.71

03 单击“创建新的填充或调整图层”按钮，在弹出的菜单中选择“曲线”命令，得到图层“曲线”，在“属性”面板中设置其参数，如图 7.72 所示，以调整图像的颜色及亮度，得到图 7.73 所示的效果。

图 7.72　　图 7.73

04 使用磁性套索工具选中底部倾斜的植物图像，然后选择“选择”|“修改”|“羽化”命令，在弹出的对话框中设置数值为 15，得到图 7.74 所示的选区。

图 7.74

05 单击“创建新的填充或调整图层”按钮，在弹出的菜单中选择“色彩平衡”命令，得到图层“色彩平衡 1”，在“调整”面板中设置其参数，如图 7.75 和图 7.76 所示，以调整图像的颜色，得到图 7.77 所示的效果，此时的“图层”面板如图 7.78 所示。

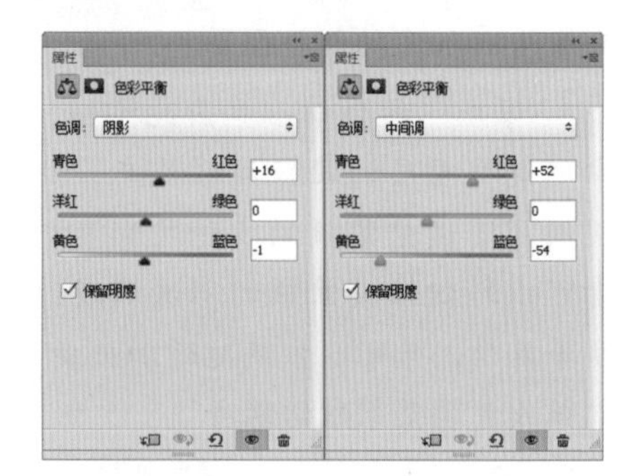

图 7.75　　图 7.76

图 7.77

图 7.78

7.5 学而时习之——日系清新美女色调照片处理

在本例中，将利用填充单色并设置混合模式的方法，调整照片的整体色调，并结合图层蒙版功能，恢复出人物皮肤区域的色调，然后结合“曲线”命令及“可选颜色”命令，对照片整体的色彩进行润饰即可。在选片时，建议选择以绿色或其他较为自然清新的色彩为主的照片，且照片的对比度不宜过高，色彩也不必过于浓郁。

01 打开文件“第 7 章 \7.5- 素材 .jpg”，如图 7.79 所示。

图 7.79

02 选择“图像”|“调整”|“阴影 / 高光”命令，设置弹出的对话框如图 7.80 所示，得到图 7.81 所示的效果，以提亮照片中的阴影，使整体更为清新、明亮。

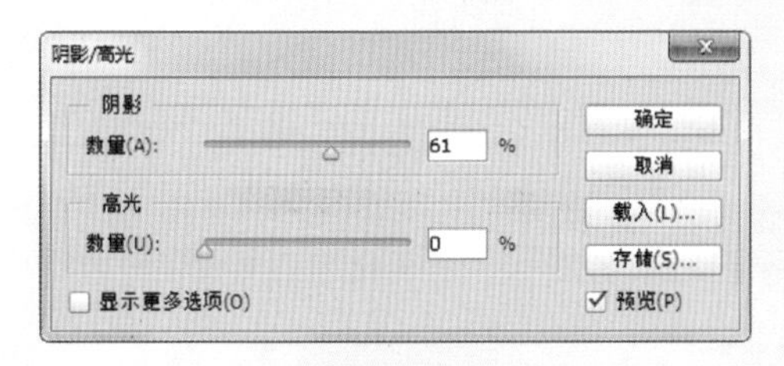

图 7.80

03 单击“创建新的填充或调整图层”按钮，在弹出的菜单中选择“颜色填充”命令，创建得到“颜色填充 1”调整图层，在弹出的对话框中设置颜色，如图 7.82 所示。

图 7.81　图 7.82

04 设置“颜色填充 1”图层的混合模式为“正片叠底”，如图 7.83 所示，从而调整照片整体的色调，得到图 7.84 所示的效果。

图 7.83　图 7.84

05 下面来使用“可选颜色”命令对照片进行润饰。单击“创建新的填充或调整图层”按钮，在弹出的菜单中选择“可选颜色”命令，创建得到“选取颜色 1”调整图层，然后在“属性”面板中设置参数如图 7.85 和图 7.86 所示，从而进一步强化照片中的绿色，得到图 7.87 所示的效果。

图 7.85

图 7.86

图 7.87

06 下面来使用“曲线”命令对照片进行润饰。单击“创建新的填充或调整图层”按钮 ，在弹出的菜单中选择“曲线”命令，创建得到“曲线 1”调整图层，然后在“属性”面板中设置参数如图 7.88、图 7.89 和图 7.90 所示，从而进一步强化照片中的绿色，得到图 7.91 所示的效果，此时的“图层”面板如图 7.92 所示。

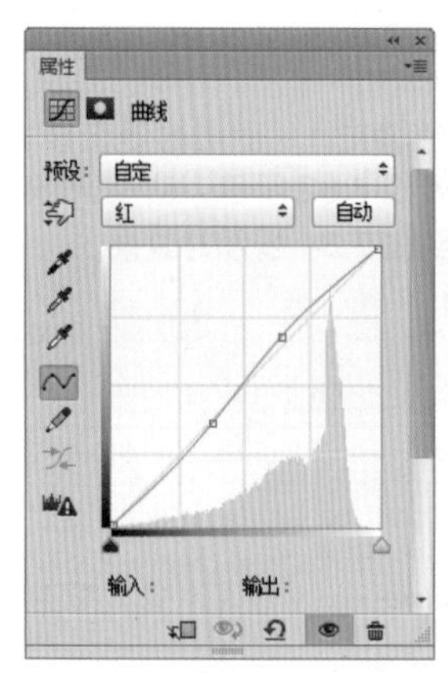

图 7.88

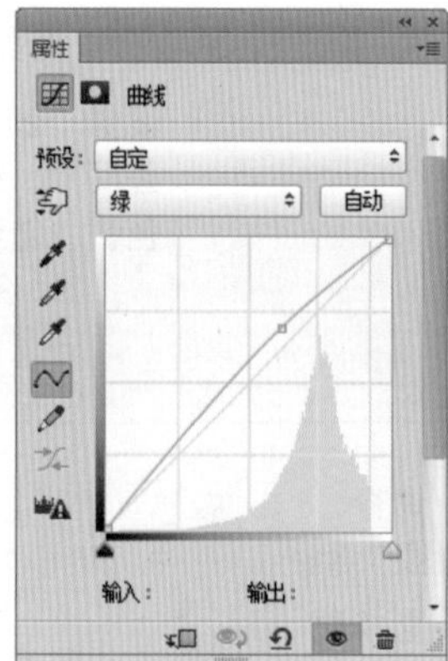

图 7.89

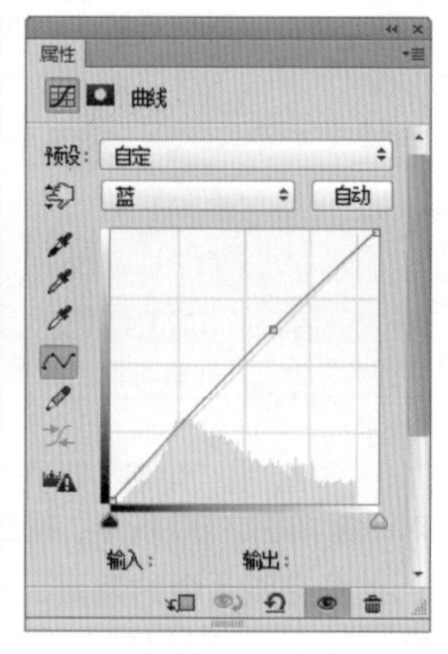

图 7.90

图 7.91

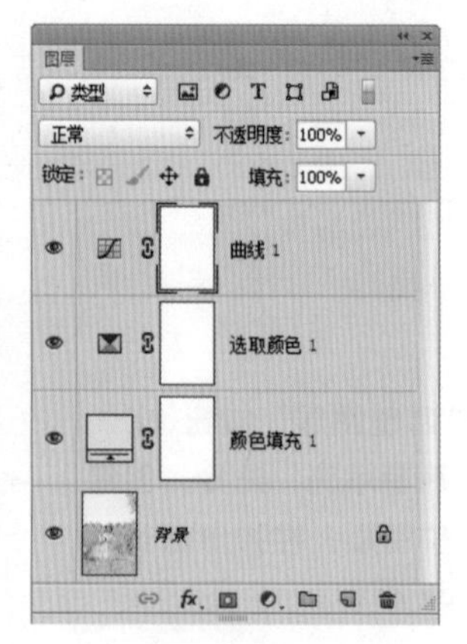

图 7.92

第 8 章　享受创造的快感吧（上）——绘制位图图像

8.1　创造之前，选好颜色

在使用 Photoshop 的绘图工具进行绘图时，选择正确的颜色至关重要，本节就来讲解一下在 Photoshop 中选择颜色的各种方法。在实际工作过程中，可以根据需要选择不同的方法。

 设置前景色与背景色

选择工具箱中的前景色与背景色，如图 8.1 所示，上面的色块用于定义前景色，下面的色块用于定义背景色。

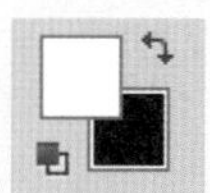

图 8.1

前景色是用于绘图的颜色，可以将其理解为传统绘画时所使用的颜料。要设置前景色，单击工具箱中的前景色图标，在弹出的“拾色器（前景色）”对话框中进行设置，如图 8.2 所示。

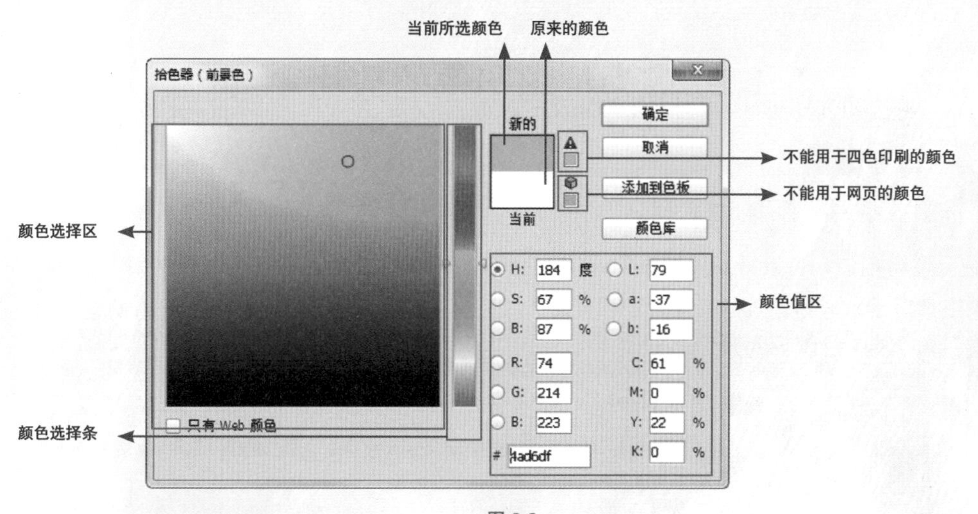

图 8.2

设置前景色的操作步骤如下。

01 **拖动颜色选择条中的滑块以设定一种基色。**

02 **在颜色选择区中单击选择所需要的颜色。**

03 **如果知道所需颜色的颜色值，可以在颜色值区的相应数值框中直接键入颜色值或者颜色代码。**

04 **在“新的”颜色图标的右侧，如果出现 ▲ 标记，表示当前选择的颜色不能用于四色印刷。单击该标记，Photoshop 自动选择可以用于印刷并与当前选择最接近的颜色。**

05 **在“当前”颜色图标的右侧，如果出现标记，表示当前选择的颜色不能用于网络显示。单击该标记，Photoshop 自动选择可用于网络显示并与当前选择最接近的颜色。**

06 **选择“只有 Web 颜色”选项，其中的颜色均可用于网络显示。**

07 **根据需要设置颜色后，单击“确定”按钮，工具箱中的前景色图标即显示相应的颜色。**

背景色是画布的颜色，根据绘图的要求，可以设置不同的颜色。单击背景色图标，即可显示“拾色器（背景色）”对话框，其设置方法与前景色相同。

8.1.2 使用吸管工具吸取颜色

除了自己定义颜色外，也可以直接使用图像中存在的颜色，其方法是使用吸管工具在图像中单击，从而将前景色转换为单击处的像素颜色。若按住 Alt 键单击，则可将颜色设置为背景色。

8.1.3 快速选择颜色

使用绘图工具（如画笔工具、铅笔工具等）时，按住 Alt 键可以切换至吸管工具以吸取当前图像中的颜色，如果按住 Alt+Shift 键，然后在画面中按住鼠标右键，将调出图 8.3 所示的颜色选择器，在左侧区域中移动光标，即可选择当前色彩在不同亮度及饱和度时的颜色，而在右侧的竖条中可以选择不同色相的色彩，如图 8.4 所示。

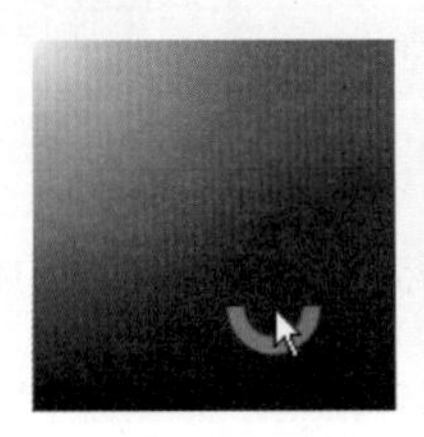

图 8.3

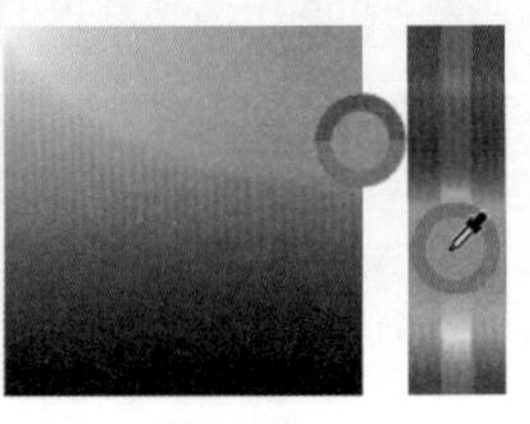

图 8.4

值得一提的是，在调出颜色选择器后，可以释放 Alt+Shift 键，但要一直保持鼠标右键的按下状态，直至选择满意的颜色后再释放。该方法在使用红眼以及颜色替换等工具时同样适用。

8.2 成为位图图像的造物主

8.2.1 为选区中的图像描边

为选区进行描边，可以得到沿选区勾边的效果。在存在选区的状态下，执行“编辑”|“描边”命令，弹出图 8.5 所示的“描边”对话框。

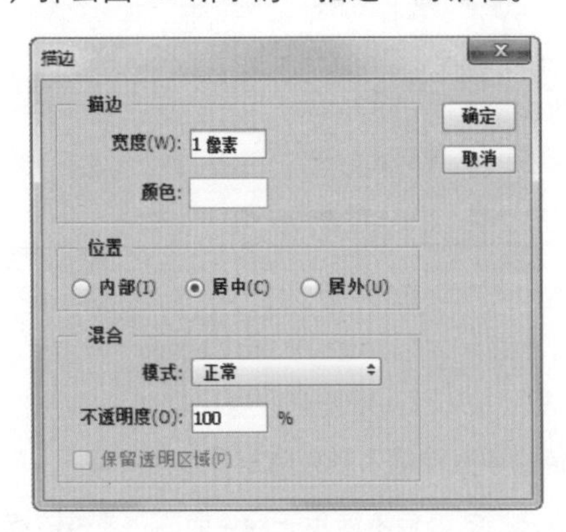

图 8.5

“描边”对话框各参数释义如下。

- 宽度：设置描边线条的宽度。数值越大，线条越宽。
- 颜色：单击色块，在弹出的“拾色器（描边颜色）”对话框中为描边线条选择合适的颜色。
- 位置：通过单击此区域中的 3 个单选按钮，可以设置描边线条相对于选区的位置，包括“内部”、“居中”和“居外”。
- 混合：可以设置填充的“模式”、“不透明度”等属性。

图 8.6 所示为对选区进行描边的过程及效果。

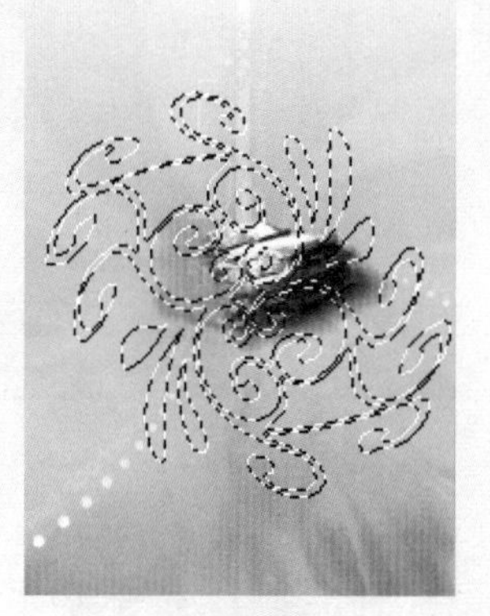

（a）原选区

（b）描边并修饰处理后的效果

图 8.6

 为选区填充图像

可以按快捷键填充前景色或者背景色，也可以利用油漆桶工具填充颜色或者图案，还可以执行“编辑”|“填充”命令，在弹出的“填充”对话框（如图 8.7 所示）中进行设置。“填充”对话框各参数释义如下。

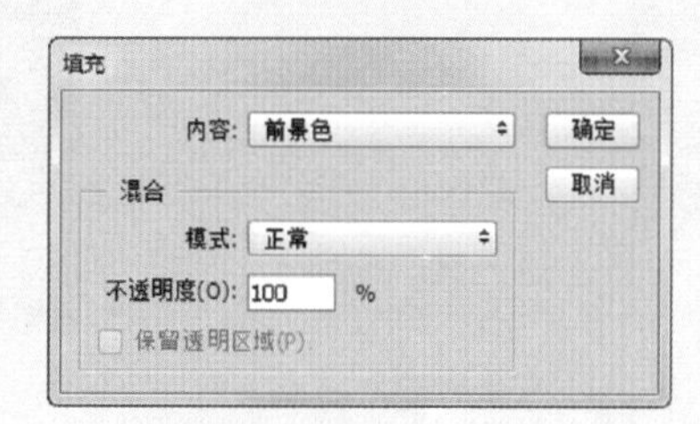

图 8.7

- 内容：在“使用”下拉菜单中可以选择填充的类型，包括“前景色”、“背景色”、“颜色”、“内容识别”、“图案”、“历史记录”、“黑色”、“50% 灰色”和“白色”。当选择“图案”选项时，其下方的“自定图案”选项被激活，单击“自定图案”右侧预览框的按钮，在弹出的“图案拾色器”面板中选择填充的图案。

图 8.8 所示为有选区存在的图像。图 8.9 所示为填充图案后的效果。图 8.10 所示为添加其他设计元素后得到的效果。

图 8.8

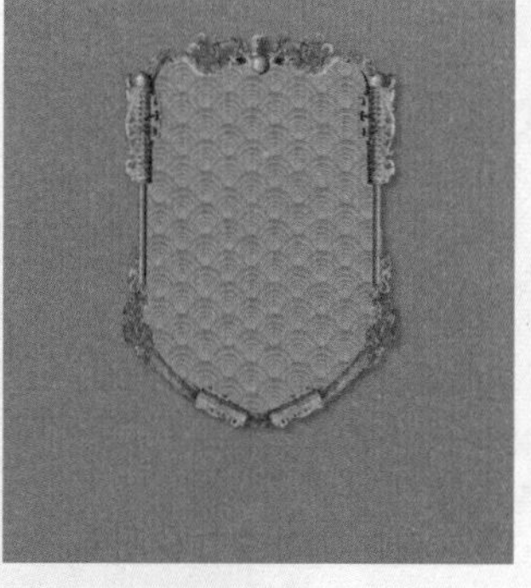

图 8.9

图 8.10

- 混合：可以设置填充的"模式"、"不透明度"等属性。

另外，若在"使用"下拉菜单中选择"内容识别"命令，在填充选定的区域时，可以根据所选区域周围的图像进行修补，甚至可以在一定程度上"无中生有"，为用户的图像处理工作提供了一个更智能、更有效率的解决方案。

下面通过一个简单的实例，讲解此功能的使用方法。

01 打开文件"第 8 章\8.2.2- 素材 .jpg"，如图 8.11 所示。在本例中，将修除画面中多余的一只手。

图 8.11

02 使用多边形套索工具绘制选区，以将要修除的手图像选中。在绘制选区时，可尽量地精确一些，这样填充的结果也会更加准确，但也不要完全贴着手的边缘绘制，这样可能会让填充后的图像产生杂边，如图 8.12 所示。

图 8.12

03 按 Shift+Backspace 键或选择"编辑"|"填充"命令，设置弹出的对话框，如图 8.13 所示。

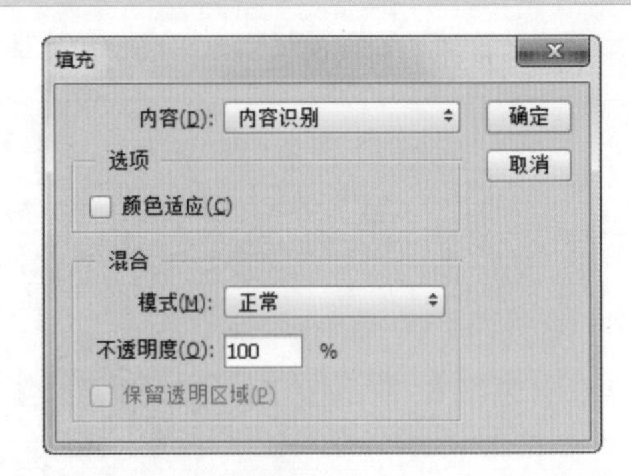

图 8.13

04 单击"确定"按钮退出对话框后，按 Ctrl+D 键取消选区，将得到图 8.14 所示的填充结果。可以看出，多余的手臂图像已经基本被修除，除了中心位置还留有一些痕迹，其他区域已经基本替换成为较接近的图像内容。

图 8.14

05 如果对效果不满意的话，可以使用修补工具或仿制图章工具，将残留的痕迹修补干净，得到图 8.15 所示的效果，图 8.16 所示是本例的整体效果。

图 8.15

图 8.16

若选中其中的"颜色适应"选项，则可以在修复图像的同时，使修复后的图像在色彩上也能够与原图像匹配。

 8.2.3 自定义图案

Photoshop 提供了大量的预设图案，可以通过预设管理器将其载入并使用，但即使再多的图案，也无法满足设计师们千变万化的需求，所以 Photoshop 提供了自定义图案的功能。

自定义图案的方法非常简单，用户可以打开要定义图案的图像，然后选择“编辑”|“定义图案”命令，在弹出的对话框中输入名称，然后单击“确定”按钮即可。

若要限制定义图案的区域，则可以使用矩形选框工具绘制选区，将要定义的范围选中，再执行上述操作即可。

 8.2.4 画笔工具

利用画笔工具可以绘制边缘柔和的线条。选择工具箱中的画笔工具，其工具选项栏如图 8.17 所示。

图 8.17

工具选项栏中各参数释义如下。

- 画笔：在其弹出面板中选择合适的画笔笔尖形状。
- 模式：在其下拉菜单中选择用画笔工具绘图时的混合模式。
- 不透明度：此数值用于设置绘制效果的不透明度。其中，100% 表示完全不透明；0% 表示完全透明。设置不同“不透明度”数值的对比效果如图 8.18 所示。可以看出，数值越小，绘制时画笔的覆盖力越弱。

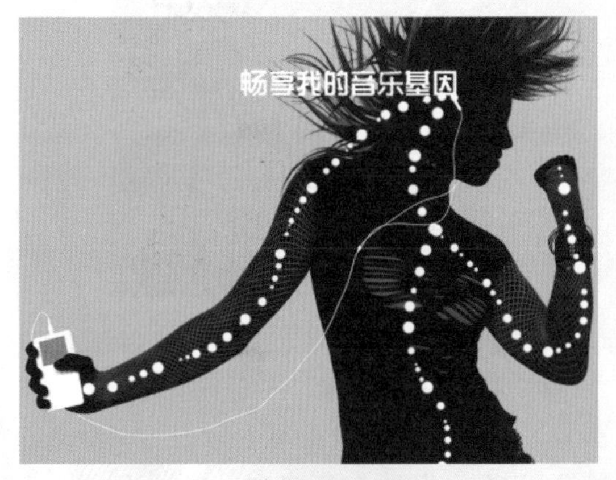

(a) 设置“不透明度”数值为 100%

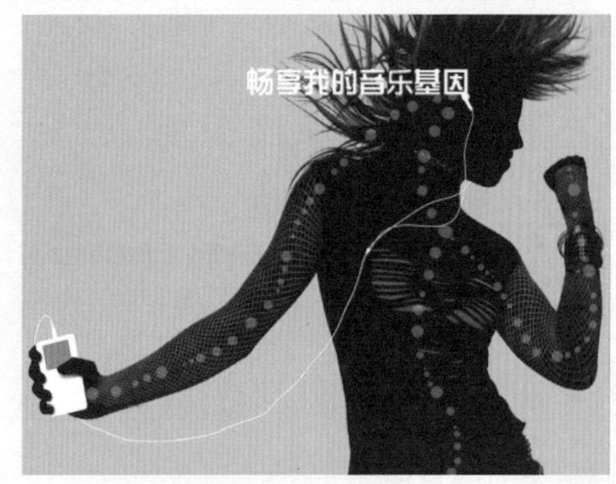

(b) 设置“不透明度”数值为 30%

图 8.18

- 流量：此参数可以设置绘图时的速度。数值越小，绘图的速度越慢。
- “喷枪”按钮：如果在工具选项栏中单击“喷枪”按钮，可以用“喷枪”模式工作。
- “绘图板压力控制画笔尺寸”按钮：在使用绘图板进行涂抹时，选中此按钮后，将可以依据给予绘图板的压力控制画笔的尺寸。
- “绘图板压力控制画笔透明”按钮：在使用绘图板进行涂抹时，选中此按钮后，将可以依据给予绘图板的压力控制画笔的不透明度。

8.3 花样百出的绘画

Photoshop 的“画笔”面板提供了非常丰富的参数，可以控制画笔的“形状动态”、“散布”、“颜色动态”、“传递”、“杂色”、“湿边”等数种动态属性参数，组合这些参数，可以得到千变万化的效果。

8.3.1 在面板中选择画笔

若要在“画笔”面板中选择画笔，可以单击“画笔”面板的“画笔笔尖形状”选项，此时在画笔显示区将显示当前“画笔”面板中的所有画笔，单击需要的画笔即可。

在图像中单击鼠标右键，在弹出的画笔选择器中，可以选择画笔，并设置其基本参数，此外，还可以选择最近使用过的画笔，如图 8.19 所示。此功能同样适用于“画笔预设”面板。

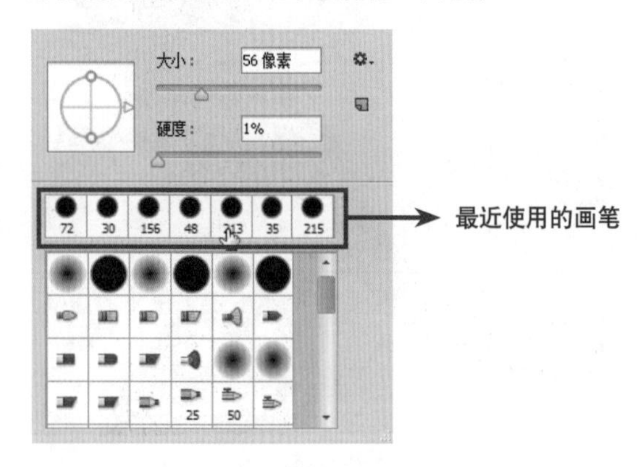

图 8.19

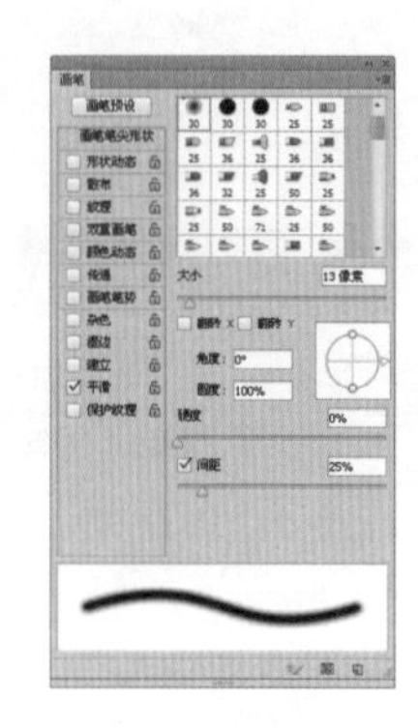

图 8.20

8.3.2 设置画笔笔尖形状

在“画笔”面板中单击“画笔笔尖形状”选项，“画笔”面板显示如图 8.20 所示。在此可以设置当前画笔的基本属性，包括画笔的“大小”、“圆度”、“间距”等。

- 大小：在此数值框中键入数值或者调整滑块，可以设置画笔笔尖的大小。数值越大，画笔笔尖的直径越大，绘制的对比效果如图 8.21 所示。

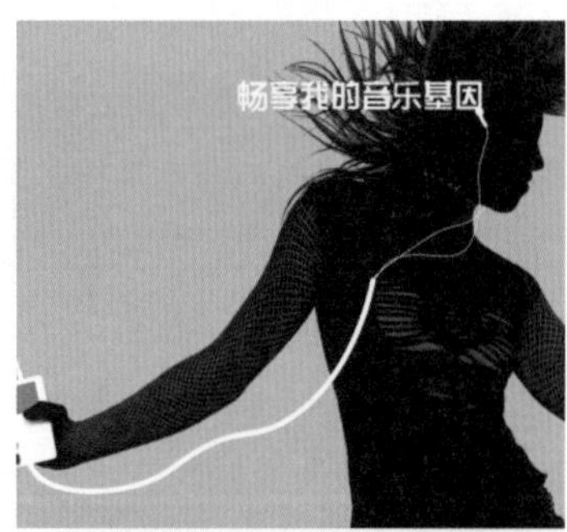

图 8.21

- 翻转 X、翻转 Y：这两个选项可以令画笔进行水平方向或者垂直方向上的翻转。图 8.22 所示为原画笔状态。图 8.23 所示是结合这两个选项进行水平和垂直翻转后，分别在图像四角添加的艺术效果。

图 8.22

图 8.23

■ 角度：在该数值框中键入数值，可以设置画笔旋转的角度。图 8.24 所示是原画笔状态。图 8.25 所示是在分别设置不同“角度”数值的情况下，在图像中添加星光的对比效果。

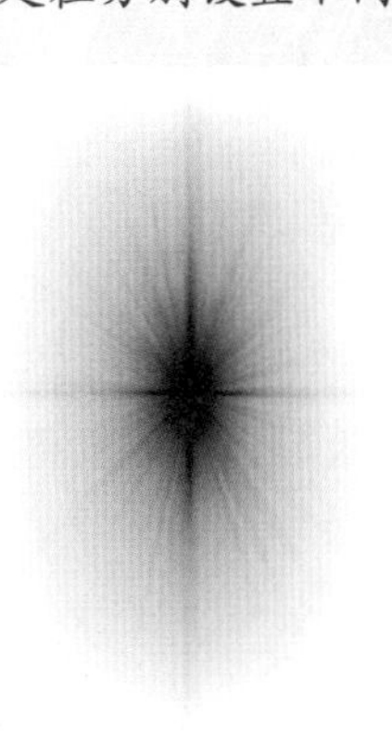

图 8.24

图 8.25

■ 圆度：在此数值框中键入数值，可以设置画笔的圆度。数值越大，画笔笔尖越趋向于正圆，或者画笔笔尖在定义时所具有的比例。例如，在按照图 8.26 所示的“画笔”面板进行参数设置后，分别修改“圆度”数值及工具选项栏中的“不透明度”数值，然后在图像中添加类似镜面反光的效果，图 8.27 所示为处理前后的对比效果。

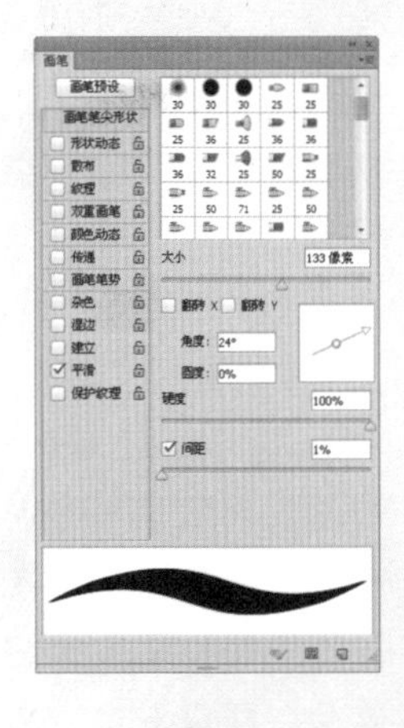

图 8.26

(a) 处理前

(b) 处理后

图 8.27

■ 硬度：当在画笔笔尖形状列表框中选择椭圆形画笔笔尖时，此选项才被激活。在此数值框中键入数值或者调整滑块，可以设置画笔边缘的硬度。数值越大，笔尖的边缘越清晰；数值越小，笔尖的边缘越柔和。图 8.28 所示为在画笔工具选项栏中设置“模式”为“叠加”的情况下，分别使用“硬度”数值为 100% 和 0% 的画笔笔尖进行涂抹的效果。

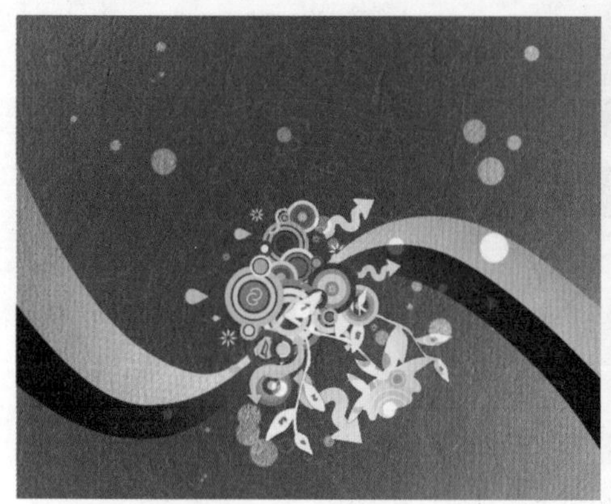

(a) 设置“硬度”数值为 100%

(b) 设置“硬度”数值为 0%

图 8.28

■ 间距：在此数值框中键入数值或者调整滑块，可以设置绘图时组成线段的两点间的距离。数值越大，间距越大。将画笔的“间距”数值设置得足够大时，则可以得到点线效果。图 8.29 所示为分别设置“间距”数值为 100% 和 300% 时得到的点线效果。

(a) 设置“间距”数值为 100%

(b) 设置“间距”数值为 300%

图 8.29

 8.3.3 形状动态参数

“画笔”面板选区中的选项包括“形状动态”、“散布”、“纹理”、“双重画笔”、“颜色动态”、“传递”以及“画笔笔势”，配合各种参数设置即可得到非常丰富的画笔效果。在“画笔”面板中选择“形状动态”选项，“画笔”面板显示如图 8.30 所示。

■ 大小抖动：此参数控制画笔在绘制过程中尺寸的波动幅度。数值越大，波动的幅度越大。图 8.31 所示为原路径状态。图 8.32 所示是“画笔”面板中参数的设置状态。图 8.33 所示是分别设置此数值为 30% 和 100% 后描边路径得到的图像效果。可以看出，描边的线条中出现了大大小小、断断续续的不规则边缘效果。

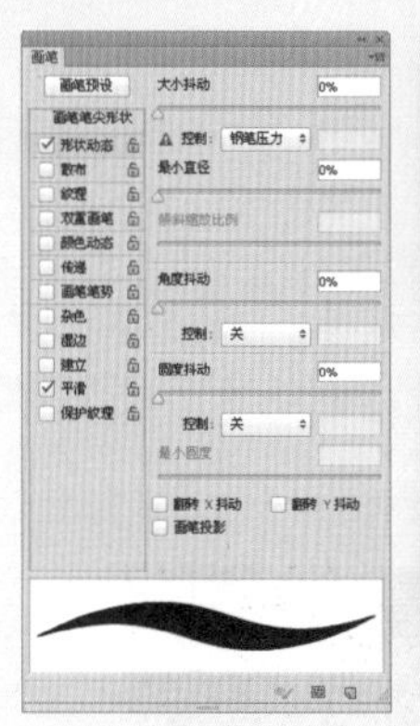

图 8.30

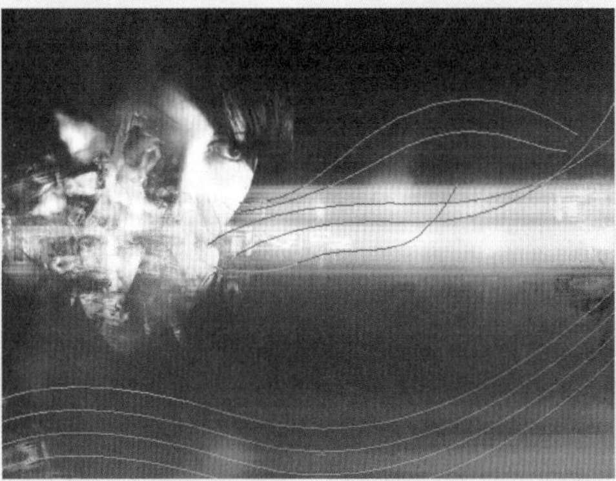

图 8.31

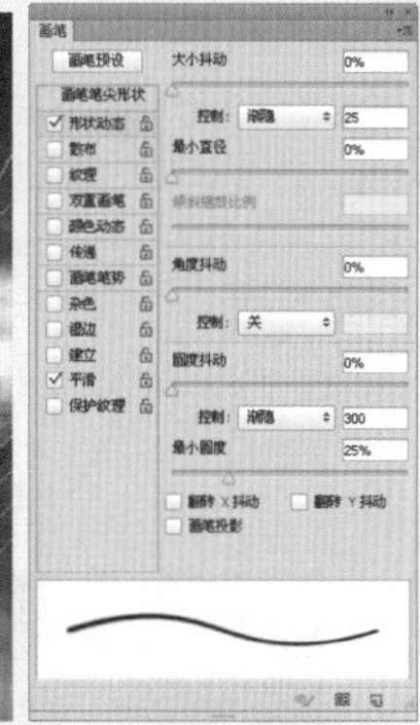

图 8.32

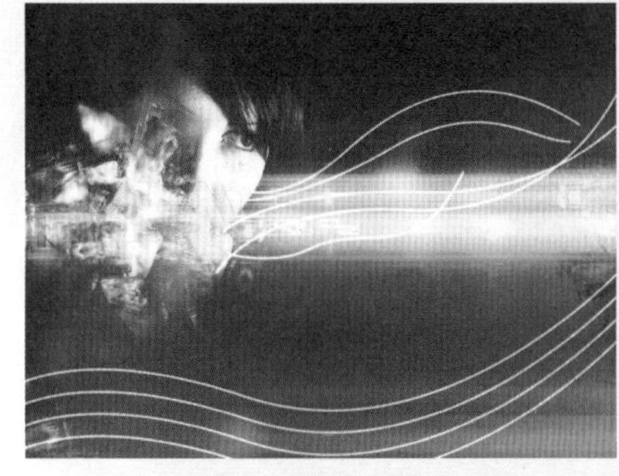

(a) 设置“大小抖动”数值为 30%

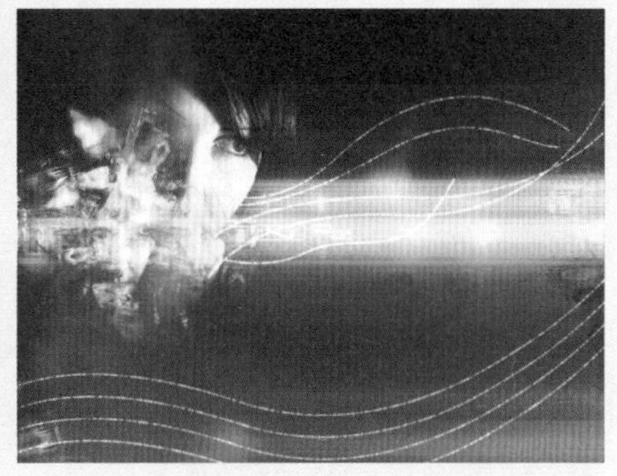

(b) 设置“大小抖动”数值为 100%

图 8.33

提示

在进行路径描边时，此处将画笔工具选项栏中的“模式”设置为“颜色减淡”。

- 控制：在此下拉菜单中包括5种用于控制画笔波动方式的参数，即“关”、“渐隐”、“钢笔压力”、“钢笔斜度”、“光笔轮”等。选择“渐隐”选项，将激活其右侧的数值框，在此可以键入数值以改变画笔笔尖渐隐的步长。数值越大，画笔消失的速度越慢，其描绘的线段越长。图 8.34 所示是将“大小抖动”数值设置为 0%，然后分别设置“渐隐”数值为 600 和 1200 时得到的描边效果。

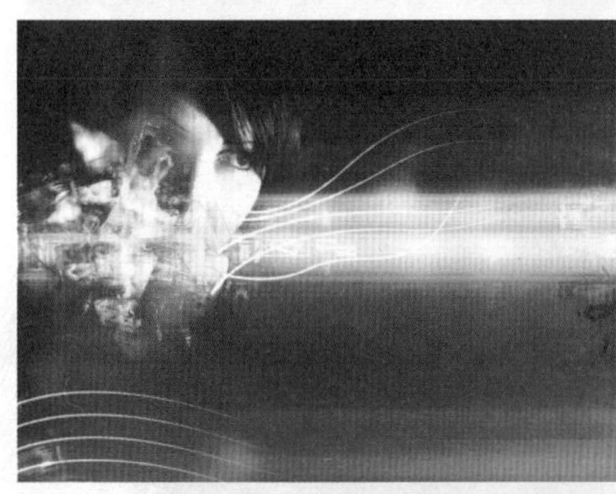

(a) 设置“渐隐”数值为 600

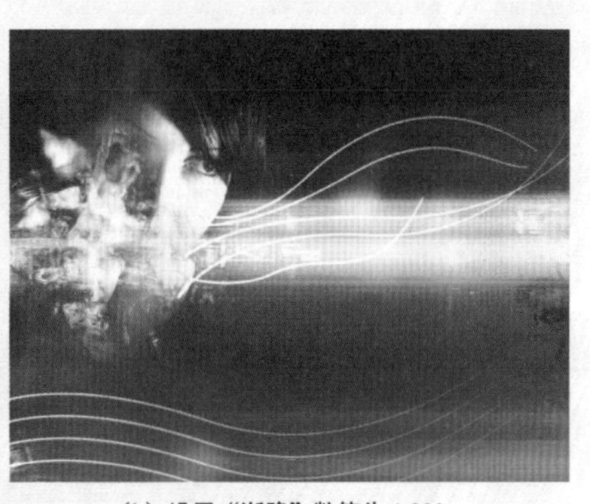

(b) 设置“渐隐”数值为 1 200

图 8.34

提示

"钢笔压力"、"钢笔斜度"、"光笔轮"等3种方式都需要压感笔的支持。如果没有安装此硬件，当选择这些选项时，在"控制"参数左侧将显示⚠标记。

- 最小直径：此数值控制在尺寸发生波动时画笔笔尖的最小尺寸。数值越大，发生波动的范围越小，波动的幅度也会相应变小，画笔的动态达到最小时尺寸最大，图 8.35 所示为设置此数值为 0% 和 80% 时进行绘制的对比效果。

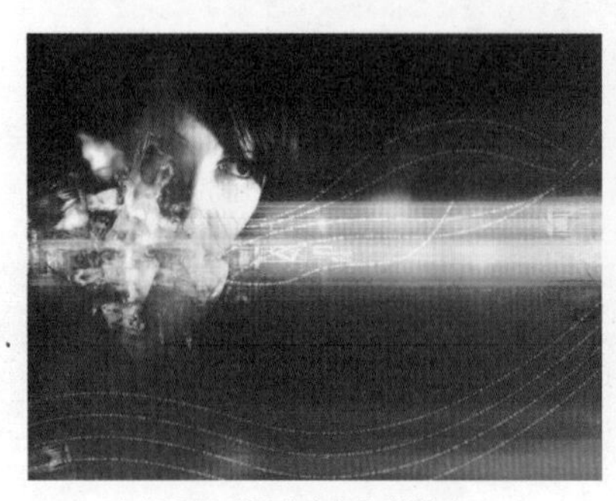

(a) 设置"最小直径"数值为 0%

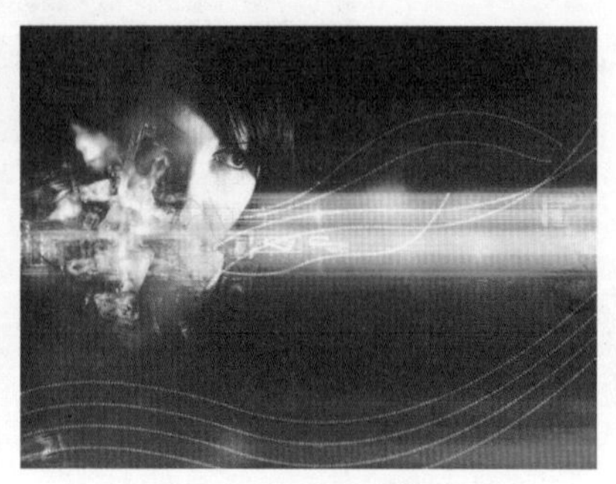

(b) 设置"最小直径"数值为 80%

图 8.35

- 角度抖动：控制画笔在角度上的波动幅度。数值越大，波动的幅度也越大，画笔显得越紊乱。图 8.36 所示为将画笔的"圆度"数值设置为 50%，然后分别设置"角度抖动"数值为 100% 和 0% 时的描边对比效果。

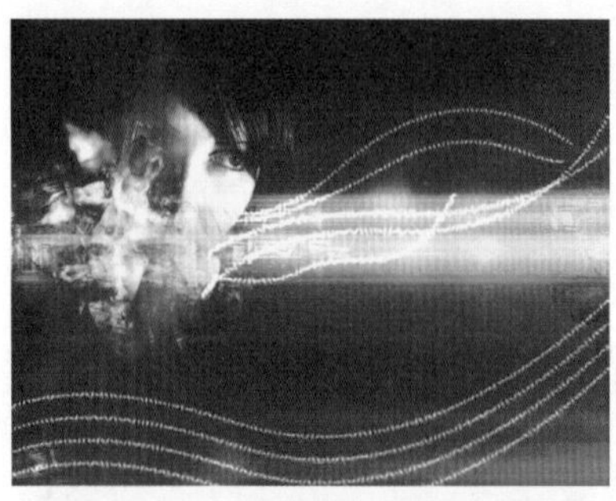

(a) 设置"角度抖动"数值为 100%

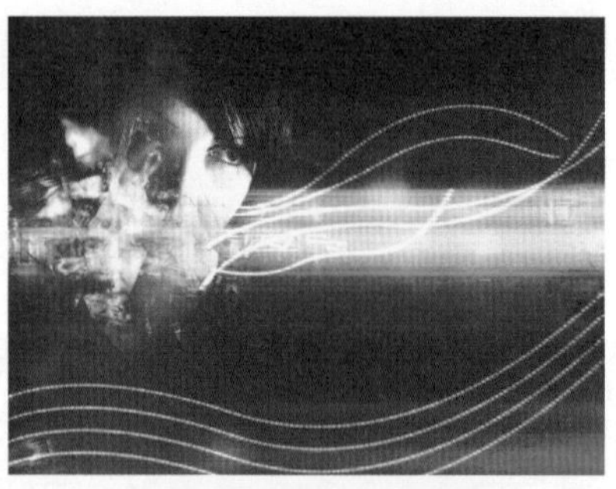

(b) 设置"角度抖动"数值为 0%

图 8.36

- 圆度抖动：控制画笔在圆度上的波动幅度。数值越大，波动的幅度也越大。图 8.37 所示为设置此数值为 0% 和 100% 时的对比效果。

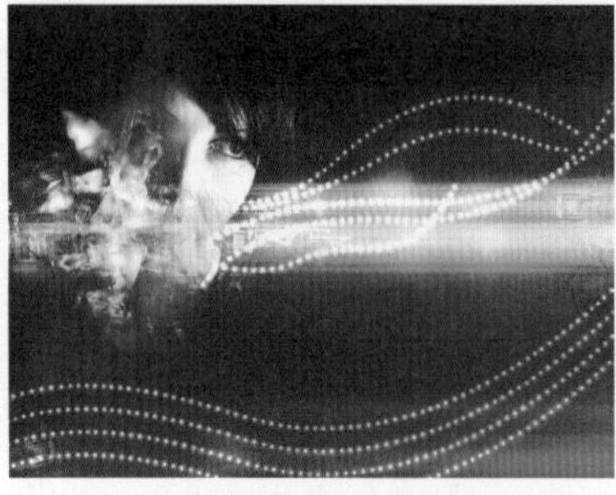

(a) 设置"圆度抖动"数值为 0%

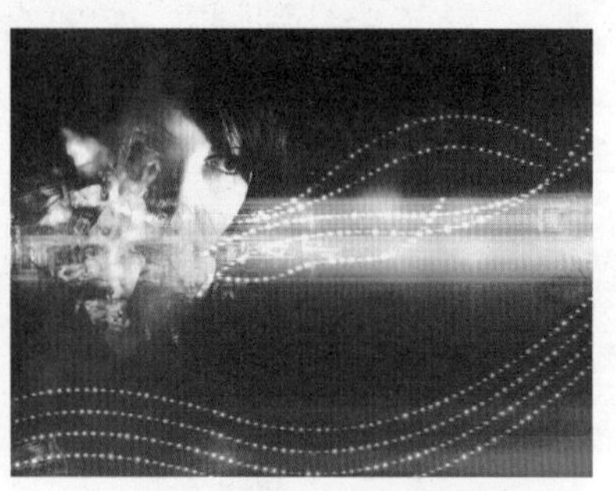

(b) 设置"圆度抖动"数值为 100%

图 8.37

■ 最小圆度：控制画笔在圆度发生波动时其最小圆度尺寸值。数值越大，则发生波动的范围越小，波动的幅度也会相应变小。

■ 画笔投影：在选中此选项后，并在“画笔笔势”选项中设置倾斜及旋转参数，可以在绘图时得到带有倾斜和旋转属性的笔尖效果。图 8.38 所示是未选中“画笔投影”选项时的描边效果，图 8.39 所示是在选中了“画笔投影”选项，并在“画笔笔势”选项中设置了“倾斜 x”和“倾斜 y”为 100% 时的描边效果。

图 8.38

图 8.39

8.3.4 散布参数

在“画笔”面板中选择“散布”选项，“画笔”面板显示如图 8.40 所示，在其中可以设置“散布”、“数量”、“数量抖动”等参数。

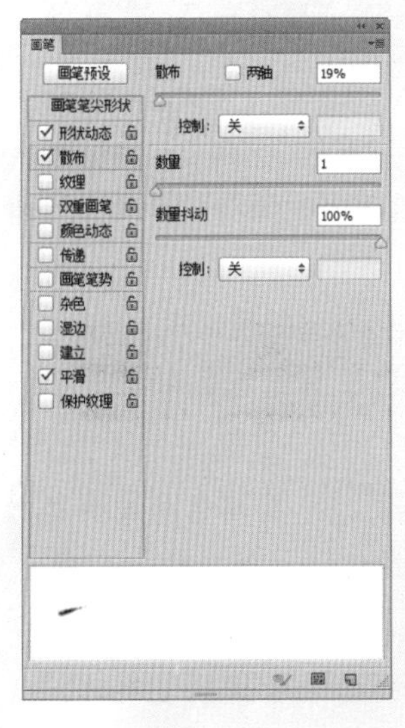

图 8.40

■ 散布：此参数控制在画笔发生偏离时绘制的笔画的偏离程度。数值越大，则偏离的程度越大，图 8.41 所示是分别设置此数值为 200% 和 1 000% 时，按 Z 字形笔划在图像中涂抹的对比效果。

(a) 设置“散布”数值为 200%

(b) 设置“散布”数值为 1000%

图 8.41

■ 两轴：选择此选项，画笔点在 x 和 y 两个轴向上发生分散；不选择此选项，则只在 x 轴向上发生分散。

■ 数量：此参数控制笔画上画笔点的数量。数值越大，构成画笔笔画的点越多。图 8.42 所示是分别设置此数值为 10 和 3 时，从星球的右侧向画布的右上角绘制光点时得到的对比效果。

(a) 设置“数量”数值为 10

(b) 设置“数量”数值为 3

图 8.42

■ 数量抖动：此参数控制在绘制的笔画中画笔点数量的波动幅度。数值越大，得到的笔画中画笔的数量抖动幅度越大。

8.3.5 颜色动态参数

在“画笔”面板中选择“颜色动态”选项，“画笔”面板显示如图 8.43 所示。选择此选项，可以动态地改变画笔的颜色效果。

■ 应用每笔尖：选择此选项后，将在绘画时，针对每个画笔进行颜色动态变化；反之，则仅使用第一个画笔的颜色。例如，图 8.44 所示是选中此选项前后的描边效果对比。

图 8.43

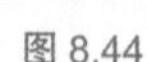

图 8.44

■ 前景／背景抖动：在此键入数值或者拖动滑块，可以在应用画笔时控制画笔的颜色变化情况。数值越大，画笔的颜色发生随机变化时，越接近于背景色；数值越小，画笔的颜色发生随机变化时，越接近于前景色。

■ 色相抖动：用于控制画笔色相的随机效果。数值越大，画笔的色相发生随机变化时，越接近于背景色的色相；数值越小，画笔的色相发生随机变化时，越接近于前景色的色相。

■ 饱和度抖动：用于控制画笔饱和度的随机效果。数值越大，画笔的饱和度发生随机变化时，越接近于背景色的饱和度；数值越小，画笔的饱和度发生随机变化时，越接近于前景色的饱和度。

■ 亮度抖动：用于控制画笔亮度的随机效果。数值越大，画笔的亮度发生随机变化时，越接近于背景色的亮度；数值越小，画笔的亮度发生随机变化时，越接近于前景色的亮度。

■ 纯度：在此键入数值或者拖动滑块，可以控制画笔的纯度。当设置此数值为 -100% 时，画笔呈现饱和度为 0 的效果；当设置此数值为 100% 时，画笔呈现完全饱和的效果。

图 8.45 所示为原图像。图 8.46 所示是结合“形状动态”、“散布”以及“颜色动态”等参数设置后，绘制得到的彩色散点效果。图 8.47 所示是为图像设置了图层的混合模式后的效果。

图 8.45

图 8.46

图 8.47

8.3.6 传递参数

在“画笔”面板中选择“传递”选项，“画笔”面板显示如图 8.48 所示。其中“湿度抖动”与“混合抖动”参数主要是针对 CS5 新增的混合器画笔工具使用的。

■ 不透明度抖动：在此输入数值或拖动滑块，可以在应用画笔时控制画笔的不透明变化情况，图 8.49 所示为数值分别设置为 10% 和 100% 时的效果。

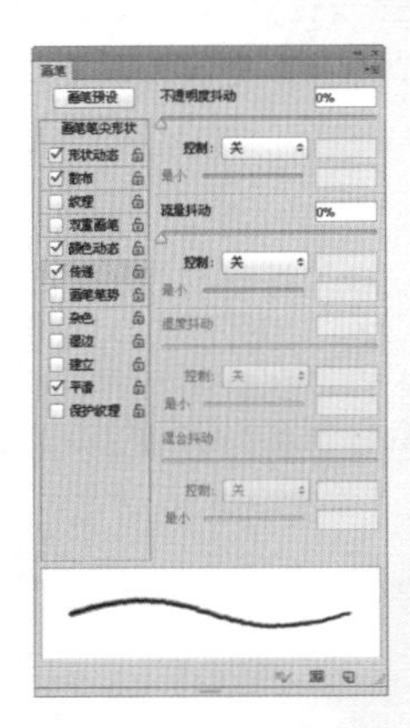

图 8.48

图 8.49

■ 流量抖动：用于控制画笔速度的变化情况。

■ 湿度抖动：在混合器画笔工具选项栏上设置了“潮湿”参数后，在此处可以控制其动态变化。

■ 混合抖动：在混合器画笔工具选项栏上设置了“混合”参数后，在此处可以控制其动态变化。

8.3.7 画笔笔势参数

在选择“画笔笔势”选项后，当使用光笔或绘图笔进行绘画时，在此选项中可以设置相关的笔势及笔触效果。

8.3.8 硬毛刷画笔设置

硬毛刷画笔可以控制硬毛刷上硬毛的数量，以及硬毛的长度等，从而改变绘画的效果。默认情况下，在“画笔”面板中就已经显示了一部分该画笔，选择此画笔后，会在“画笔笔尖形状”区域中显示相应的参数控制，如图 8.50 所示。

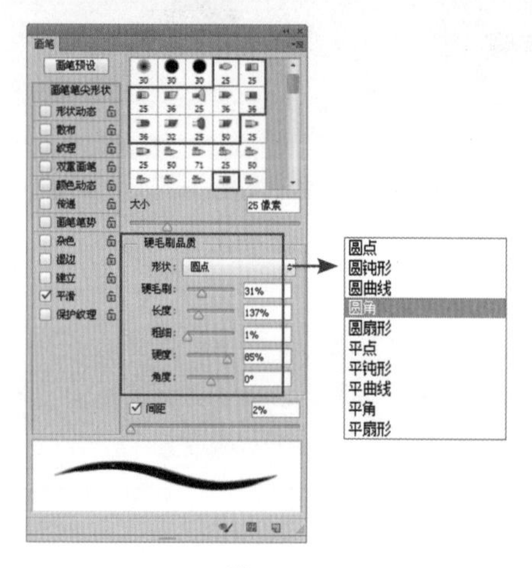

图 8.50

下面分别介绍有关硬毛刷画笔的相关参数功能。

- 形状：在此下拉列表中可以选择硬毛刷画笔的形状，图 8.51 所示是在其他参数不变的情况下，分别设置其中 10 种形状后得到的绘画效果。

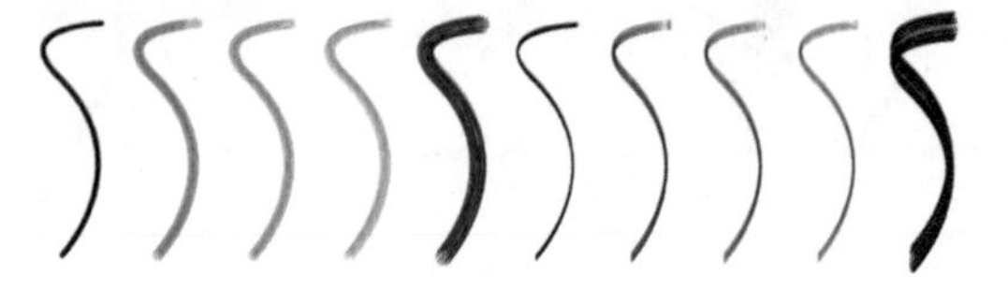

图 8.51

- 硬毛刷：用于控制当前笔刷硬毛的密度。
- 长度：用于控制每根硬毛的长度。
- 粗细：用于控制每根硬毛的粗细，最终决定整个笔刷的粗细。
- 硬度：用于控制硬毛的硬度。越硬则绘画得到的结果越淡、越稀疏，反之则越深、越浓密。
- 角度：用于控制硬毛的角度。

8.3.9 新建画笔

如果需要更具个性化的画笔效果，可以自定义画笔，其操作步骤如下。

01 打开文件“第 8 章\8.3.9- 素材 .tif”，如图 8.52 所示。

图 8.52

02 如果要将图像中的部分内容定义为画笔，则需要使用选择类工具（如矩形选框工具、套索工具、魔棒工具等）将要定义为画笔的区域选中；如果要将整个图像都定义为画笔，则无需进行任何选择操作。

03 执行“编辑”|“定义画笔预设”命令，在弹出的“画笔名称”对话框中键入画笔的名称，单击“确定”按钮退出对话框。

04 在“画笔”面板中可以查看新定义的画笔，如图 8.53 所示。

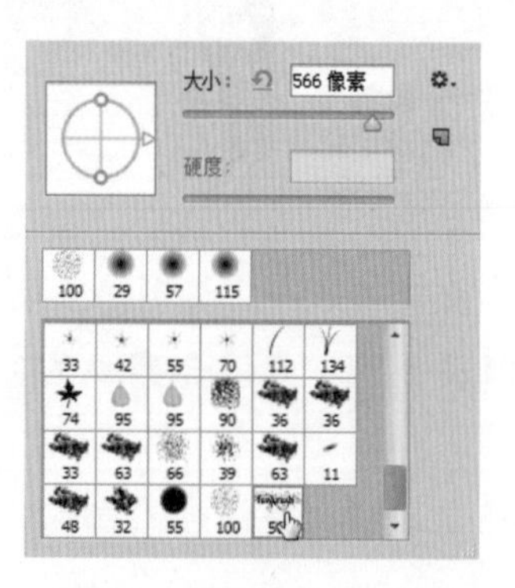

图 8.53

8.4 做好工作，管好预设

8.4.1 使用“画笔预设”面板管理预设画笔

“画笔”面板中用于管理画笔预设的功能，被集成至一个新的面板中，即“画笔预设”面板，如图 8.54 所示。

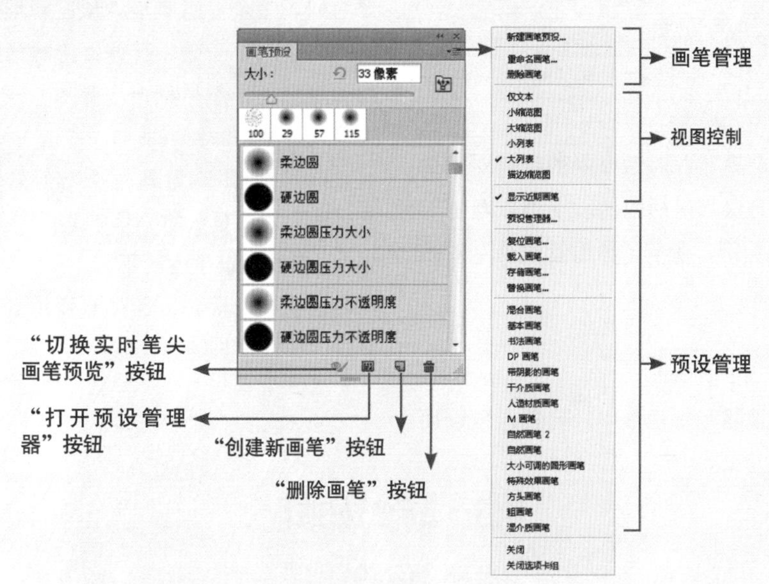

图 8.54

“画笔预设”面板及其面板菜单中的参数解释如下。

- 画笔管理：在此区域可以创建、重命名及删除画笔。
- 视图控制：设置画笔显示的缩览图状态。
- 预设管理：在此区域可以进行载入、存储等画笔管理操作。
- “切换实时笔尖画笔预览”按钮：单击此按钮后，默认情况下将在画布的左上方显示笔刷的形态，必须启用 OpenGL 才能使用此功能。
- “打开预设管理器”按钮：单击该按钮，将可以调出画笔的“预设管理器”对话框，用于管理和编辑画笔预设。
- “创建新画笔”按钮：单击该按钮，在弹出的对话框中单击“确定”按钮，按当前所选画笔的参数创建一个新画笔。
- “删除画笔”按钮：在选择“画笔预设”选项的情况下，选择了一个画笔后，该按钮就会被激活，单击该按钮，在弹出的对话框中单击“确定”按钮，即可将该画笔删除。

8.4.2 使用“预设管理器”管理各种预设

“预设管理器”对话框集中管理画笔、色板、渐变、样式、图案、等高线、自定形状和工具等。使用此功能，可以完成更改当前的预设项目库、创建新库等操作。执行“编辑”|“预设”|“预设管理器”命令，显示图 8.55 所示的“预设管理器”对话框。

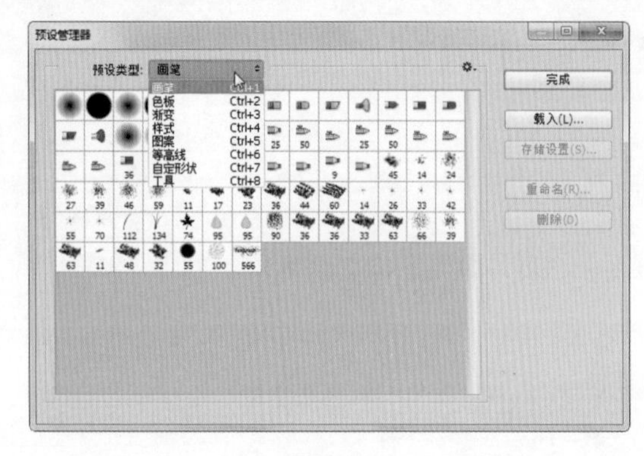

图 8.55

对于“预设管理器”对话框中的所有对象来说，其基本操作方法都是相同的。下面以画笔工具的预设管理为例，讲解“预设管理器”对话框的基本使用方法。

8.4.3 载入预设项目库

在“预设管理器”对话框中，要载入预设项目库，可以执行以下操作之一。

（1）在“预设管理器”对话框选项菜单的底部选择一个库文件，在弹出的对话框中单击“确定”按钮以替换当前列表，或者单击“追加”按钮将其追加到当前列表中。

（2）要将外部或者自定义的项目库添加到当前列表中，可以单击“预设管理器”对话框右侧的“载入”按钮，在弹出的对话框中选择要添加的库文件，然后单击“载入”按钮，将所选的预设项目库追加到当前列表中。

（3）要用其他库替换当前列表，在“预设管理器”对话框选项菜单中选择“替换预设类型”命令（根据预设类型的不同，显示为“替换画笔”、“替换色板”等），选择要使用的库文件，然后单击“载入”按钮。

8.5 渐变如虹

渐变系列工具是在图像的绘制与模拟时经常用到的，它也可以帮助我们绘制作品的基本背景色彩及明暗、模拟图像立体效果等，本节将进行详细的讲解。

8.5.1 使用渐变工具绘制渐变

渐变工具的使用方法较为简单，操作步骤如下。

01 选择渐变工具，在工具选项栏上所示的 5 种渐变类型中选择合适的类型。

02 单击渐变效果框右侧的下拉列表按钮，在弹出如图 8.56 所示的渐变类型面板中选择合适的渐变效果。

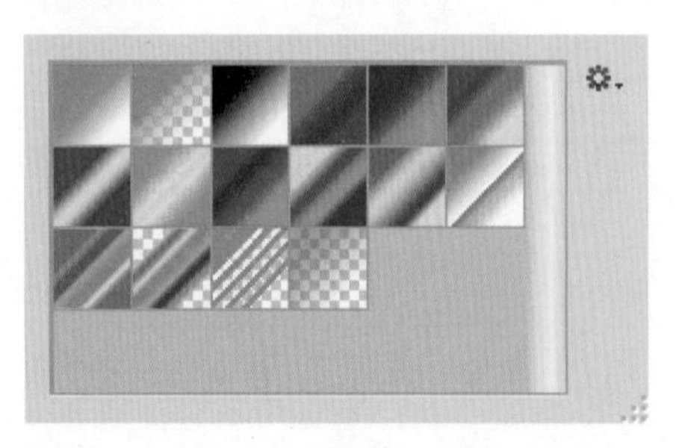

图 8.56

03 设置渐变工具选项栏中的其他选项。

04 在图像中拖动线性渐变工具，即可创建渐变效果。拖动过程中，拖动的距离越长，渐变过渡越柔和，反之过渡越急促。

图 8.57 所示为应用“黄，紫，橙，蓝渐变”为文字“时尚生活”制作的渐变效果。

图 8.57

8.5.2 创建实色渐变

虽然 Photoshop 自带的渐变方式足够丰富，但在某些情况下，还是需要自定义新的渐变以配合图像的整体效果。要创建实色渐变，其步骤如下。

01 **在渐变工具的工具选项栏中选择任意一种渐变方式。**

02 **单击渐变色条，如图 8.58 所示，调出图 8.59 所示的“渐变编辑器”对话框。**

图 8.58

图 8.59

03 **单击“预设”区域中的任意渐变，基于该渐变来创建新的渐变。**

04 **在“渐变类型”下拉菜单中选择“实底”选项，如图 8.60 所示。**

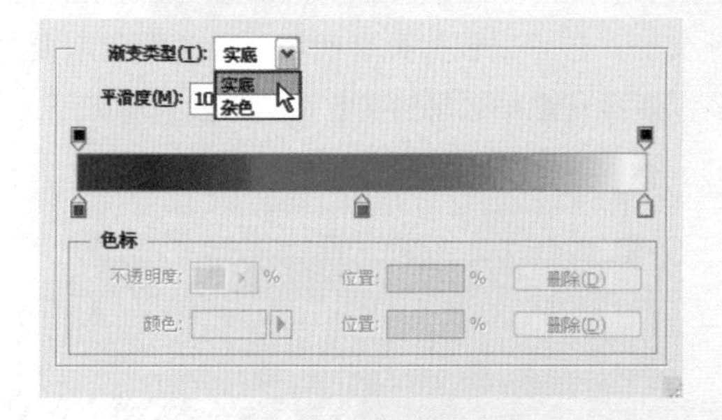

图 8.60

05 **单击渐变色条起点处的颜色色标以将其选中，如图 8.61 所示。**

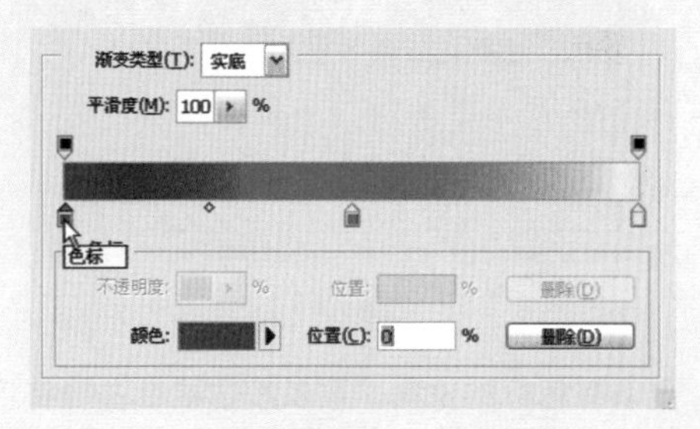

图 8.61

06 **单击对话框底部“颜色”右侧的按钮，弹出选项菜单，其中各选项释义如下。**

- 前景：选择此选项，可以使此色标所定义的颜色随前景色的变化而变化。
- 背景：选择此选项，可以使此色标所定义的颜色随背景色的变化而变化。
- 用户颜色：如果需要选择其他颜色来定义此色标，可以单击色块或者双击色标，在弹出的“拾色器（色标颜色）”对话框中选择颜色。

07 **按照本例 5 ~ 6 中所讲解的方法为其他色标定义颜色，在此创建的是一个黑、红、白的三色渐变，如图 8.62 所示。如果需要在起点色标与终点色标中添加色标以将该渐变定义为多色渐变，可以直接在渐变色条下面的空白处单击，如图 8.63 所示，在此将该色标设置为黄色，如图 8.64 所示。**

图 8.62

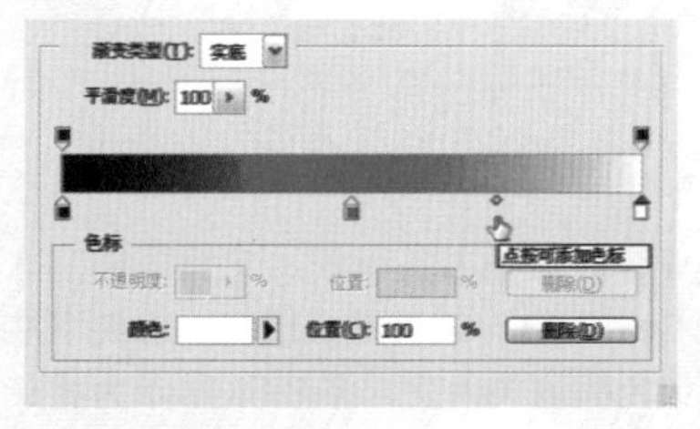

图 8.63

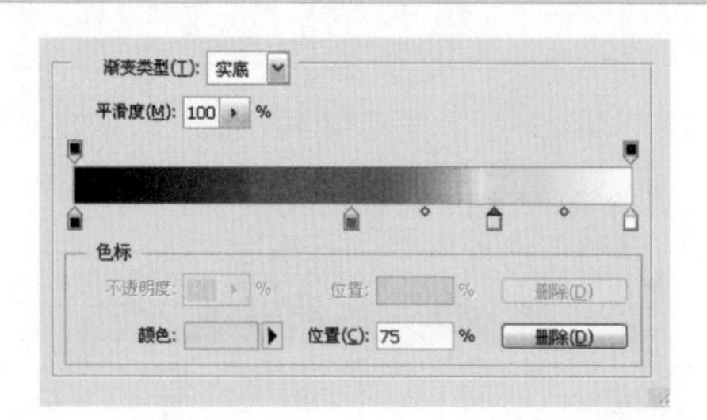

图 8.64

08 要调整色标的位置，可以按住鼠标左键将色标拖动到目标位置，或者在色标被选中的情况下，在“位置”数值框中键入数值，以精确定义色标的位置，图8.65所示为改变色标位置后的状态。

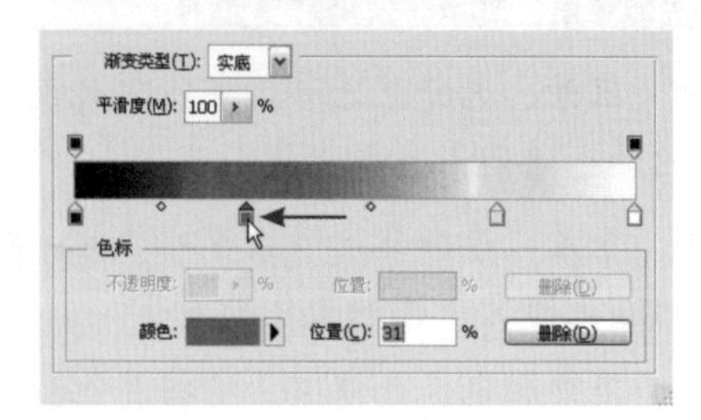

图 8.65

09 如果需要调整渐变的急缓程度，可以单击两个色标中间的菱形滑块，如图 8.66 所示，然后拖动菱形滑块，图 8.67 所示为向右侧拖动菱形滑块后的状态。

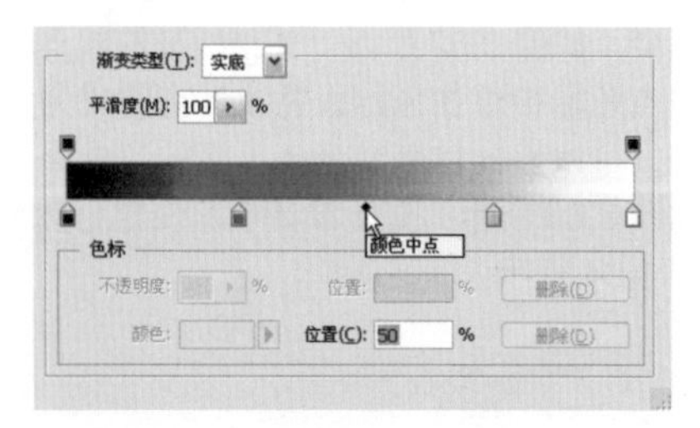

图 8.66

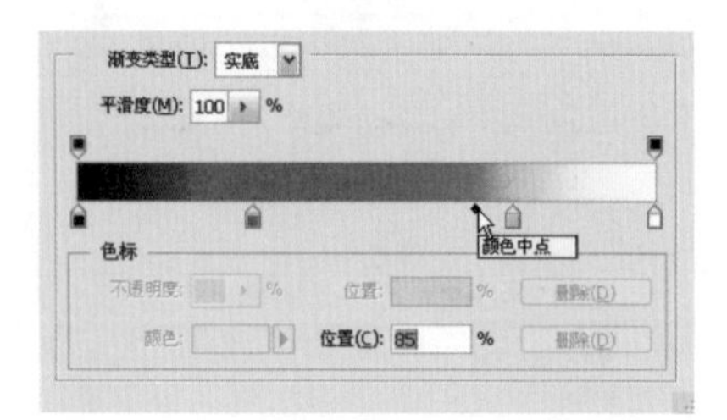

图 8.67

10 如果要删除处于选中状态下的色标，可以直接按 Delete 键，或者按住鼠标左键向下拖动，直至该色标消失为止，图 8.68 所示为将最右侧的白色色标删除后的状态。

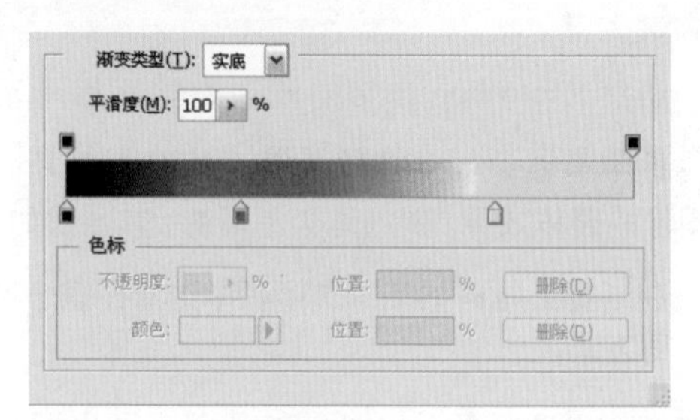

图 8.68

11 完成渐变颜色设置后，在“名称”文本框中键入该渐变的名称。

12 如果要将渐变存储在“预设”区域中，可以单击“新建”按钮。

13 单击“确定”按钮，退出“渐变编辑器”对话框，新创建的渐变自动处于被选中的状态。

图 8.69 所示为应用前面创建的实色渐变制作的渐变文字“彩铃”。

图 8.69

 8.5.3 创建透明渐变

在 Photoshop 中除了可以创建不透明的实色渐变外，还可以创建具有透明效果的实色渐变。要创建具有透明效果的实色渐变，其步骤如下。

01 创建渐变，如图 8.70 所示。

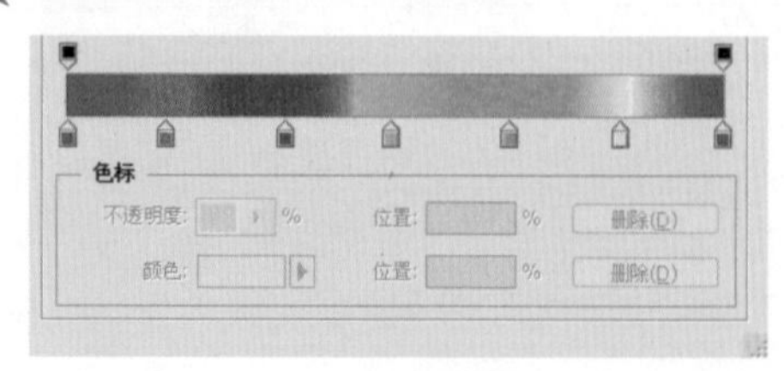

图 8.70

02 **在渐变色条需要产生透明效果的位置处的上方单击鼠标左键，添加一个不透明度色标。**

03 **在该不透明度色标处于被选中的状态下，在“不透明度”数值框中键入数值，如图 8.71 所示。**

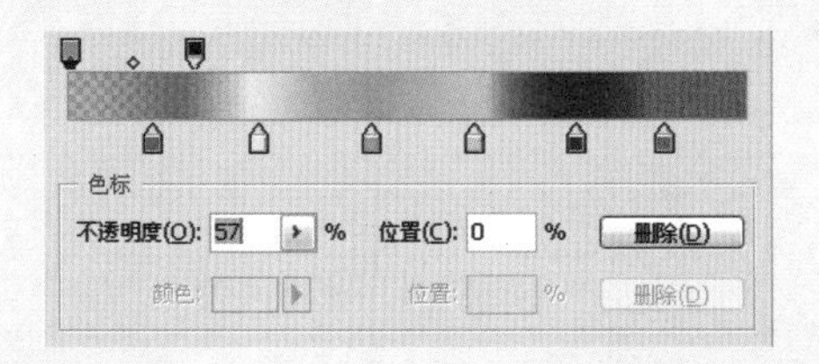

图 8.71

04 **如果需要在渐变色条的多处位置产生透明效果，可以在渐变色条上方多次单击鼠标左键，以添加多个不透明度色标。**

05 **如果需要控制由两个不透明度色标所定义的透明效果间的过渡效果，可以拖动两个不透明度色标中间的菱形滑块。**

图 8.72 所示为一个非常典型的具有多个不透明度色标的透明渐变。图 8.73 所示为应用此透明渐变制作的彩虹效果。

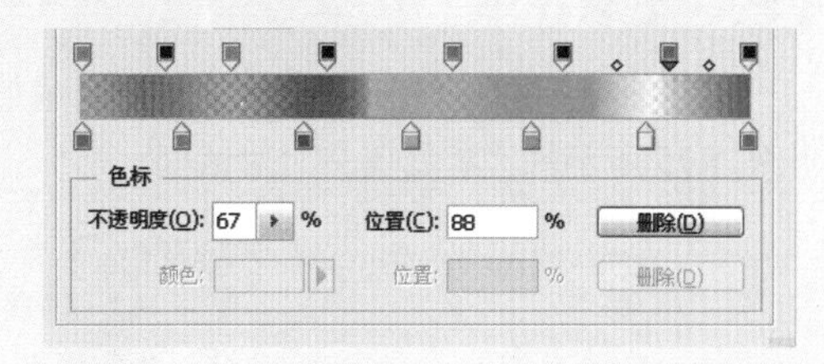

图 8.72

图 8.73

8.6 无损填充才是王道

填充图层是一类非常简单的图层。使用此类图层，可以创建“纯色”、“渐变”或者“图案”三类填充图层。

单击“图层”面板底部的“创建新的填充或调整图层”按钮，在其下拉菜单中选择一种填充类型，在弹出的对话框中设置参数，即可在目标图层之上创建一个填充图层。

提示

填充图层在本质上与普通图层并无太大区别，因此也可以通过改变图层的混合模式或者不透明度、为图层添加蒙版、将其应用于剪切图层等操作获得不同的效果。

8.6.1 纯色填充图层

单击“图层”面板底部的“创建新的填充或调整图层”按钮，在弹出的菜单中选择“纯色”命令，然后在弹出的“拾色器（纯色）”对话框中选择一种填充颜色，即可创建颜色填充图层，效果如图 8.74 所示。

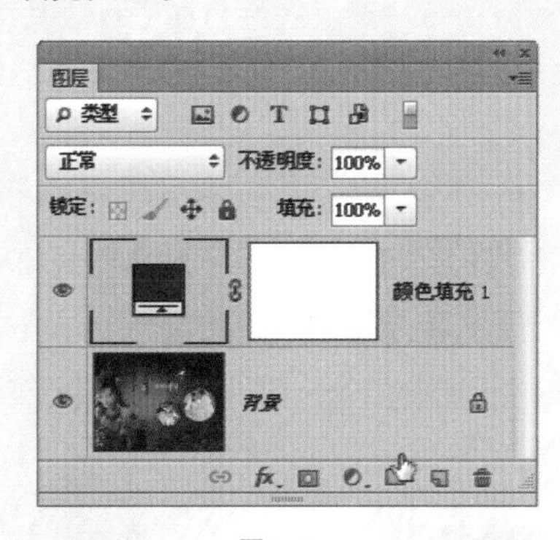

图 8.74

此填充图层的特点是当需要修改其填充颜色时，只需双击其图层缩览图，在弹出的“拾色器（纯色）”对话框中选择一种新的颜色即可。

8.6.2 渐变填充图层

单击“图层”面板底部的“创建新的填充或调整图层”按钮，在弹出的菜单中选择“渐变”命令，弹出图 8.75 所示的“渐变填充”对话框。

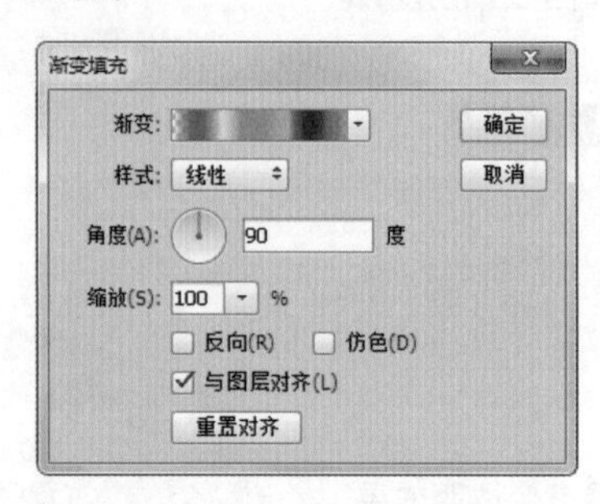

图 8.75

在“渐变填充”对话框中选择一种渐变，并设置适当的“角度”及“缩放”等数值，然后单击“确定”按钮退出对话框，即可得到渐变填充图层。

图 8.76 所示为原图像。图 8.77 所示是添加了渐变填充图层，并设置适当的图层属性后得到的效果，及对应的“图层”面板。

图 8.76

图 8.77

创建渐变填充图层的好处在于修改其渐变样式的便捷性，编辑时只需要双击渐变填充图层的图层缩览图，即可再次调出“渐变填充”对话框，然后修改其参数即可。

8.6.3 图案填充图层

单击“图层”面板底部的“创建新的填充或调整图层”按钮，在弹出的菜单中选择“图案”命令，即可弹出图 8.78 所示的“图案填充”对话框。

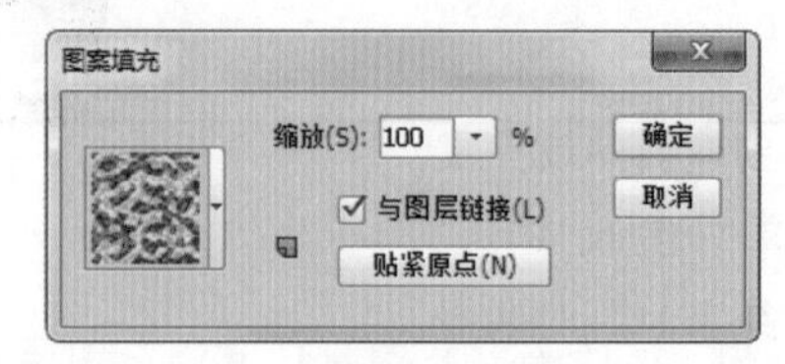

图 8.78

完成图案选择及参数设置等操作后，单击“确定”按钮，即可在目标图层上方创建图案填充图层。

图 8.79 所示为原图像。图 8.80 所示为自定义的图案。图 8.81 所示是以此图案创建图案填充图层

并设置适当的图层属性后得到的效果，及对应的“图层”面板。

图 8.79

图 8.80

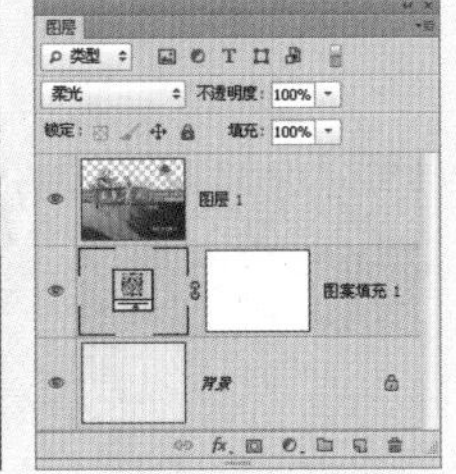

图 8.81

要修改图案填充图层的参数，双击其图层缩览图，调出“图案填充”对话框，修改完毕后单击“确定”按钮退出对话框即可。

8.6.4 栅格化填充图层

对于颜色、渐变及图案 3 种填充图层来说，除了具有其各自的图层参数外，几乎是不可以再对其进行其他编辑的（如直接应用图像调整命令或者滤镜命令等），此时就可以将填充图层栅格化，以便于进行深入的编辑操作。

栅格化填充图层的操作非常简单，只需要选择要栅格化的填充图层，然后执行下面的方法之一即可。

（1）在要栅格化的图层名称上单击鼠标右键，在弹出的菜单中选择“栅格化图层”命令。

（2）选择要栅格化的图层，然后执行“图层”|“栅格化”|“填充内容”命令。

8.7 学而时习之——月饼包装设计

下面将通过一个包装设计实例，讲解自定义图案与填充的操作方法。

01 打开文件“第 8 章\8.7- 素材 1.jpg”图像，如图 8.82 所示。

02 选择“编辑”|“定义图案”命令，在弹出的对话框中输入新图案的名称，单击“确定”按钮关闭对话框。

03 打开文件“第 8 章\8.7- 素材 2.psd”图像，如图 8.83 所示。

图 8.82

图 8.83

04 选择矩形选框工具，绘制图 8.84 所示的选区，单击“图层”面板底部的“创建新图层”按钮，得到“图层 2”，设置前景色为 f2bc25，按 Alt+Delete 键进行填充，得到的效果如图 8.85 所示。

图 8.84

图 8.85

05 确定保留选区的状态下，选择“编辑”|“填充”命令，在弹出的对话框中选择“图案”选项，如图8.86所示，再设置其对话框如图8.87所示，单击“确定”按钮关闭对话框，按Ctrl+D键取消选区，得到图8.88所示的效果及“图层”面板。

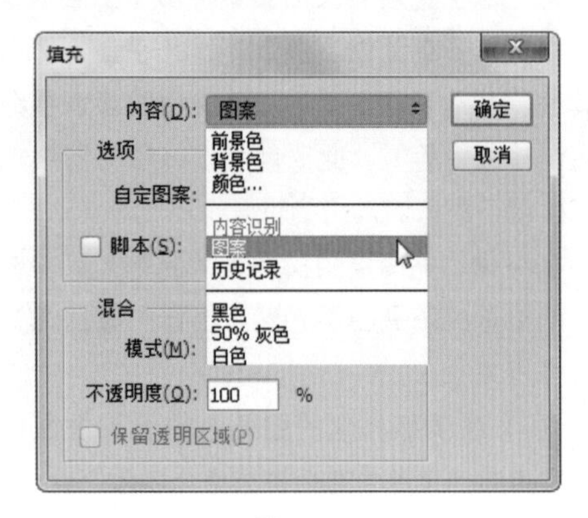

图 8.86

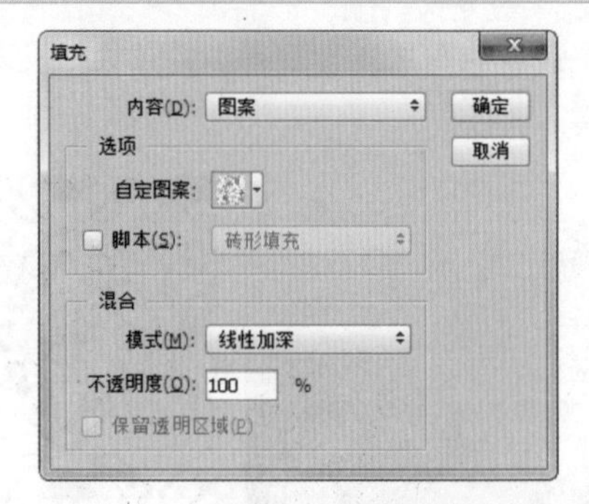

图 8.87

图 8.88

8.8 学而时习之——清新甜美的阳光色调照片处理

在本例中，将主要使用颜色填充和渐变填充两个填充图层，结合图层混合模式功能，改善照片整体的饱和度、色彩，并为照片的顶部添加漂亮的阳光色调。在选片时，建议选择以绿色或其他较为自然清新的色彩为主的照片，另外，照片的上方区域最好能够有较大面积的亮调区域（但最好不要有蓝天，否则红色与蓝色混合后的效果容易产生怪异的感觉），否则，用户也可以尝试将红色的渐变置于照片的其他位置。

01 打开文件“第 8 章\8.8- 素材 .jpg”图像，如图 8.89 所示。

02 单击“创建新的填充或调整图层”按钮，在弹出的菜单中选择“纯色”命令，创建得到“颜色填充 1”图层，在弹出的对话框中设置其颜色值为#939e5f。

03 设置图层“颜色填充 1”的混合模式为“柔光”，如图 8.90 所示，以增强照片整体的色彩，并提高其饱和度，得到图 8.91 所示的效果。

图 8.89

图 8.90

图 8.91

04 下面来为画面上半部分增加阳光色调。单击“创建新的填充或调整图层”按钮 ，在弹出的菜单中选择“渐变填充”命令，创建得到“渐变填充 1”调整图层，在弹出的对话框中设置渐变的色彩，如图 8.92 所示，得到图 8.93 所示的效果。

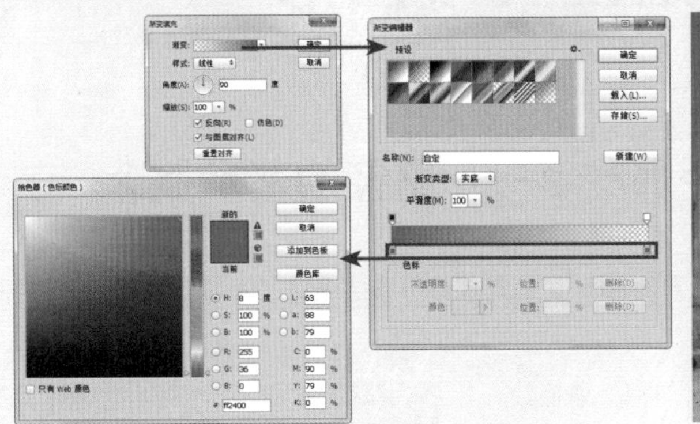

图 8.92

图 8.93

05 设置“渐变填充 1”的混合模式为“滤色”，使渐变叠加在现有的图像上，得到图 8.94 所示的效果。

06 下面来为照片的上半部分添加光晕。新建一个图层得到“图层 1”，设置前景色为黑色，按 Alt+Delete 键填充黑色。

07 选择“滤镜”|“渲染”|“镜头光晕”命令，设置弹出的对话框，如图 8.95 所示，得到图 8.96 所示的效果。

图 8.94　图 8.95　图 8.96

08 设置“图层 1”的混合模式为“滤色”，得到图 8.97 所示的最终效果，此时的“图层”面板如图 8.98 所示。

图 8.97　图 8.98

第 9 章　享受创造的快感吧（下）——绘制矢量图形

9.1　路径那些事——路径的基本概念

路径是基于贝赛尔曲线建立的矢量图形，所有使用矢量绘图软件或矢量绘图工具制作的线条，原则上都可称为路径。

一条完整的路径由锚点、控制句柄、路径线构成，如图 9.1 所示。

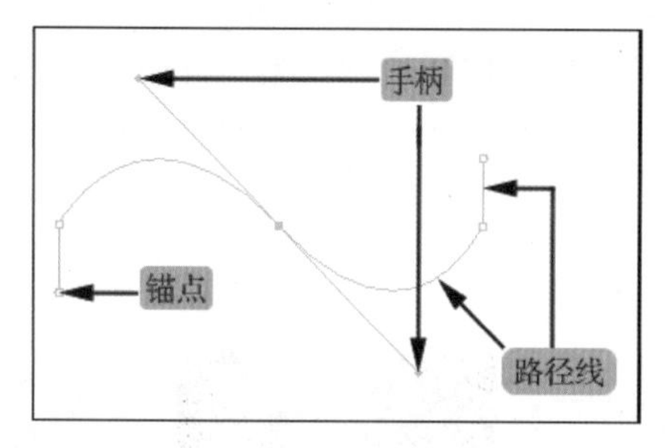

图 9.1

路径可能表现为一个点、一条直线或者是一条曲线，除了点以外的其他路径均由锚点、锚点间的线段构成。如果锚点间的线段曲率不为零，锚点的两侧还有控制手柄。锚点与锚点之间的相对位置关系，决定了这两个锚点之间路径线的位置，锚点两侧的控制手柄控制该锚点两侧路径线的曲率。

在 Photoshop 中经常会使用以下几类路径。

（1）开放型路径：起始点与结束点不重合，如图 9.2 所示。

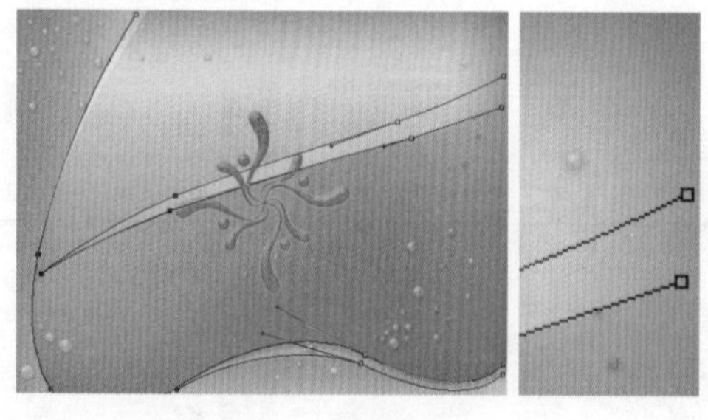

图 9.2

（2）闭合型路径：起始点与结束点重合，从而形成封闭线段，如图 9.3 所示。

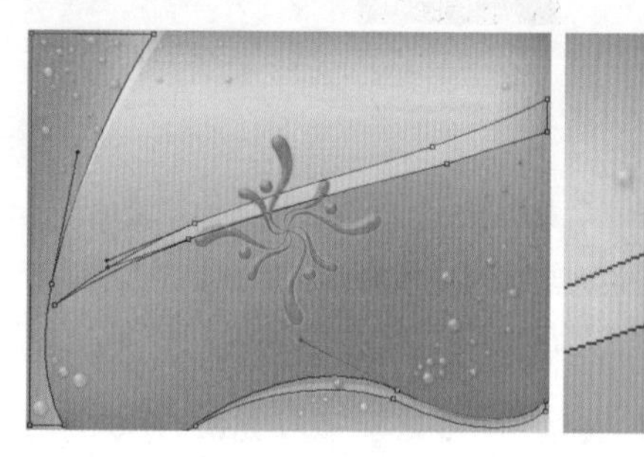

图 9.3

（3）直线型路径：两侧没有控制手柄，锚点两侧的线条曲率为零，表现为直线段通过锚点，如图 9.4 所示。

图 9.4

（4）曲线型路径：线条曲率有角度，两侧最少有一个控制手柄，如图 9.5 所示。

图 9.5

9.2 成为矢量图形的造物主

9.2.1 钢笔工具组

1. 钢笔工具

要绘制路径，可以使用钢笔工具和自由钢笔工具。选择两种工具中的任意一种，都需要在图 9.6 所示的工具选项栏中选择绘图方式，其中有两种方式可选。

图 9.6

- *形状：选择此选项，可以绘制形状。*
- *路径：选择此选项，可以绘制路径。*

选择钢笔工具，在其工具选项栏中单击图标，可以选择"橡皮带"选项。在"橡皮带"选项被选中的情况下，绘制路径时可以依据锚点与钢笔光标间的线段判断下一段路径线段的走向。

2. 自由钢笔工具

自由钢笔工具的使用方法有些类似于铅笔工具。使用此工具，可以轻易地绘制出随意度很大的路径。单击工具选项栏中的图标，在弹出的图 9.7 所示的面板中，可以对自由钢笔工具进行参数设置。图 9.8 所示为笔者使用此工具手绘母子图时所得到的路径线。

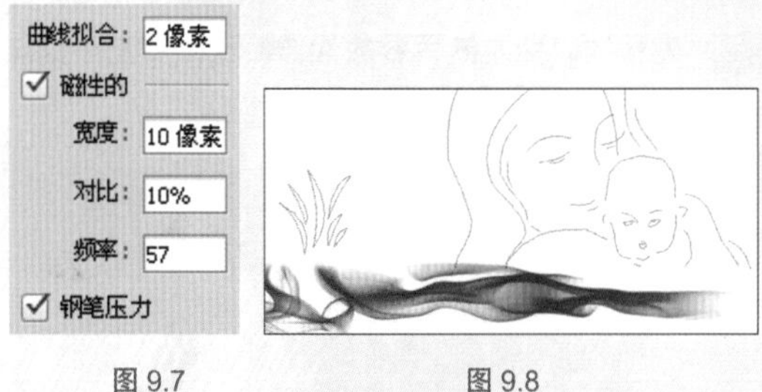

图 9.7　　图 9.8

9.2.2 掌握路径绘制方法

1. 绘制开放型路径

如果需要绘制开放型路径，可以在得到所需要的开放型路径后，按 Esc 键放弃对当前路径的选定；也可以随意再向下绘制一个锚点，然后按 Delete 键删除该锚点。与前一种方法不同的是，使用此方法得到的路径将保持被选择的状态。

2. 绘制闭合型路径

如果需要绘制闭合型路径，必须使路径的最后一个锚点与第一个锚点相重合，即在绘制到路径结束点处时，将鼠标指针放置在路径起始点处，此时在钢笔光标的右下角处显示一个小圆圈，图 9.9 所示，单击该处即可使路径闭合，图 9.10 所示。

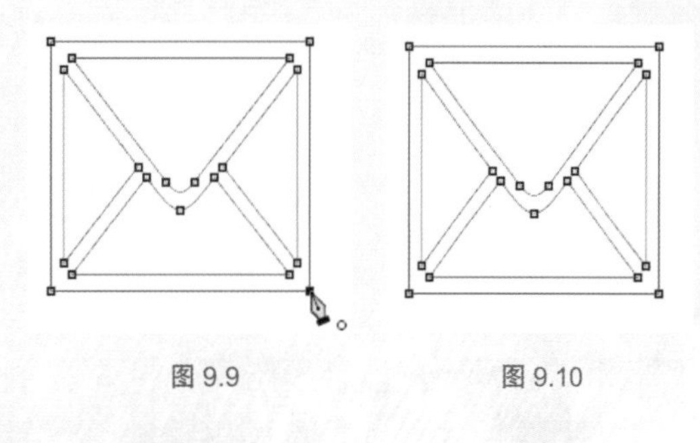

图 9.9　　图 9.10

3. 绘制直线型路径

最简单的路径是直线型路径，构成此类路径的锚点都没有控制手柄。在绘制此类路径时，先将鼠标指针放置在绘制直线路径的起始点处，单击以定义第一个锚点的位置，在直线结束的位置处再次单击以定义第二个锚点的位置，两个锚点之间将创建一条直线型路径，图 9.11 所示。

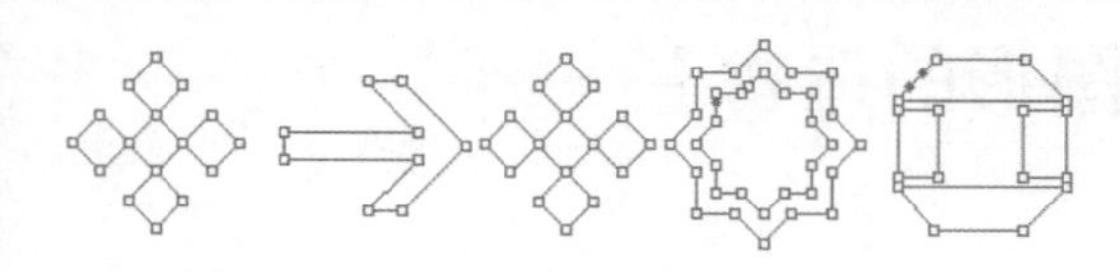

图 9.11

提示

在绘制路径时按住 Shift 键，观察是否能够绘制出水平、垂直或者呈 45° 角的直线型路径。

4. 绘制曲线型路径

如果某一个锚点有两个位于同一条直线上的控制手柄，则该锚点被称为曲线型锚点。相应地，包含曲线型锚点的路径被称为曲线型路径。制作曲线型路径的步骤如下。

01 在绘制时，将钢笔光标放置在要绘制路径的起始点位置，单击鼠标左键以定义第一个点作为起始锚点，此时钢笔光标变成箭头形状。

02 当单击鼠标左键以定义第二个锚点时，按住鼠标左键不放并向某方向拖动鼠标指针，此时在锚点的两侧出现控制手柄，拖动控制手柄直至路径线段出现合适的曲率，按此方法不断进行绘制，即可绘制出一段段相连接的曲线路径。

在拖动鼠标指针时，控制手柄的拖动方向及长度决定了曲线段的方向及曲率。图 9.12 所示为不同控制手柄的长度及方向对路径效果的影响。

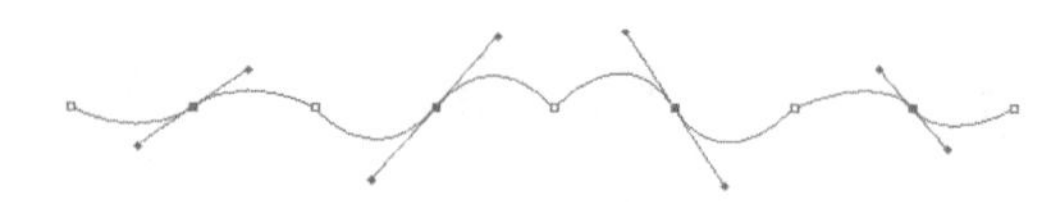

图 9.12

图 9.13 所示为使用此方法所绘制的曲线型路径。

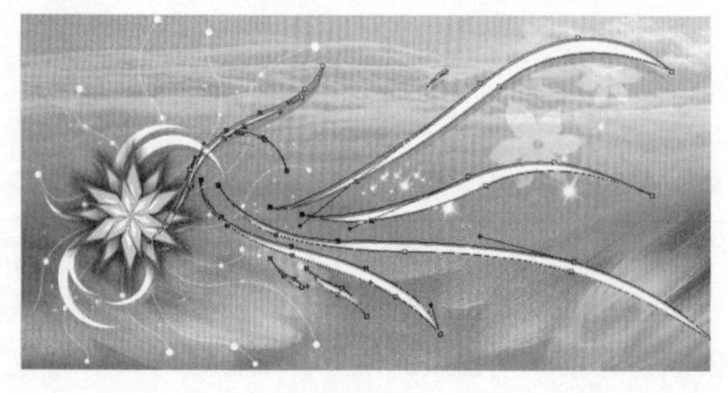

图 9.13

5. 绘制拐角型路径

拐角型锚点具有两个控制手柄，但两个控制手柄不在同一条直线上。在通常情况下，如果某锚点具有两个控制手柄，则两个控制手柄在一条水平线上并且会相互影响，即当拖动其中一个手柄时，另一个手柄将向相反的方向移动，在此情况下无法绘制出图 9.14 所示的包含拐角型锚点的拐角型路径。

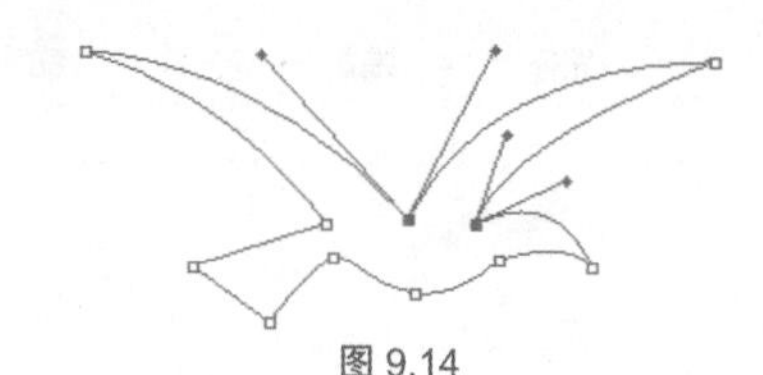

图 9.14

绘制拐角型路径的步骤如下。

01 按照绘制曲线型路径的方法定义第二个锚点，如图 9.15 所示。

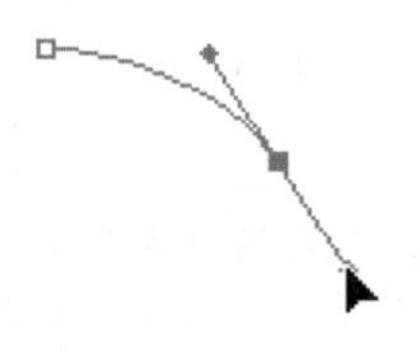

图 9.15

02 在未释放鼠标左键前按住 Alt 键，此时仅可以移动一侧手柄而不会影响到另一侧手柄，如图 9.16 所示。

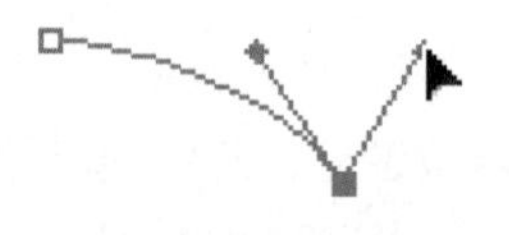

图 9.16

03 先释放鼠标左键再释放 Alt 键，绘制第三个锚点，如图 9.17 所示。

图 9.17

6. 在曲线段后接直线段

当用户通过拖动鼠标创建了一个具有双向手柄的锚点时（如图 9.18 所示），因为双向手柄存在相互制约的关系，所以按照通常的方法绘制下一段线条时将无法得到直线段。

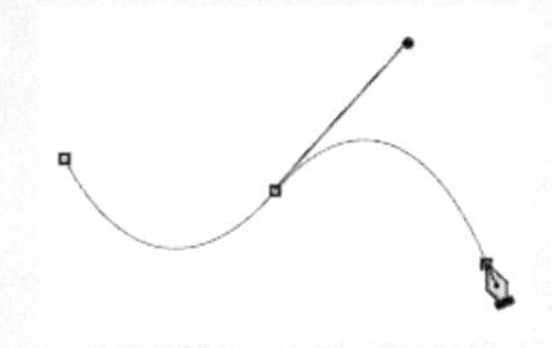

图 9.18

在曲线段后绘制直线段的步骤如下。

01 **按通常绘制曲线型路径的方法定义第二个锚点，使该锚点的两侧位置出现控制手柄。**

02 **按 Alt 键用鼠标指针单击锚点中心，取消一侧的控制手柄，如图 9.19 所示。**

图 9.19

03 **继续绘制直线型路径，效果如图 9.20 所示。**

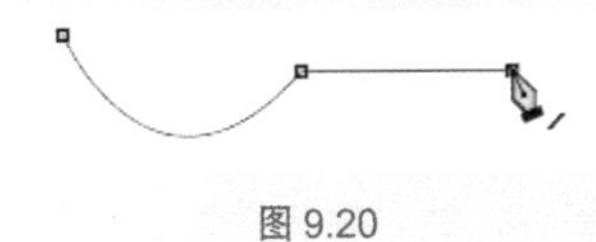

图 9.20

7. 连接路径

在绘制路径的过程中经常会遇到连接两条非封闭路径的情况。连接两条开放型路径的步骤如下。

01 **使用钢笔工具单击开放型路径的最后一个锚点，如果位置正确，则钢笔光标将变为连接钢笔光标形状，如图 9.21 所示。**

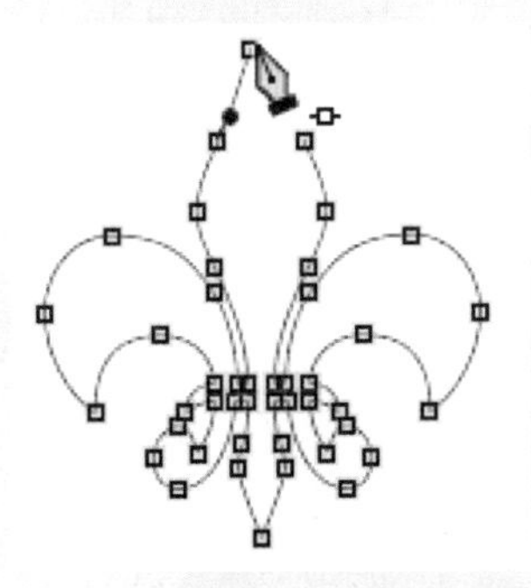

图 9.21

02 **单击该锚点，使钢笔工具与锚点相连接，单击另一处断开位置，此时钢笔光标变为形状，在此位置单击鼠标左键，即可连接两条开放型路径，使其成为一条闭合型路径，如图 9.22 所示。**

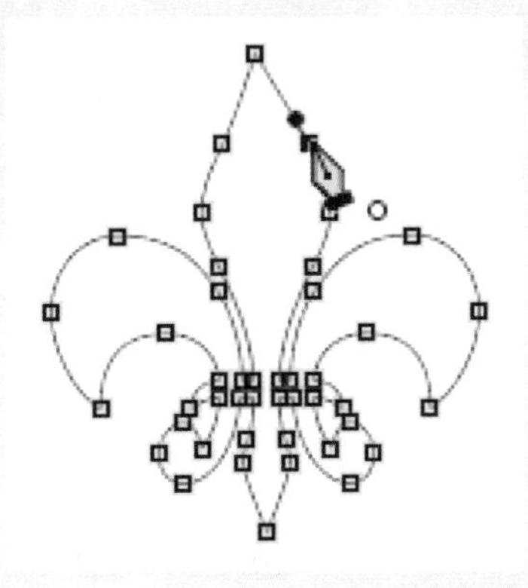

图 9.22

8. 切断连续的路径

如果将一条闭合型路径转换为一条开放型路径，或者需要将一条开放型路径转换为两条开放型路径，则需要切断连续的路径。要切断路径，可以先使用直接选择工具选择要断开位置处的路径线段，再按 Delete 键。

9.2.3 几何图形工具组

利用 Photoshop 中的形状工具，可以非常方便地创建各种几何形状或路径。在工具箱中的形状工具组上单击鼠标右键，将弹出隐藏的形状工具。使用这些工具都可以绘制各种标准的几何图形。图 9.23 所示为矩形、圆形、多边形以及自定义图形等。

图 9.23

用户可以在图像处理或设计的过程中，根据实际需要选用这些工具。图 9.24 所示就是一些采用形状工具绘制得到的图形，并应用于设计作品后的效果。

图 9.24

在 Photoshop 中，对于矩形工具和圆角矩形工具，还可以直接在“属性”面板中设置其圆角属性，如图 9.25 所示，应该说，这是一个非常实用的功能，用户可以更方便地修改其圆角属性。

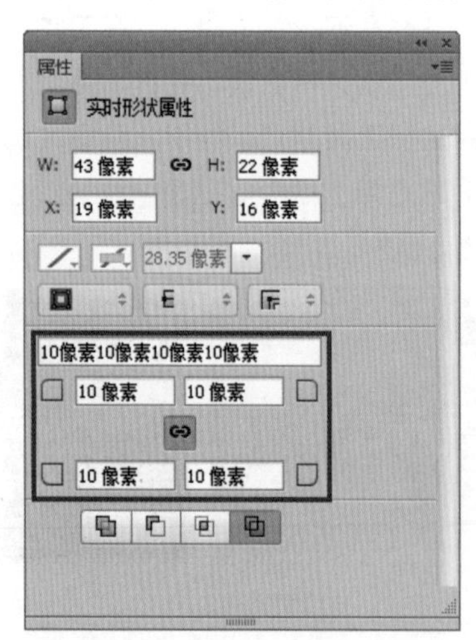

图 9.25

若选中中间的链接按钮，则修改其中任意一个数值时，其他的数值也会发生相应的变化。若取消选中该按钮，则可以任意修改四角的圆角数值。

9.2.4 创建自定义形状

如果在工作时经常要使用到某一种路径，可以将此路径保存为形状，以便于在以后的工作中直接使用此自定义形状绘制所需要的路径，从而提高工作效率。

要创建自定义形状，其步骤如下。

01 选择钢笔工具，绘制所需要的形状的轮廓路径，效果如图 9.26 所示。

图 9.26

02 选择路径选择工具，将路径全部选中。

03 执行“编辑”|“定义自定形状”命令，在弹出的图 9.27 所示的“形状名称”对话框中键入新形状的名称，然后单击“确定”按钮进行确认。

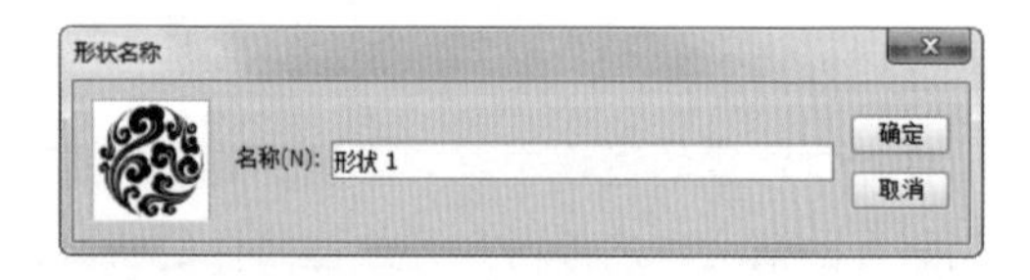

图 9.27

04 选择自定形状工具，在“自定形状拾色器”面板中即可选择自定义的形状。

9.2.5 精确创建图形及调整形状大小

从 Photoshop CS6 开始，在使用矩形工具、椭圆工具、自定形状工具等图形绘制工具时，可以在画布中单击，此时会弹出一个相应的对话框，以使用椭圆工具在画布中单击为例，将弹出图 9.28 所示的参数设置对话框，在其中设置适当的参数并选择选项，然后单击“确定”按钮，即可精确地创建圆角矩形。

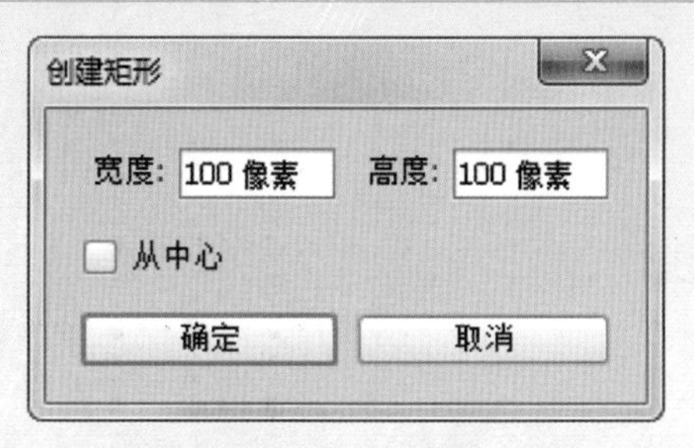

图 9.28

从 Photoshop CS6 开始，对于形状图层中的路径，可以在工具选项上精确调整其大小。使用路径选择工具选中要改变大小的路径后，在工具选项上的 W 和 H 数值输入框中输入具体的数值，即可改变其大小。若是选中 W 与 H 之间的链接形状的宽度和高度按钮，则可以等比例调整当前选中路径的大小。

9.3 选择与编辑路径

 9.3.1 选择路径

选择路径是经常进行的操作之一。Photoshop 提供了两种用于选择路径的工具，分别是直接选择工具和路径选择工具，下面分别讲解其使用方法及技巧。

1. 路径选择工具

利用路径选择工具只能选择整条路径。在整条路径被选中的情况下，路径上的锚点全部显示为黑色小正方形，如图 9.29 所示，在这种状态下可以方便地对整条路径执行移动、变换等操作。

图 9.29

利用“路径选择工具”只能选择整条路径。在整条路径被选中的情况下，路径上的锚点全部显示为黑色小正方形，如图 9.30 所示，在这种状态下可以方便地对整条路径执行移动、变换等操作。

图 9.30

另外，在路径选择工具的工具选项栏上，可以在“选择”下拉列表中选择“现用图层”和“所有图层”两个选项，其作用如下所述。

- 现用图层：选择此选项时，将只选择当前选中的一个或多个形状图层或路径层内的路径。
- 所有图层：选择此选项时，无论当前选择的是哪个图层，都可以通过在图像中单击的方式，选择任意形状图层中的路径。

例如，以图 9.31 所示的素材为例，图 9.32 所示是对应的“图层”面板，在选中图层“1”至“6”以后，使用路径选择工具并选择“现有图层”选项，则只能选中这 6 个图层中的路径，如图 9.33 所示；若选择“所有图层”选项，执行前面的拖动选择操作，将选中该范围内的所有路径，如图 9.34 所示。

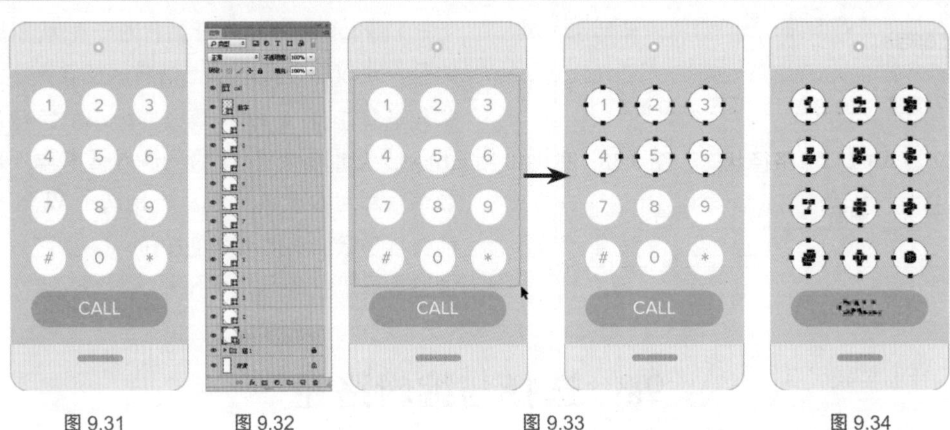

图 9.31　　图 9.32　　图 9.33　　图 9.34

提示

若选中的形状图层被锁定，此时将无法使用路径选择工具选中其中的路径；此时仍然可以在“路径”面板中选中其路径，但无法执行除删除以外的编辑操作。

2. 直接选择工具

利用直接选择工具，可以选择路径的一个或者多个锚点，如果单击并拖动锚点，还可以改变其位置。使用此工具既可以选择一个锚点，也可以通过框选多个锚点进行编辑。当处于被选定的状态中时，锚点显示为黑色小正方形，未选中的锚点则显示为空心小正方形，如图 9.35 所示。

图 9.35

9.3.2 调整路径顺序

在绘制多个路径时，常需要调整各条路径的上下顺序，从 Photoshop CS6 开始，提供了专门用于调整路径顺序的功能。在使用路径选择工具选择要调整的路径后，可以单击工具选项栏上的路径排列方式按钮，此时将弹出图 9.36 所示的下拉列表，选择不同的命令，即可调整路径的顺序。

将形状置为顶层
将形状前移一层
将形状后移一层
将形状置为底层

图 9.36

9.3.3 编辑路径锚点

1. 调整路径线段与锚点的位置

如果要调整路径线段，选择直接选择工具，然后点按需要移动的路径线段并进行拖动。要删除路径线段，使用直接选择工具选择要删除的线段，然后按 Backspace 键或者 Delete 键。

如果要移动锚点，同样选择直接选择工具，然后点按并拖动需要移动的锚点。

2. 转换锚点的类型

直角型锚点、光滑型锚点与拐角型锚点是路径中的三大类锚点，在工作中往往需要在这 3 类锚点之间进行切换。

（1）要将直角型锚点改变为光滑型锚点，可以选择转换点工具，将鼠标指针放置在需要更改的锚点上，然后拖动此锚点（拖动时两侧的控制手柄都会动）。

（2）要将光滑型锚点改变为直角型锚点，使用转换点工具单击此锚点。

（3）要将光滑型锚点改变为拐角型锚点，使用转换点工具拖动锚点两侧的控制手柄（只对操作的控制手柄有变化）。

图 9.37 所示为原路径状态，图 9.38~ 图 9.40 所示分别为将直角型锚点改变为光滑型锚点、将光滑型锚点改变为直角型锚点，以及将光滑型锚点改变为拐角型锚点时的状态。

图 9.37

图 9.38

图 9.39

图 9.40

3. 添加、删除和转换锚点

使用添加锚点工具和删除锚点工具，可以从路径中添加或者删除锚点。

（1） 如果要添加锚点，选择添加锚点工具，将鼠标指针放置在要添加锚点的路径上，如图 9.41 所示，单击鼠标左键。

（2）如果要删除锚点，选择删除锚点工具，将鼠标指针放置在要删除的锚点上，如图 9.42 所示，单击鼠标左键。

图 9.41

图 9.42

9.3.4 路径运算

路径运算是非常优秀的功能。通过路径运算，可以利用简单的路径形状得到非常复杂的路径效果。

要应用路径运算功能，需要在绘制路径的工具被选中的情况下，在工具选项栏中单击图标（在“形状”按钮右侧，此图标会根据所选择的选项发生变化），此时将弹出图 9.43 所示的面板。当在工具选项栏中选择“路径”选项时，各按钮的意义如下。

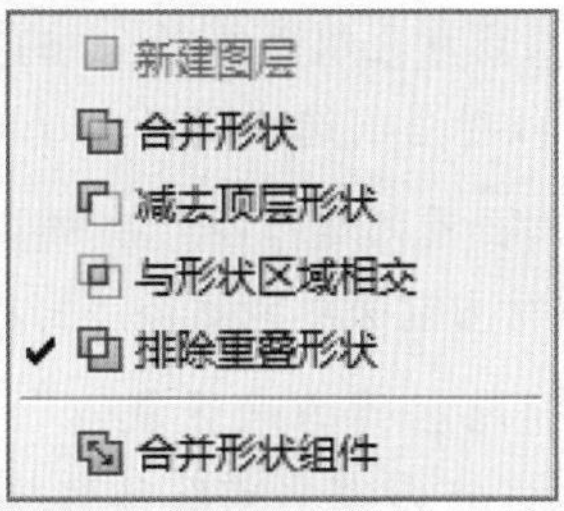

新建图层
合并形状
减去顶层形状
与形状区域相交
✔ 排除重叠形状
合并形状组件

图 9.43

- 合并形状：使两条路径发生加运算，其结果是向现有路径中添加新路径所定义的区域。
- 减去顶层形状：使两条路径发生减运算，其结果是从现有路径中删除新路径与原路径的重叠区域。
- 与形状区域相交：使两条路径发生交集运算，其结果是生成的新区域被定义为新路径与现有路径的交叉区域。

- 排除重叠形状：使两条路径发生排除运算，其结果是定义生成新路径和现有路径的非重叠区域。
- 合并形状组件：使两条或两条以上的路径发生排除运算，使路径的锚点及线段发生变化，以路径间的运算模式定义新的路径。

要注意的是，如前所述，路径之间也是有上、下层关系的，虽然它不像图层那样可以明显地看到，但却实实在在地存在于路径的层次关系中，即最先绘制的路径位于最下方，这对于路径运算有着极大的影响。从实用角度来说，与其研究路径之间的层次关系，不如直接使用“形状图层”来完成复杂的运算操作。

9.4 路径的控制台——“路径”面板

要管理使用各种方法所绘制的路径，必须掌握“路径”面板。使用此面板，可以完成复制、删除、新建路径等操作。执行“窗口”|“路径”命令，即可显示出图 9.44 所示的“路径”面板。

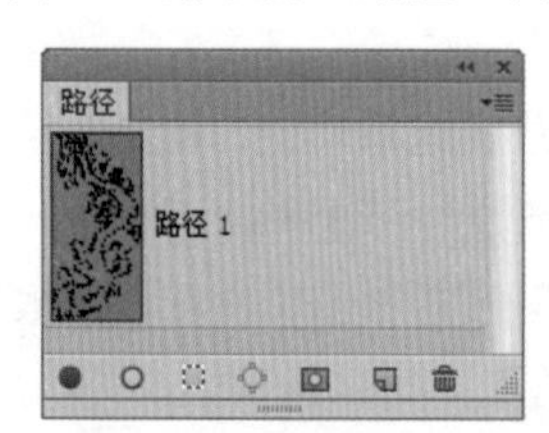

图 9.44

“路径”面板中各按钮释义如下。

- “用前景色填充路径”按钮：单击该按钮，可以对当前选中的路径填充前景色。
- “用画笔描边路径”按钮：单击该按钮，可以对当前选中的路径进行描边操作。
- “将路径作为选区载入”按钮：单击该按钮，可以将当前路径转换为选区。
- “从选区生成工作路径按钮”：单击该按钮，可以将当前选区转换为工作路径。
- “创建新路径”按钮：单击该按钮，可以新建路径。
- “删除当前路径”按钮：单击该按钮，可以删除当前选中的路径。

9.4.1 新建路径

在“路径”面板中单击“创建新路径”按钮，能够创建一条用于保存路径组件的空路径，其名称由 Photoshop 系统默认为“路径 1”。此时再绘制的路径组件都会被保存在“路径 1”中，直至放弃对“路径 1”的选中状态。

提示

为了区分新建路径时得到的路径与使用钢笔工具所绘制的路径，这里将在“路径”面板中通过单击“创建新路径”按钮所创建的路径称为“路径”，而将使用钢笔工具等工具所绘制的路径称为“路径组件”。“路径”面板中的一条路径能够保存多个路径组件。在此面板中单击选中某一路径时，将同时选中此路径所包含的多个路径组件，通过单击也可以仅选择某一个路径组件。

9.4.2 隐藏路径线

在默认状态下，路径以黑色线显示于当前图像中。这种显示状态在某些情况下，将影响用户所做的其他大多数操作。

要隐藏路径，可以在路径选择工具、直接选择工具及钢笔工具等任意一种工具被选中的情况下，按 Esc 键。要隐藏路径，还可以单击“路径”面板的空白处。

提示

在选择钢笔工具、路径选择工具、直接选择工具等工具的情况下，也可以按 Enter 键隐藏路径。

9.4.3 选择路径

Photoshop 提供了选择多个路径的功能，可以像选择多个图层一样，在“路径”面板中选择多个路径层。其实用价值就在于，在过往的版本中，若要对多条路径进行编辑，就必须将它们置于同一个路径层中，但在选择和编辑时，路径越多，则越容易出现差错。而在 Photoshop 中，可以将这些路径分置于多个路径层中，这样就可以在需要编辑多个路径时，直接在“路径”面板中将其选即可，使得工作的条理更为清晰。

图 9.45 所示就是选择两个不连续路径层时的状态，图 9.46 所示则是选择多个连续路径层时的状态。

图 9.45

图 9.46

在选中多个路径层后，用户仍可以使用路径选择工具、直接选择工具或钢笔工具等，对它们进行选择和编辑。若按 Delete 键执行删除操作，则选中的路径层及其中的路径，都会被删除。

9.4.4 删除路径

不需要的路径可以将其删除。利用路径选择工具选择要删除的路径，然后按 Delete 键。

如果需要删除某路径中所包含的所有路径组件，可以将该路径拖动到“删除当前路径”按钮上，如图 9.47 所示；也可以在该路径被选中的状态下，单击“路径”面板中的“删除当前路径”按钮，在弹出的信息提示对话框中单击“是”按钮。

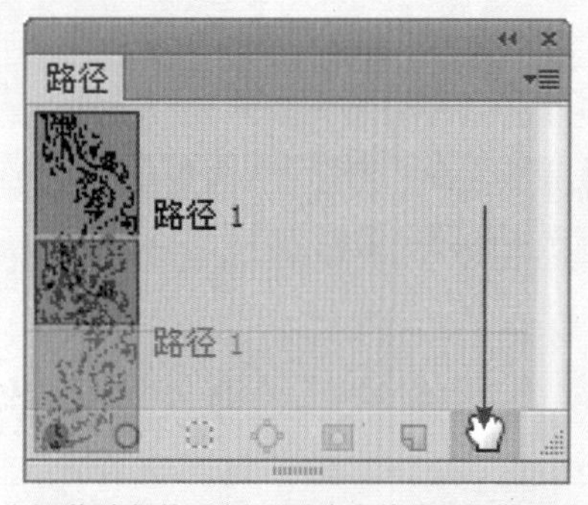

（a）将路径拖动到“删除当前路径”按钮上

（b）删除路径后的“路径”面板

图 9.47

提示

如果不希望在删除路径时弹出信息提示对话框，可以按住 Alt 键单击“删除当前路径”按钮。

另外，用户还可以像复制图层一样，在“路径”面板按住 Alt 键拖动路径层，以实现复制路径层的操作。

9.4.5 复制路径

要复制路径，可以将“路径”面板中要复制的路径拖动至“创建新路径”按钮上，如图 9.48 所示。如果要将路径复制到另一个图像文件中，选中路径并在另一个图像文件可见的情况下，直接将路径拖动到另一个图像文件中即可。

(a) 将路径拖动至“创建新路径”按钮上

(b) 复制路径后的“路径”面板

图 9.48

如果要在同一图像文件内复制路径组件，可以使用路径选择工具选中路径组件，然后按 Alt 键拖动被选中的路径组件。

9.5 为路径设置填充与描边

为路径填充实色的方法非常简单。选择需要进行填充的路径，然后单击“路径”面板底部的“用前景色填充路径”按钮，即可为路径填充前景色。图 9.49 (a) 图所示为在一幅黄昏画面中绘制的树形路径，(b) 图所示为使用此方法为路径填充颜色后的效果。

(a) 为路径填充颜色前

(b) 为路径填充颜色后

图 9.49

如果要控制填充路径的参数及样式，可以按住 Alt 键单击“用前景色填充路径”按钮，或者单击“路径”面板右上角的按钮，在弹出的菜单中选择“填充路径”命令，弹出图 9.50 所示的“填充路径”对话框。此对话框的上半部分与“填充”对话框相同，其参数的作用和应用方法也相同，在此不再赘述。

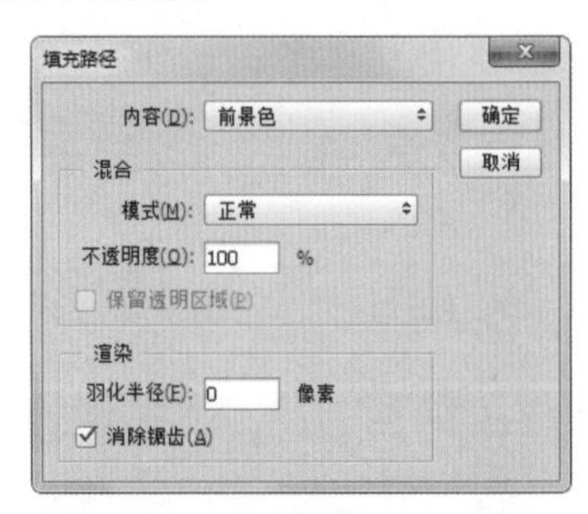

图 9.50

“填充路径”对话框各参数释义如下。

- 羽化半径：在此数值框中键入大于 0 的数值，可以使填充具有柔边效果。图 9.51 所示是将“羽化半径”数值设置为 6 时填充路径的效果。

图 9.51

- 消除锯齿：可以消除填充时的锯齿。

另外，从Photoshop CS6开始，可以直接为形状图层设置多种渐变及描边的颜色、粗细、线型等属性，从而更加方便地对矢量图形进行控制。

要为形状图层中的图形设置填充或描边属性，可以在“图层”面板中选择相应的形状图层，然后在工具箱中选择任意一种形状绘制工具或路径选择工具，然后在工具选项栏上即可显示类似图9.52所示的参数。

图 9.52

- 填充或描边颜色：单击填充颜色或描边颜色按钮，在弹出的类似图9.53所示的面板中可以选择形状的填充或描边颜色，其中可以设置的填充或描边颜色类型为无、纯色、渐变和图案4种。

- 描边粗细：在此可以设置描边的线条粗细数值。例如，图9.54所示是将描边颜色设置为紫红色，且描边粗细为6点时得到的效果。

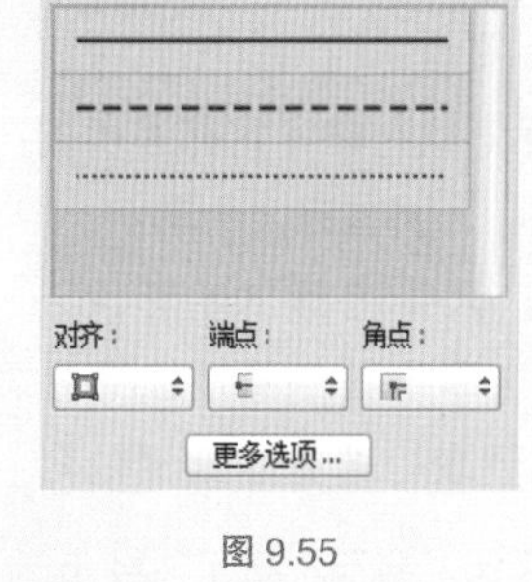

图 9.55

图 9.56

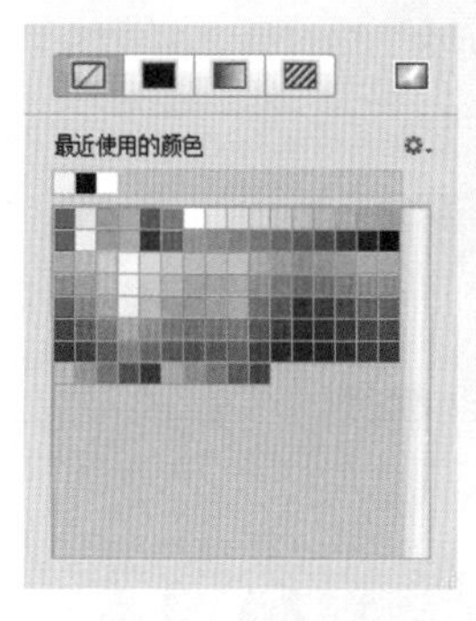

图 9.53

图 9.54

- 描边线型：在此下拉列表中，如图9.55所示，可以设置描边的线型、对齐方式、端点及角点的样式。若单击“更多选项”按钮，将弹出图9.56所示的对话框，在其中可以更详细地设置描边的线型属性。图9.57所示是将描边设置为虚线时的效果。

图 9.57

9.6 没有谁是独立存在的

在前面学习的知识当中，讲解了在“路径”面板中可以将选区保存为路径，也可以将路径作为选区载入，另外还可以将形状保存为路径或转换为选区，由此不难看出，路径、选区与形状之间存在着一种可以相互转换的关系。

9.6.1 路径与形状的关系

路径与形状之间是可以相互转换的，下面分别讲解转换方式。

1. 由路径得到形状

在绘制一条路径并将其选中的情况下，可以选择“编辑”|“定义自定形状”命令，在弹出的对话框中单击“确定”按钮，将其定义为形状。

需要使用该形状时，只要选择自定形状工具，在其工具选项栏上单击右侧的下三角按钮，即可在弹出的下拉列表中选择刚定义的形状，进行绘制形状操作。

2. 由形状图层得到路径

在“图层”面板上选择一个形状图层后，切换至“路径”面板，双击“形状 X 的形状路径”的缩览图，在弹出的对话框中单击“确定”按钮，可从形状图层中得到路径，并将其保存起来。

3. 使用形状工具绘制路径

在使用形状工具时，如果在其工具选项栏中选择“路径”选项，则可以直接绘制路径。

9.6.2 将选择区域转换为路径

路径与选区间能够相互转换，因此可以通过绘制精确的路径从而得到精确的选区，也可以通过制作选区得到使用钢笔工具不易得到的路径。

在理论上，可以使用钢笔工具绘制出任何形状的路径，但在某些情况下，使用钢笔工具绘制路径并不是最为简捷的方法。例如，绘制围绕某图层非透明区域的路径，在此情况下可以由选区直接得到路径。由选区生成路径的步骤如下。

01 打开文件“第 9 章\9.6.2- 素材 .psd”，本例中，笔者制作了一个文字形状的选区，如图 9.58 所示。

图 9.58

02 单击“路径”面板底部的“从选区生成工作路径”按钮，或者选择“路径”面板弹出菜单中的“建立工作路径”命令，即可得到图 9.59 所示的路径。

图 9.59

图 9.60 所示为将路径向左侧移动并填充实色后的效果。

与直接单击“从选区生成工作路径”按钮不同的是，选择“建立工作路径”命令将弹出图 9.61 所示的“建立工作路径”对话框。

图 9.60

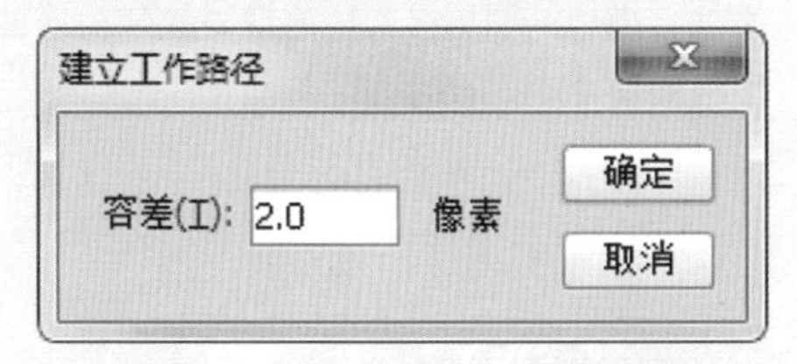

图 9.61

对话框中的“容差”数值决定了路径所包括的定位点数，默认的“容差”数值为 2 像素，可以指定的“容差”数值范围是 0.5 ～ 10 像素。

如果键入一个较高的“容差”数值，则用于定位路径形状的锚点比较少，得到的路径比较平滑；如果键入一个较低的“容差”数值，则用于定位路径形状的锚点比较多，得到的路径不够平滑。

9.6.3 将路径转换为选择区域

要将路径转换为选区，先在“路径”面板中选择需要转换为选区的路径，然后单击“将路径作为选区载入”按钮 或者按 Ctrl+Enter 键即可。

如果需要设置将路径转换为选区的参数，可以选择“路径”面板菜单中的“建立选区”命令，在弹出的对话框中根据需要设置参数即可。

9.6.4 形状与位图之间的关系

通过对形状图层执行“图层”|“栅格化”|“形状”命令，可以将形状图层转换成为位图图层，这样就无法再修改其形状，但可以对其应用图像调整命令及滤镜等功能。

9.7 学而时习之——应用路径运算功能制作旭日东升

在此以制作一个旭日东升的图形为例，讲解如何运用路径运算得到所需要的复杂路径。

01 打开文件“第 9 章 \9.7- 素材 .psd”，显示标尺，并在图像中设置图 9.62 所示的水平参考线。

02 在“图层”面板中选择图层“渐变填充 1”，选择钢笔工具，在其工具选项栏上选择“路径”选项和“减去顶层形状”选项，绘制一个以参考线为底端的路径，以减去波浪形状区域，得到海平面的效果，如图 9.63 所示。

03 按 Esc 键使当前的路径状态隐藏。选择钢笔工具，在其工具选项栏上选择“路径”选项，在黑色图形上方绘制图 9.64 所示的半圆形路径。单击“创建新的填充或调整图层”按钮，在弹出的下拉菜单中选择“渐变”命令，弹出的对话框设置如图 9.65 所示，得到的效果如图 9.66 所示。

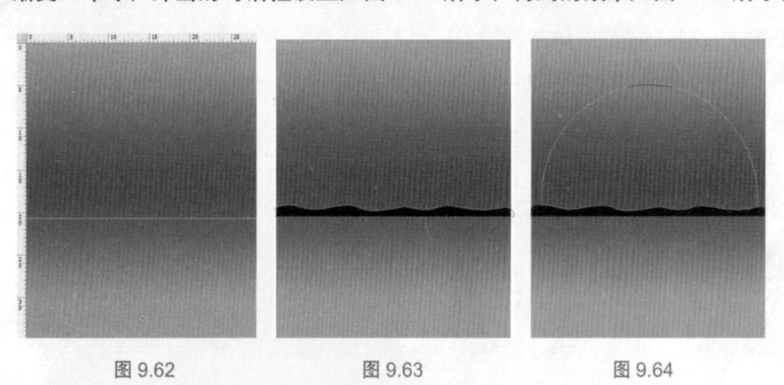

图 9.62　　图 9.63　　图 9.64

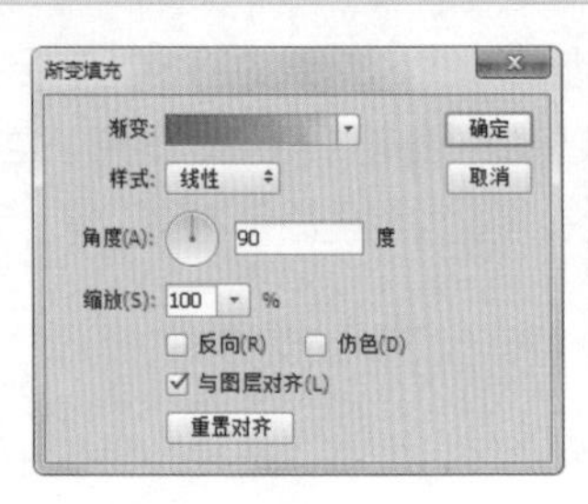

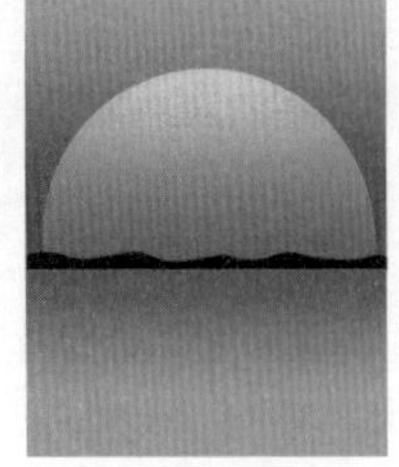

图 9.65　　图 9.66

提示

在“渐变填充”对话框中，设置渐变类型为从#e7210e到#ffe400。

04 保持“渐变填充 2”的路径处于选中状态，选择钢笔工具，在其工具选项栏中选择“排除重叠形状”选项，在半圆形形状的右下方绘制小船的路径，以减去重叠区域图像，使其具有一个缺口，得到的效果及“图层”面板如图 9.67 所示。

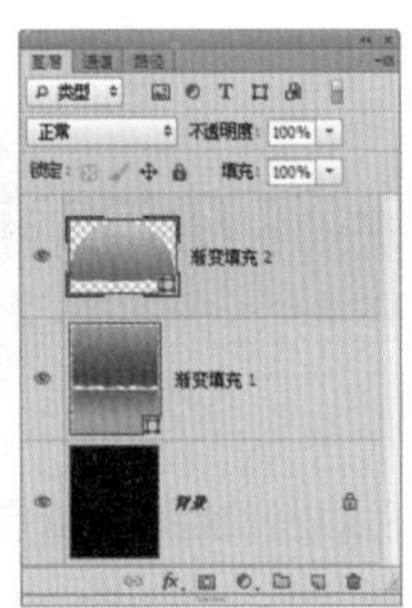

图 9.67

05 保持“渐变填充 2”的路径处于选中状态，选择钢笔工具，在其工具选项栏中选择“减去顶层形状”选项，在半圆形形状的左上方绘制海鸥的路径，得到剪影的效果如图 9.68 所示。

06 结合钢笔工具以及“渐变”填充功能，在画面中绘制塔形形状，如图 9.69 所示。

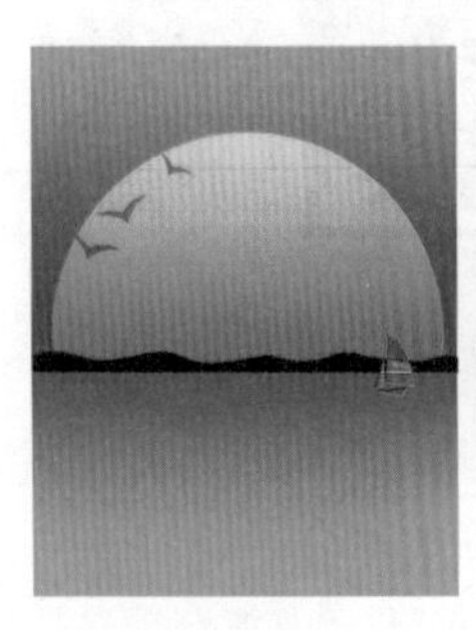

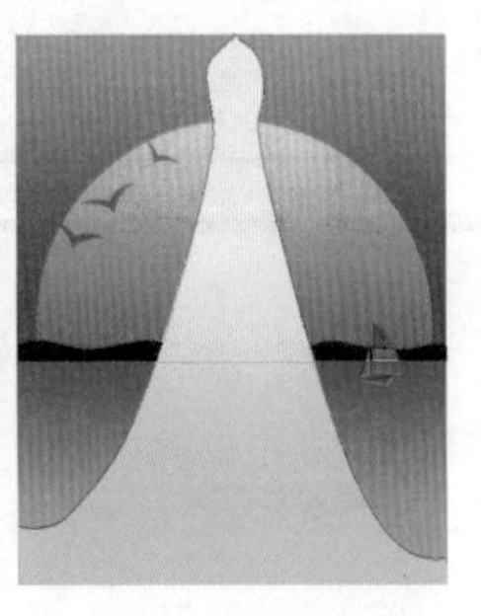

图 9.68　　图 9.69

提示

本步“渐变填充”对话框中，设置渐变类型为从#fbf7a8到#adcf0d。

07 保持“渐变填充 3”的路径处于选中状态，选择钢笔工具，在其工具选项栏中选择“减去顶层形状”选项，在塔形形状的下方绘制小溪的路径，得到的效果如图 9.70 所示。为该图层添加“描边”图层样式后的最终效果及“图层”面板如图 9.71 所示。

图 9.70

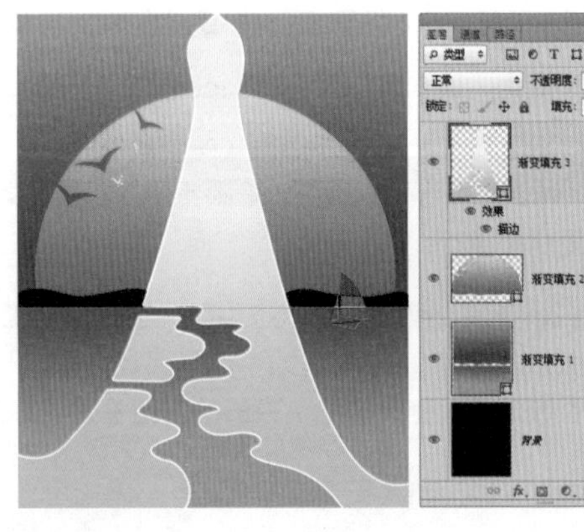

图 9.71

第 10 章　前往创意圣堂的必经之路——混合功能

10.1　壮哉！混合模式六大悍将

图层的混合模式是与图层蒙版同等重要的核心功能。在 Photoshop 中，提供了多达 27 种图层混合模式，下面就对各个混合模式及相关操作进行讲解。

在 Photoshop 中，混合模式知识非常重要，几乎每一种绘画与编辑调整工具都有混合模式选项，而在“图层”面板中，混合模式更占据着重要的位置。正确、灵活地运用混合模式，往往能够创造出丰富的图像效果。

由于工具箱中的绘图工具如画笔工具、铅笔工具、仿制图章工具等，与编辑类工具如加深工具、减淡工具所具有的混合模式选项，与图层混合模式选项完全相同，且混合模式在图层中的应用非常广泛，故在此重点讲解混合模式在图层中的应用。

单击图层混合模式右边双向三角按钮 ⇕，将弹出混合模式下拉列表，其中有 27 种不同效果的混合模式。

10.1.1　正常类混合模式

1. 正常

选择此选项，上、下图层间的混合与叠加关系依据上方图层的“不透明度”及“填充”数值而定。如果设置上方图层的“不透明度”数值为 100%，则完全覆盖下方图层；随着“不透明度”数值的降低，下方图层的显示效果会越来越清晰。

2. 溶解

此混合模式用于当图层中的图像出现透明像素的情况下，依据图像中透明像素的数量显示出颗粒化效果。

10.1.2　变暗类混合模式

1. 变暗

选择此混合模式，Photoshop 将对上、下两层图像的像素进行比较，以上方图层中的较暗像素代替下方图层中与之相对应的较亮像素，且下方图层中的较暗像素代替上方图层中的较亮像素，因此叠加后整体图像变暗。

图 10.1 所示为设置图层混合模式为“正常”时的图像叠加效果。图 10.2 所示为将上方图层的混合模式改为“变暗”后得到的效果。

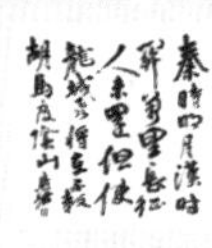

图 10.1

图 10.2

可以看出，上方图层中较暗的书法字及印章全部显示出来，而背景中的白色区域则被下方图层中的图像所代替。

2. 正片叠底

选择此混合模式，Photoshop 将上、下两层中的颜色相乘并除以 255，最终得到的颜色比上、下两个图层中的颜色都要暗一些。在此混合模式中，使用黑色描绘能够得到更多的黑色，而使用白色描绘则无效。

图 10.3 所示为原图像及对应的“图层”面板。图 10.4 所示为将“图层 1”的混合模式改为“正片叠底”后的效果及对应的“图层”面板。

图 10.3

图 10.4

3. 颜色加深

此混合模式可以加深图像的颜色，通常用于创建非常暗的阴影效果，或者降低图像局部的亮度，如图 10.5 所示。

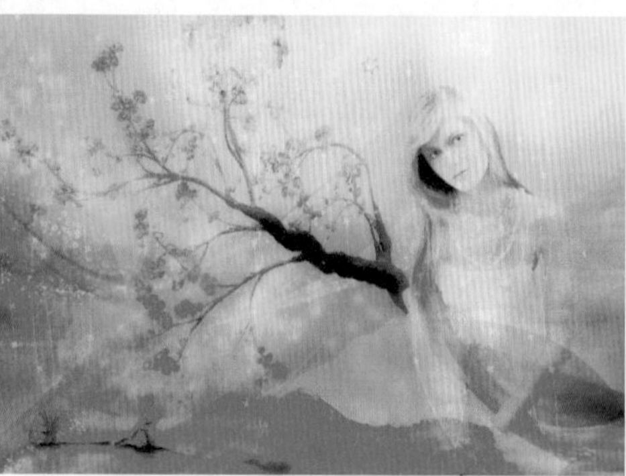

图 10.5

4. 线性加深

查看每一个颜色通道的颜色信息，加暗所有通道的基色，并通过提高其他颜色的亮度来反映混合颜色。此混合模式对于白色无效。

图 10.6 所示为将“图层 1”的混合模式改为“线性加深”后的效果，及对应的“图层”面板。

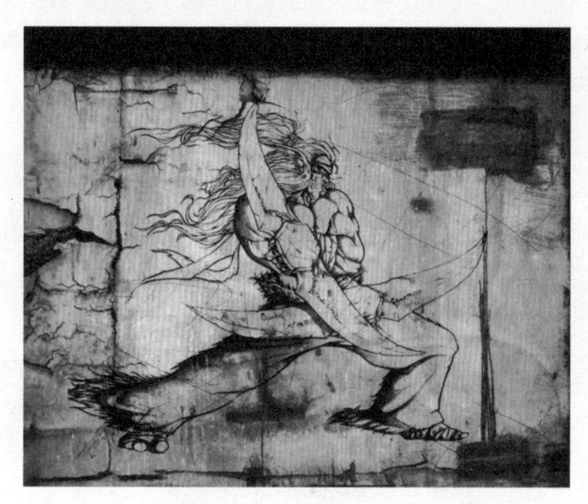

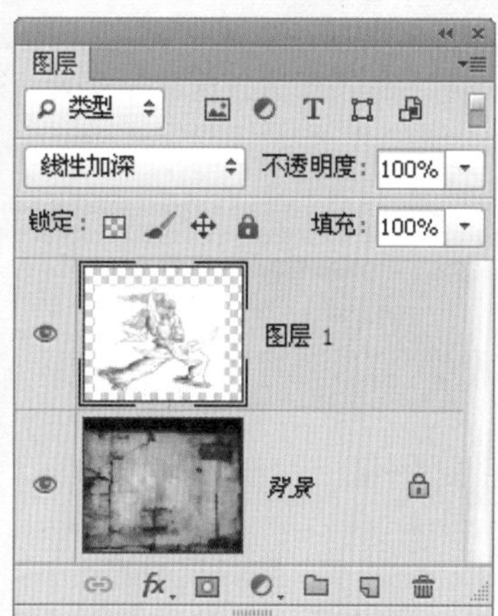

图 10.6

5. 深色

选择此混合模式，可以依据图像的饱和度，使用当前图层中的颜色直接覆盖下方图层中暗调区域的颜色。

10.1.3 变亮类混合模式

1. 变亮

选择此混合模式时，Photoshop 以上方图层中的较亮像素代替下方图层中与之相对应的较暗像素，且下方图层中的较亮像素代替上方图层中的较暗像素，因此叠加后整体图像呈亮色调。

2. 滤色

选择此混合模式，在整体效果上显示出由上方图层及下方图层中较亮像素合成的图像效果，通常用于显示下方图层中的高光部分。

图 10.7 所示为应用“滤色”混合模式后的效果。可以看出，此混合模式将上方图层中亮调区域的图像很好地显示了出来。

图 10.7

3. 颜色减淡

选择此混合模式，可以生成非常亮的合成效果，其原理为将上方图层的像素值与下方图层的像素值以一定的算法进行相加。此混合模式通常被用来制作光源中心点极亮的效果。

图 10.8 所示为将图像使用此模式叠加在一起后的效果及“图层”面板。

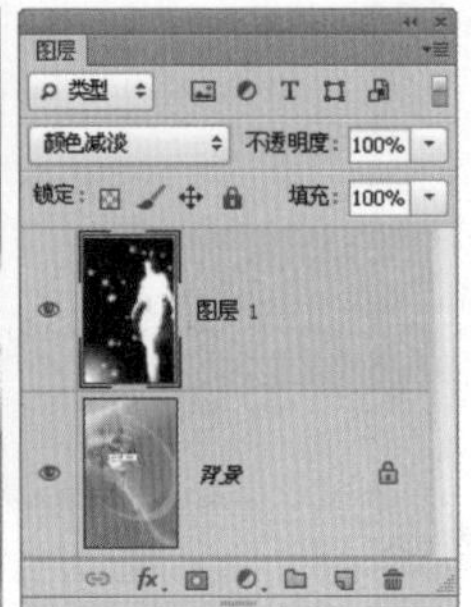

图 10.8

4. 线性减淡（添加）

此混合模式基于每一个颜色通道的颜色信息来加亮所有通道的基色，并通过降低其他颜色的亮度来反映混合颜色。此混合模式对于黑色无效。图 10.9 所示为将“图层 1”的混合模式设置为“线性减淡（添加）”后的效果。

图 10.9

5. 浅色

与“深色”混合模式刚好相反，选择此混合模式，可以依据图像的饱和度，使用当前图层中的颜色直接覆盖下方图层中高光区域的颜色。

融合类混合模式

1. 叠加

选择此混合模式，图像的最终效果取决于下方图层中的图像内容，但上方图层中的明暗对比效果也直接影响到整体效果，叠加后下方图层中的亮调区域与暗调区域仍被保留。

图 10.10 所示为原图像。图 10.11 所示为在此图像所在图层上添加了一个颜色值为 #fdf400 的图层，并选择“叠加”混合模式后的效果及对应的“图层”面板。

图 10.10

图 10.11

2. 柔光

使用此混合模式时，Photoshop 将根据上、下图层中的图像内容，使整体图像的颜色变亮或者变暗，变化的具体程度取决于像素的明暗程度。如果上方图层中的像素比 50% 灰度亮，则图像变亮；反之，则图像变暗。

此混合模式常用于刻画场景以加强视觉冲击力。图 10.12 所示为原图像，图 10.13 所示为设置“图层 1”的混合模式为“柔光”时的效果及对应的“图层”面板。

图 10.12

图 10.13

3. 强光

此混合模式的叠加效果与“柔光”类似，但其加亮与变暗的程度较“柔光”混合模式强烈许多。图 10.14 所示为设置“强光”混合模式时的效果。

图 10.14

4. 亮光

选择此混合模式时，如果混合色比 50%灰度亮，则通过降低对比度来使图像变亮；反之，通过提高对比度来使图像变暗。

5. 线性光

选择此混合模式时，如果混合色比 50%灰度亮，则通过提高对比度来使图像变亮；反之，通过降低对比度来使图像变暗。

6. 点光

此混合模式通过置换颜色像素来混合图像，如果混合色比 50%灰度亮，比原图像暗的像素会被置换，而比原图像亮的像素则无变化；反之，比原图像亮的像素会被置换，而比原图像暗的像素无变化。

7. 实色混合

选择此混合模式，可以创建一种具有较硬边缘的图像效果，类似于多块实色相混合。图 10.15 所示为原图像。复制图层“背景”，得到图层“背景拷贝”，设置其混合模式为“实色混合”，“填充”数值为 40%，再复制图层，得到图层“背景拷贝 2”，设置其混合模式为“颜色”，“填充”数值为 100%，最终图像效果及对应的“图层”面板如图 10.16 所示。

图 10.15

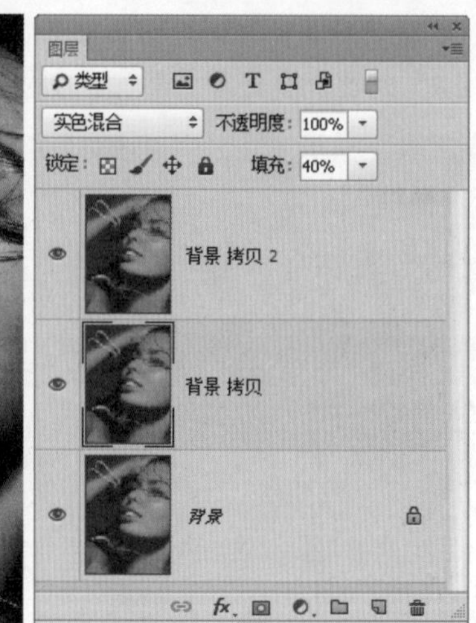

图 10.16

10.1.5 异像类混合模式

1. 差值

选择此混合模式，可以从上方图层中减去下方图层中相应处像素的颜色值。原图像及对应的“图层”面板如图 10.17 所示。新建一个图层，设置前景色为黑色，背景色的颜色值为 #850000，应用“云彩”滤镜并添加图层蒙版进行涂抹，然后设置图层的混合模式为“差值”，其效果及对应的“图层”面板如图 10.18 所示。

图 10.17

图 10.18

2. 排除

选择此混合模式，可以创建一种与“差值”混合模式相似但对比度较低的效果。

3. 减去

选择此混合模式，可以使用上方图层中亮调的图像隐藏下方的内容。

4. 划分

选择此混合模式，可以在上方图层中加上下方图层相应处像素的颜色值，通常用于使图像变亮。

10.1.6 色彩类混合模式

1. 色相

选择此混合模式，最终图像的像素值由下方图层的亮度值与饱和度值及上方图层的色相值构成。

图 10.19 所示为使用此模式前的原图像，“图层 1”为增加的一个填充为红色的图层，图 10.20 所示为将“图层 1”的混合模式设置为“色相”后的效果及对应的“图层”面板。除了填充实色外，如果需要改变图像局部的颜色，则可以尝试增加具有渐变效果的图层与局部有填充色的图层。

图 10.19

图 10.20

2. 饱和度

选择此混合模式，最终图像的像素值由下方图层的亮度值与色相值及上方图层的饱和度值构成。

图 10.21 所示为原图像。增加一个“不透明度”数值为 30% 的黄色填充图层，将该图层的混合模式改为“饱和度”，效果如图 10.22 所示。将“不透明度”数值提高为 80%，同样设置该图层的混合模式为“饱和度”，效果如图 10.23 所示。

图 10.21

图 10.22

图 10.23

可以看出，设置“不透明度”数值为 30% 时，最终图像的饱和度明显降低；而当设置“不透明度”数值为 80% 时，最终图像的饱和度明显提高。

3. 颜色

选择此混合模式，最终图像的像素值由下方图层的亮度值及上方图层的色相值与饱和度值构成。

图 10.24 所示为原图像。增加一个填充颜色值为 #b09c83 的图层，将该图层的混合模式改为“颜色”，其效果及对应的“图层”面板如图 10.25 所示。

图 10.24

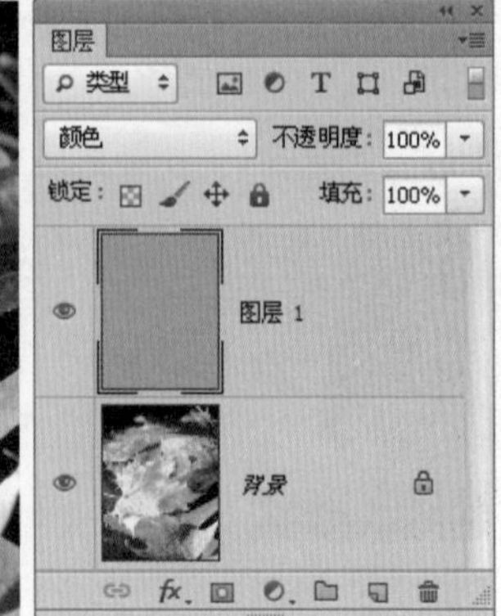

图 10.25

4. 明度

选择此混合模式，最终图像的像素值由下方图层的色相值与饱和度值及上方图层的亮度值构成。

10.2 创意融合大师之一——剪贴蒙版

Photoshop 提供了一种被称为剪贴蒙版的技术，来创建以一个图层控制另一个图层显示形状及透明度的效果。

剪贴蒙版实际上是一组图层的总称，它由基底图层和内容图层组成，如图 10.26 所示。在一个剪贴蒙版中，基底图层只能有一个且位于剪贴蒙版的底部，而内容图层则可以有很多个，且每个内容图层前面都会有一个图标。

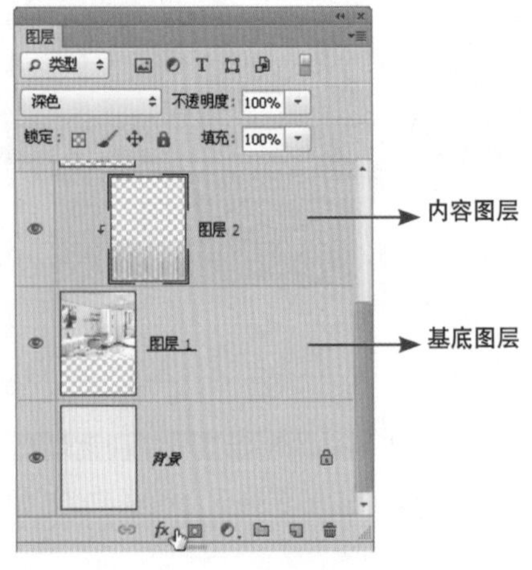

图 10.26

剪贴蒙版可以由多种类型的图层组成，如文字图层、形状图层，以及在后面将讲解到的调整图层等，它们都可以用来作为剪贴蒙版中的基底图层或者内容图层。

使用剪贴蒙版能够定义图像的显示区域。图 10.27 所示为原图像及对应的“图层”面板。图 10.28 所示为创建剪贴蒙版后的图像效果及对应的“图层”面板。

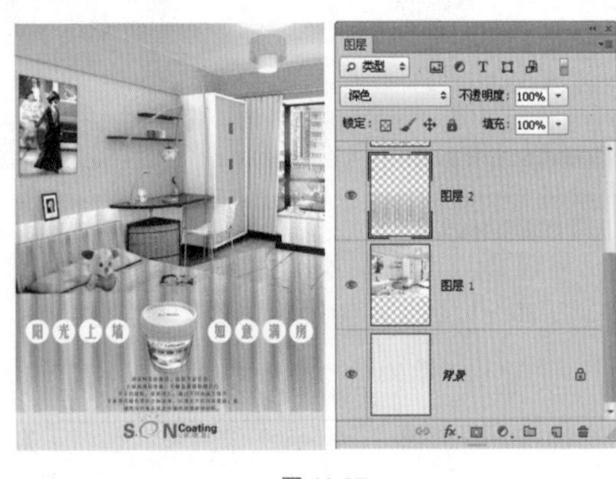

图 10.27

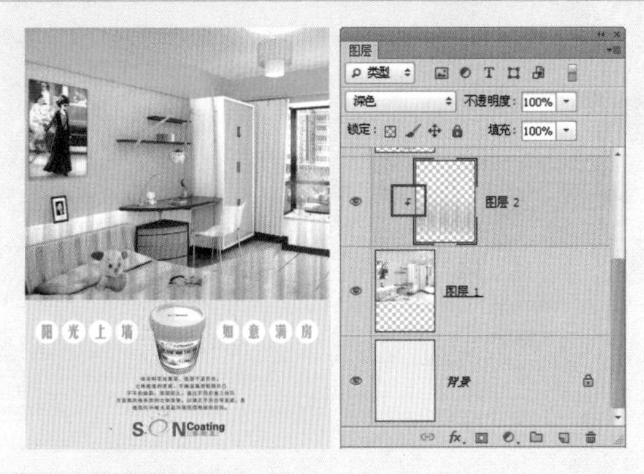

图 10.28

10.2.1 创建剪贴蒙版

要创建剪贴蒙版，可以执行以下操作之一。

(1) 执行“图层”|“创建剪贴蒙版”|命令。

(2) 在选择了内容图层的情况下，按 Alt+Ctrl+G 键创建剪贴蒙版。

(3) 按住 Alt 键，将鼠标指针放置在基底图层与内容图层之间，当鼠标指针变为形状时单击鼠标左键。

(4) 如果要在多个图层间创建剪贴蒙版，可以选中内容图层，并确认该图层位于基层的上方，按照上述方法执行“创建剪贴蒙版”命令即可。

在创建剪贴蒙版后，仍可以为各图层设置混合模式、不透明度，以及在后面将讲解到的图层样式等。只有在两个连续的图层之间才可以创建剪贴蒙版。

创建剪贴蒙版后，可以通过移动内容图层，在基底图层界定的显示区域内显示不同的图像效果。图 10.29 所示为原图像。图 10.30 所示是移动内容图层后的效果。如果移动的是基底图层，则会使内容图层中显示的图像相对于画布的位置发生变化，如图 10.31 所示。

图 10.29

图 10.30

图 10.31

10.2.2 剪贴蒙版的图层属性

图层的混合模式对剪贴蒙版的整体效果也具有非常大的影响，图 10.32 所示为原图像及对应的“图层”面板。

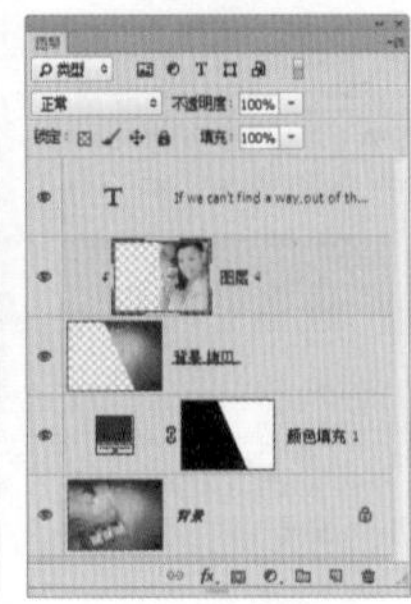

图 10.32

图 10.33 所示为改变内容图层混合模式后的效果。图 10.34 所示为改变基底图层混合模式后的效果。

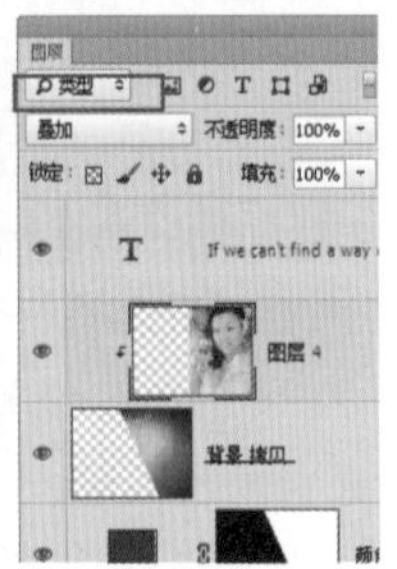

图 10.33

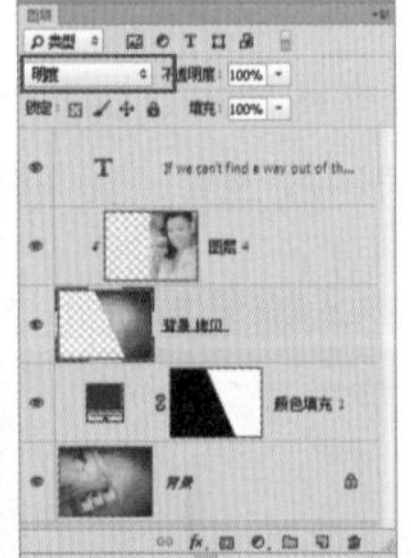

图 10.34

图层的不透明度可以影响剪贴蒙版整体效果的显示强弱。

如果降低基底图层的“不透明度”数值，则会使剪贴蒙版的整体显示效果变弱、变透明，如图 10.35 所示。

(a) 改变基底图层的“不透明度”数值为 70%

(b) 改变基底图层的“不透明度”数值为 25%

图 10.35

但如果降低内容图层的“不透明度”数值，则仅限制此内容图层的显示效果，不会影响其他内容图层及基底图层的显示效果，如图 10.36 所示。

(a) 改变内容图层的“不透明度”数值为 70%

(b) 改变内容图层的“不透明度”数值为 25%

图 10.36

10.2.3 取消剪贴蒙版

如果要取消剪贴蒙版，可以执行以下操作之一。

（1）按住 Alt 键，将鼠标指针放置在“图层”面板中两个编组图层的分隔线上，当鼠标指针变为形状时单击分隔线。

（2）在“图层”面板中选择内容图层中的任意一个图层，执行“图层”|“释放剪贴蒙版”命令。

（3）选择内容图层中的任意一个图层，按 Alt+Ctrl+G 键。

10.3 创意融合大师之二——图层蒙版

可以简单地将图层蒙版理解为：与图层捆绑在一起、用于控制图层中图像的显示与隐藏的蒙版，且此蒙版中装载的全部为灰度图像，并以蒙版中的黑、白图像来控制图层缩览图中图像的隐藏或显示。

10.3.1 添加图层蒙版

在 Photoshop 中有很多种添加图层蒙版的方法。可以根据不同的情况来决定使用哪种方法最为简单、恰当。下面就分别讲解各种操作方法。

1. 直接添加图层蒙版

要直接为图层添加图层蒙版，可以使用下面的操作方法之一。

（1）选择要添加图层蒙版的图层，单击“图层”面板底部的“添加图层蒙版”按钮或者执行“图层”|“图层蒙版”|“显示全部”命令，可以为图层添加一个默认填充为白色的图层蒙版，即显示全部图像，如图 10.37 所示。

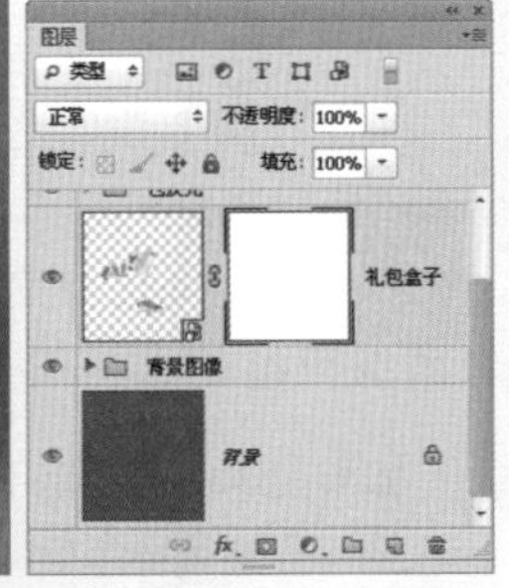

图 10.37

（2）选择要添加图层蒙版的图层，按住 Alt 键，单击“图层”面板底部的“添加图层蒙版”按钮，或者执行“图层”|“图层蒙版”|“隐藏全部”命令，可以为图层添加一个默认填充为黑色的图层蒙版，即隐藏全部图像，如图 10.38 所示。

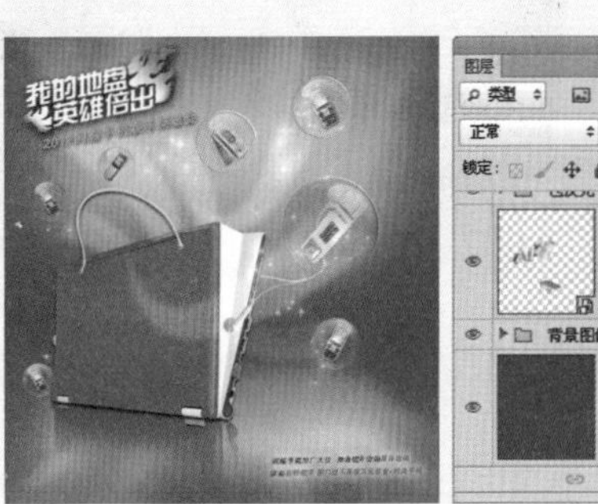

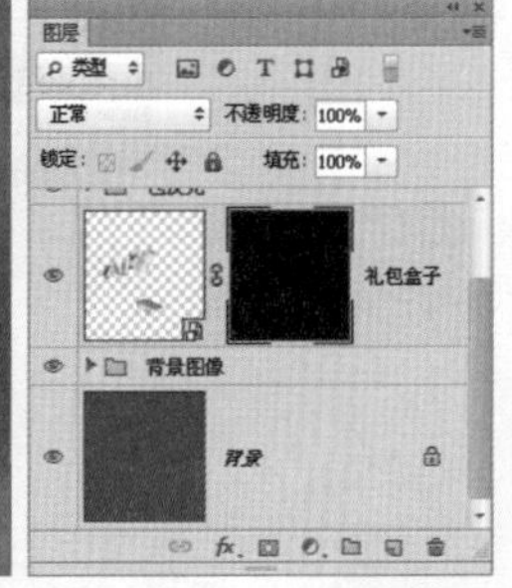

图 10.38

2. 利用选区添加图层蒙版

如果当前图像中存在选区，可以利用该选区添加图层蒙版，并决定添加图层蒙版后是显示还是隐藏选区内部的图像。可以按照以下操作之一来利用选区添加图层蒙版。

（1）依据选区范围添加图层蒙版：选择要添加图层蒙版的图层，在“图层”面板底部单击“添加图层蒙版”按钮，即可依据当前选区的选择范围为图像添加图层蒙版。以图 10.39 所示的选区状态为例，添加图层蒙版后的状态如图 10.40 所示。

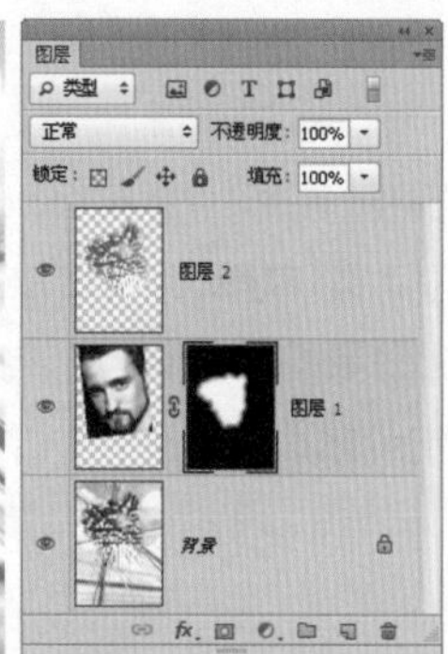

图 10.39　　　　图 10.40

（2）依据与选区相反的范围添加图层蒙版：按住 Alt 键，在“图层”面板底部单击“添加图层蒙版”按钮 ，即可依据与当前选区相反的范围为图层添加图层蒙版，此操作的原理是先对选区执行“反向”命令，再为图层添加图层蒙版，效果如图 10.41 所示，此时的图层蒙版状态如图 10.42 所示。

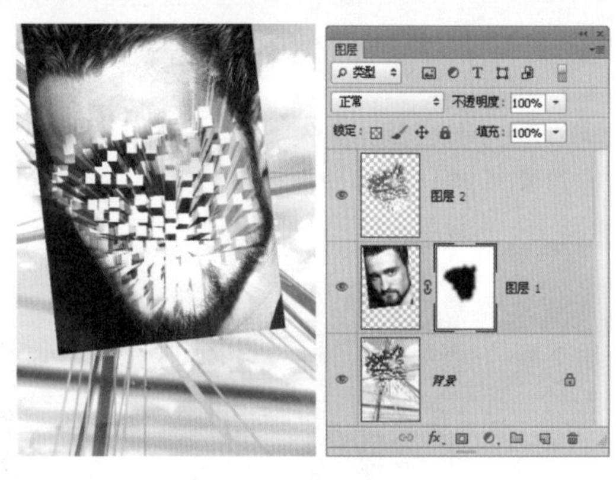

图 10.41

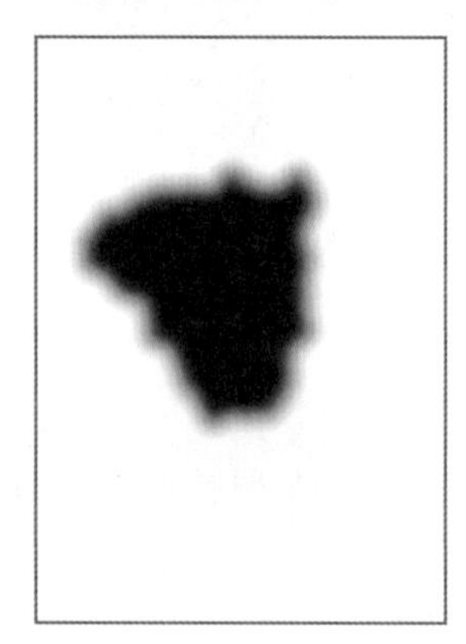

图 10.42

 10.3.2 编辑图层蒙版

添加图层蒙版只是完成了应用图层蒙版的第一步，要使用图层蒙版还必须对图层蒙版进行编辑，这样才能取得所需的效果。编辑图层蒙版的操作步骤如下。

01 单击“图层”面板中的图层蒙版缩览图，以将其激活。

> **提示**
>
> 虽然步骤 1 看上去非常简单，但却是初学者甚至是 Photoshop 老手在工作中最容易犯错的地方，如果没有激活图层蒙版，则当前操作就是在图层图像中，在这种状态下无论是使用黑色还是白色进行涂抹操作，对于图像本身都是破坏性操作。

02 选择任何一种编辑或绘画工具，按照下述准则进行编辑。

- 如果要隐藏当前图层，用黑色在蒙版中绘图。
- 如果要显示当前图层，用白色在蒙版中绘图。
- 如果要使当前图层部分可见，用灰色在蒙版中绘图。

03 如果要编辑图层而不是编辑图层蒙版，单击“图层”面板中该图层的缩览图以将其激活。

> **提示**
>
> 如果要将一幅图像粘贴至图层蒙版中，按住 Alt 键单击图层蒙版缩览图，以显示蒙版，然后选择“编辑”|“粘贴”命令，或按 Ctrl+V 键执行粘贴操作，即可将图像粘贴至蒙版中。

10.3.3 隐藏图层蒙版

在图层蒙版存在的状态下，只能观察到未被图层蒙版隐藏的部分图像，因此不利于对图像进行编辑。在此情况下，可以执行下面的操作之一，以完成停用/启用图层蒙版的操作。

（1）在“属性”面板底部单击“停用/启用蒙版”按钮，此时该图层蒙版缩览图中将出现一个“×”，如图10.43所示，表示停用图层蒙版；再次单击该按钮，即可重新启用图层蒙版。

图10.43

（2）按住Shift键，单击图层蒙版缩览图，可以暂时停用图层蒙版效果；再次按住Shift键，单击图层蒙版缩览图，即可重新启用图层蒙版效果。

10.3.4 取消图层与图层蒙版的链接

默认情况下，图层与图层蒙版保持链接状态，即图层缩览图与图层蒙版缩览图之间存在图标。此时使用移动工具移动图层中的图像时，图层蒙版中的图像也会随其一起移动，从而保证图层蒙版与图层图像的相对位置不变。

如果要单独移动图层中的图像或者图层蒙版中的图像，可以单击两者间的图标以使其消失，然后即可独立地移动图层或者图层蒙版中的图像了。

10.3.5 更改图层蒙版的浓度

“属性”面板中的“浓度”滑块可以调整选定的图层蒙版或矢量蒙版的不透明度，其使用步骤如下所述。

由于本节讲解的操作同时适用于图层蒙版及矢量蒙版，故将其放在一起进行讲解，后面如有类似的情况，将不再说明。

01 在“图层”面板中，选择包含要编辑的蒙版的图层。

02 单击“属性”面板中的按钮或者按钮，以将其激活。

03 拖动“浓度”滑块，当其数值为100%时，蒙版完全不透明，并将遮挡住当前图层下面的所有图像效果。此数值越低，蒙版下的越多图像效果变得可见。

图10.44所示为原图像（素材图像为文件“第11章\11.3.5-素材.psd”），图10.45所示为在“属性”面板中将“浓度”数值降低时的效果，可以看出由于蒙版中黑色变成为灰色，因此被隐藏的图层中的图像也开始显现出来。

图10.44

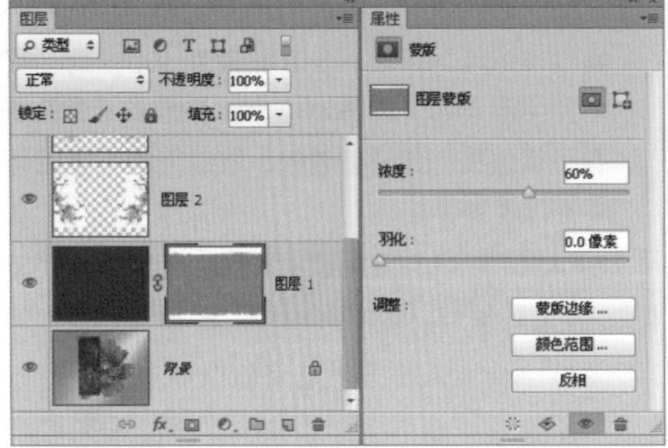

图 10.45

10.3.6 羽化蒙版边缘

可以使用“属性”面板中的“羽化”滑块直接控制蒙版边缘的柔化程度，而无需像以前那样再使用“模糊”滤镜对其进行操作，其使用步骤如下所述。

01 在“图层”面板中，选择包含要编辑的蒙版的图层。

02 单击“属性”面板中的按钮或者按钮以将其激活。

03 在“属性”面板中，拖动“羽化”滑块，将羽化效果应用至蒙版的边缘，使蒙版边缘在蒙住和未蒙住区域间创建较柔和的过渡。

图 10.46 所示为原图像（素材图像为文件“第10章\10.3.6-素材.psd”）。图 10.47 所示为在“属性”面板中将“羽化”数值提高后的效果。可以看出，蒙版边缘发生了柔化。

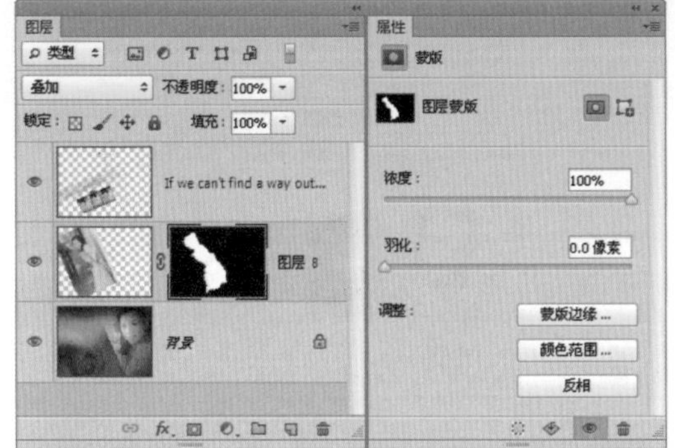

图 10.46

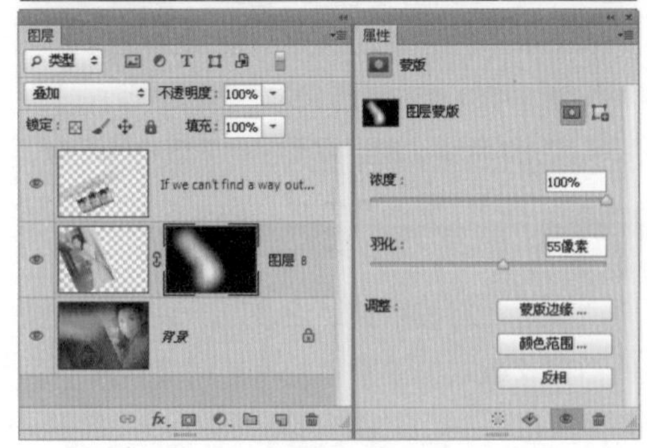

图 10.47

提示

在 CS4 版本之前，无法对矢量蒙版所控制的图层执行柔化边缘的操作，除非将矢量蒙版转换为像素蒙版。

10.3.7 应用、删除图层蒙版

应用图层蒙版，可以将图层蒙版中黑色区域对应的图像像素删除，白色区域对应的图像像素保留，灰色过渡区域所对应的部分图像像素删除以得到一定的透明效果，从而保证图像效果在应用图层蒙版前后不会发生变化。要应用图层蒙版，可以执行以下操作之一。

(1) 在“属性”面板底部单击“应用蒙版”按钮。

(2) 执行“图层”|“图层蒙版”|“应用”命令。

(3) 在图层蒙版缩览图上单击鼠标右键，在弹出的菜单中选择“应用图层蒙版”命令。

如果不想对图像进行任何修改而直接删除图层蒙版，可以执行以下操作之一。

(1) 单击“属性”面板底部的“删除蒙版”按钮。

(2) 执行“图层”|“图层蒙版”|“删除”命令。

(3) 选择要删除的图层蒙版，直接按 Delete 键也可以将其删除。

(4) 在图层蒙版缩览图中单击鼠标右键，在弹出的菜单中选择“删除图层蒙版”命令。

10.4 创意融合大师之三——矢量蒙版

矢量蒙版是另一种用来控制图层中图像显示或者隐藏的方法。使用矢量蒙版，可以创建具有锐利边缘的蒙版效果。

由于图层蒙版具有位图特征，其清晰与细腻程度与图像分辨率有关；而矢量蒙版具有矢量特征，因此具有无限缩放等特点，这也是两种蒙版间最大的不同之处。

图 10.48 所示为添加矢量蒙版后的图像效果及对应的“图层”面板。

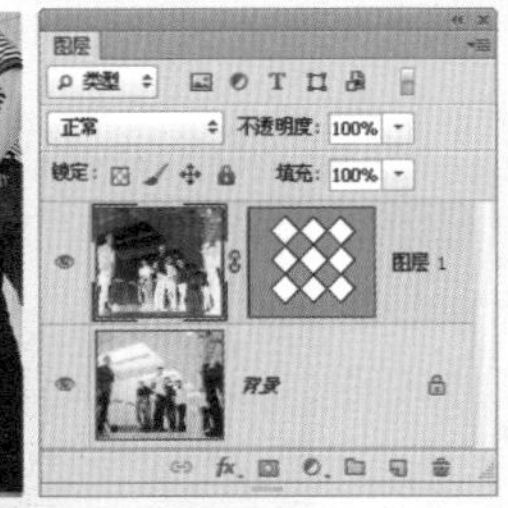

图 10.48

10.4.1 添加矢量蒙版

与添加图层蒙版一样，添加矢量蒙版同样能够得到两种不同的显示效果，即添加后完全显示图像及添加后完全隐藏图像。

在“图层”面板中选择要添加矢量蒙版的图层，执行“图层”|“矢量蒙版”|“显示全部”命令，或者按 Ctrl 键，单击“图层”面板底部的“添加图层蒙版”按钮，可以得到显示全部图像的矢量蒙版，此时的“图层”面板显示如图 10.49 所示。

如果执行“图层”|“矢量蒙版”|“隐藏全部”命令，或者按 Ctrl+Alt 键，单击“图层”面板底部的“添加图层蒙版”按钮，则可以得到隐藏全部图像的矢量蒙版，此时的“图层”面板显示如图 10.50 所示。

图 10.49

图 10.50

提示

观察图层矢量蒙版可以看出，隐藏图像的矢量蒙版表现为灰色而非黑色。另外，如果所选图层存在图层蒙版，此时可以在“属性”面板中单击按钮以添加矢量蒙版。

10.4.2 编辑矢量蒙版及删除矢量蒙版

由于在矢量蒙版中所绘制的图形实际上是一条或者若干条路径，因此可以根据需要使用路径选择工具、添加锚点工具等工具编辑矢量蒙版中的路径。

提示

当图层矢量蒙版中的路径处于显示状态时，无法通过按 Ctrl+T 键对图像进行变换操作，此操作将对矢量蒙版中的路径进行变换。

要删除矢量蒙版，可以执行下列操作方法之一。

（1）选择要删除的矢量蒙版，单击“属性”面板底部的“删除蒙版”按钮。

（2）执行“图层”|“矢量蒙版”|“删除”命令。

（3）选择要删除的矢量蒙版，直接按 Delete 键也可以将其删除。

（4）在要删除的矢量蒙版缩览图上单击鼠标右键，在弹出的快捷菜单中选择“删除矢量蒙版”命令。

提示

如果要删除矢量蒙版中的某一条或者某几条路径，可以使用工具箱中的路径选择工具将路径选中，然后按 Delete 键。

10.5 学而时习之——打造创意小星球效果

在本例中，将使用 Photoshop 合成一个非常具有创意的小星球效果，其方法较为简单，且掌握了其原理及操作方法后，可尝试为更多的图片进行相同的处理，以制作得到丰富的创意图像效果。

01 打开文件“第 10 章\10.5- 素材 .jpg”，如图 10.51 所示。

图 10.51

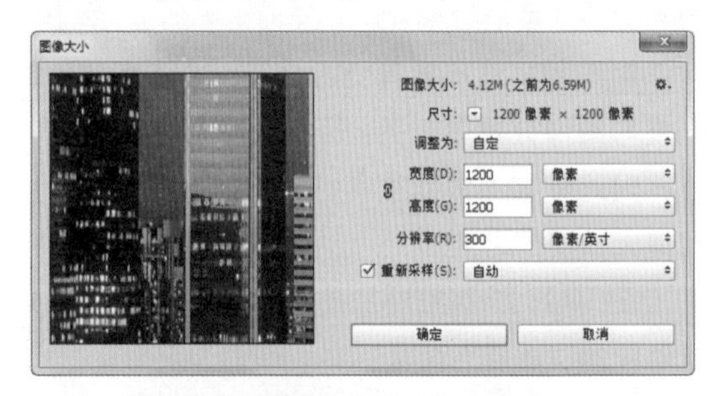

图 10.52

02 首先要将图像的宽度与高度调整为相同大小。选择“图像”|“图像大小”命令，在弹出的对话框中取消宽度与高度的约束，然后将宽度设置为 1200px，如图 10.52 所示，得到图 10.53 所示的效果。

图 10.53

03 选择“图像”|“图像旋转”|“180 度”命令，得到图 10.54 所示的效果。

图 10.54

04 选择“滤镜”|“扭曲”|“极坐标”命令，设置弹出的对话框如图 10.55 所示，得到图 10.56 所示的效果。

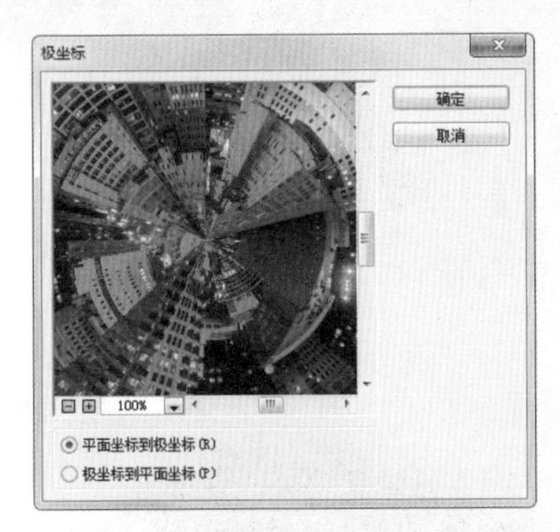

图 10.55

图 10.56

提示

此时已经初步得到的小星球的效果，但原图中靠近右侧的建筑由于缺少一部分，因此扭曲后的边缘较为生硬，且有残缺，下面就来解决这个问题。

05 按 Ctrl+J 键复制“背景”图层，得到“图层 1”，选择“编辑”|“变换”|“垂直翻转”命令，并向下移动图像，使建筑的边缘能够与残缺建筑相对齐，为便于观看，可暂时将“图层 1”的不透明度设置为 50%，图 10.57 所示。

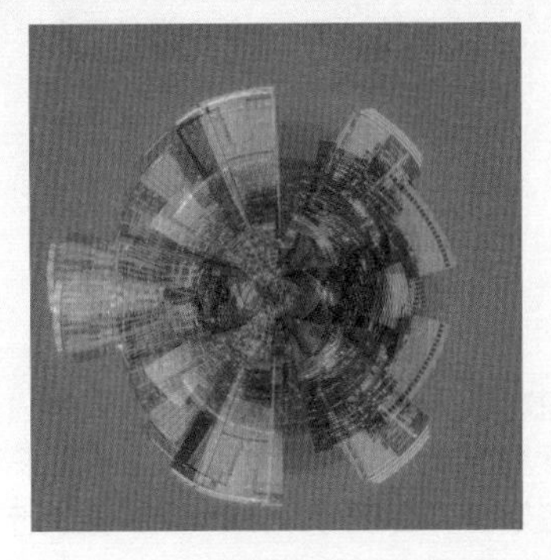

图 10.57

06 按住 Alt 键，单击“添加图层蒙版”按钮，为“图层 1”添加一个隐藏全部图像的图层蒙版，选择画笔工具，设置前景色为白色及适当的画笔大小，在残缺建筑的边缘位置涂抹，直至得到类似图 10.58 所示的效果，此时图层蒙版中的状态如图 10.59 所示，图 10.60 所示是仅显示“图层 1”时的状态。

图 10.58

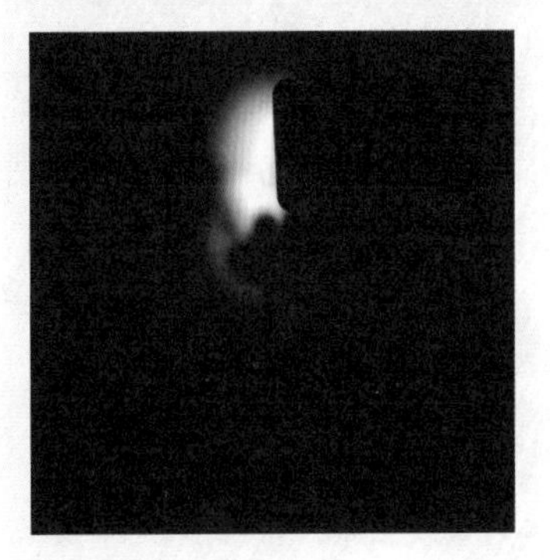

图 10.59

图 10.60

07 仔细观察图像边缘，会看到由于应用“极坐标”命令后，产生的放射状图像，下面来对其进行修正处理。按 Ctrl+Alt+Shift+E 键执行“盖印”操作，得到“图层 2”。

08 在“图层 2”上单击鼠标右键，在弹出的菜单中选择“转换为智能对象”命令，从而将其转换为智能对象图层。

09 选择“滤镜”|“模糊”|“径向模糊”命令，设置弹出的对话框如图 10.61 所示，得到图 10.62 所示的效果。

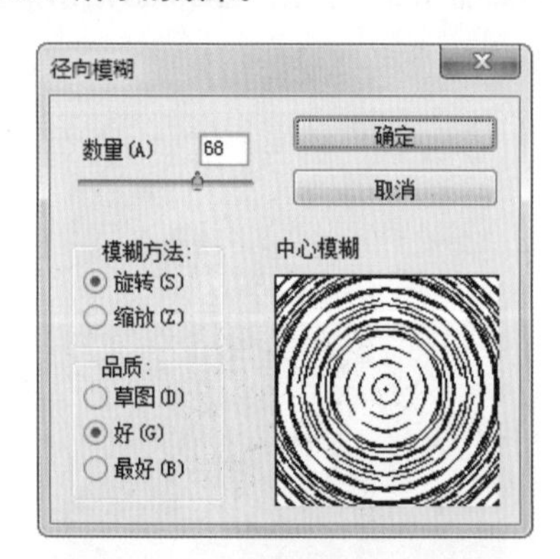

图 10.61

图 10.62

10 单击添加图层蒙版按钮为“图层 2”添加图层蒙版，设置前景色为黑色，选择画笔工具并设置适当的画笔大小及不透明度，在中心图像上涂抹以将其隐藏，从而只保留边缘的旋转模糊效果，如图 10.63 所示，此时蒙版中的状态如图 10.64 所示。

图 10.63

图 10.64

11 最后再调整整体的色彩。单击“创建新的填充或调整图层”按钮，在弹出的菜单中选择“曲线”命令，得到图层“曲线 1”，在“属性”面板中设置其参数，如图 10.65 所示，以调整图像的颜色及亮度，得到图 10.66 所示的效果，此时的“图层”面板图 10.67 所示。

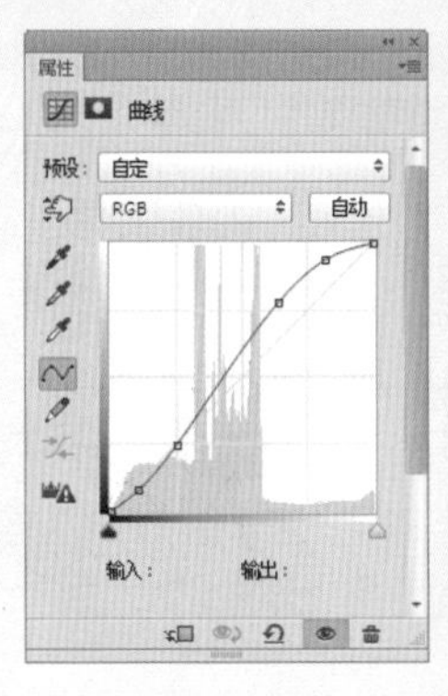

图 10.65

图 10.66

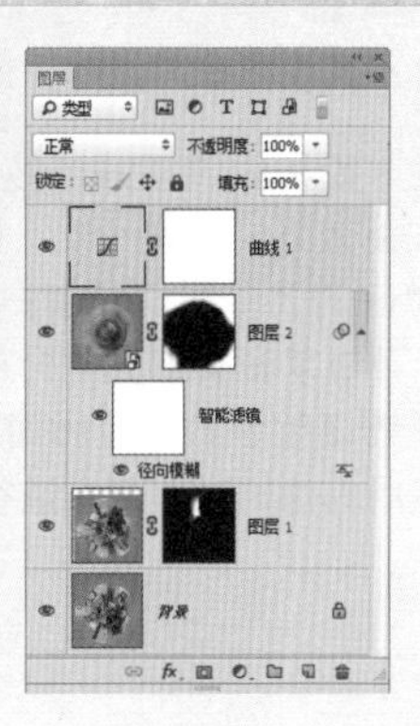

图 10.67

10.6 学而时习之——创意多重曝光艺术合成

在本例中，将使用 Photoshop 软件来模拟多重曝光创意合成效果。在制作过程中，主要是以相机中常见的“相加”原理为基础进行处理，具体来说，是使用 Photoshop 中具有相似原理的“滤色”混合模式进行图像的融合，并配合图层蒙版，对图像进行显示与隐藏的控制。当然，其间必然少不了使用各种调整功能，进行亮度、色彩方面的处理。

使用 Photoshop 软件来模拟多重曝光创意摄影的步骤如下。

01 打开文件“第 10 章\10.6- 素材 1.jpg”，如图 10.68 所示。

图 10.68

02 打开文件“第 10 章\10.6- 素材 2.jpg”，如图 10.69 所示。使用移动工具将其拖至上一步素材的图片中，同时得到“图层 1”。

图 10.69

03 “图层 1”中的图像比背景要大，因此首先要将其缩小。选择“图层 1”并按 Ctrl+T 键调出自由变换控制框，按住 Alt+shift 键向中心拖动右上角的控制句柄，以将其缩小至与画幅基本相同即可。按 Enter 键确认变换操作。

04 设置“图层 1”的混合模式为“滤色”，使其中的图像与下方图像进行混合，得到图 10.70 所示的效果。

图 10.70

05 通过上一步的混合，已经基本制作得到多重曝光的效果。在本例中，是要将整体调整为单色效果，因此在得到基本的效果后，首先来对整体的色彩进行调整。首先，单击“图层”面板中的“创建新的填充或调整图层”按钮，在弹出的菜单中选择“黑白”命令，在接下来弹出的“属性”

面板中设置其该命令的参数，如图 10.71 所示。

06 在“属性”面板中调整好参数后，即可将照片处理为灰度效果，如图 10.72 所示。并创建得到一个对应的调整图层“黑白 1”，在有需要的时候，可以双击其缩览图，在弹出的“属性”面板中继续调整参数，在后面的操作中，我们将继续使用其他的调整图层进行调整处理。

图 10.71

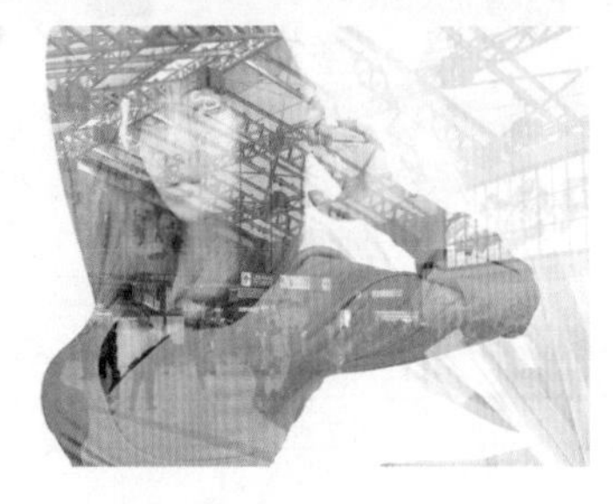

图 10.72

07 按照第 5 步的方法，再创建“色阶”调整图层。在弹出的“属性”面板中设置参数，如图 10.73 所示，得到图 10.74 所示的效果，同时创建得到调整图层“色阶 1”。

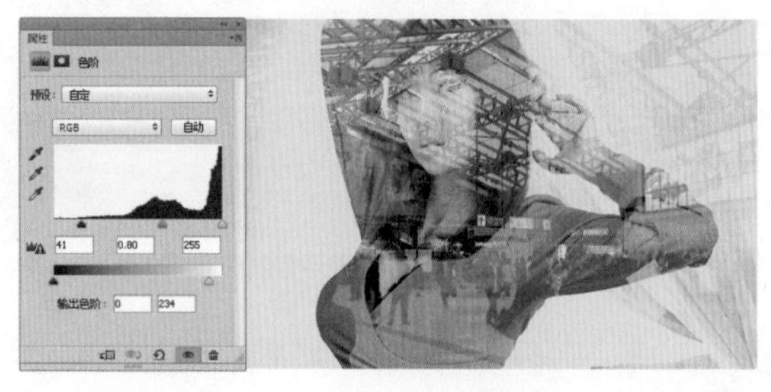

图 10.73　　图 10.74

08 按照第 5 步的方法，再创建“色彩平衡”调整图层，分别选择“阴影”和“中间调”选项并设置参数，如图 10.75 和图 10.76 所示，得到图 10.77 所示的效果，同时得到调整图层“色彩平衡 1”。

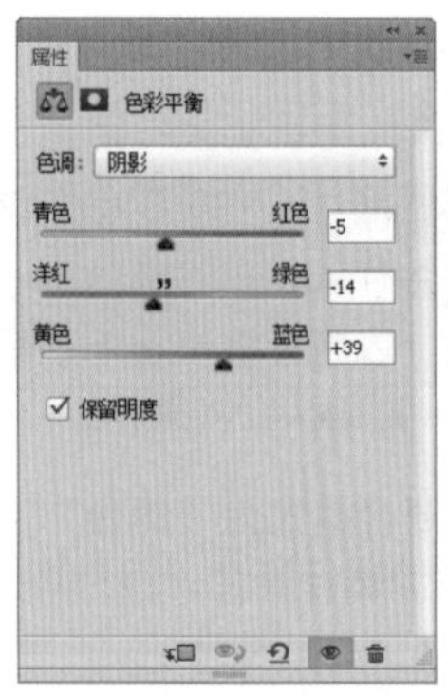

图 10.75

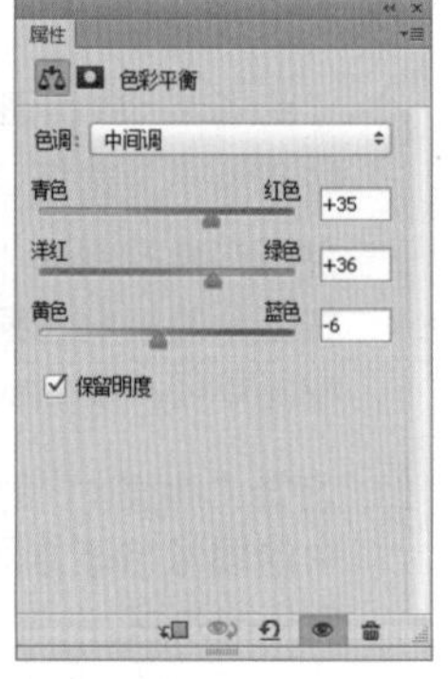
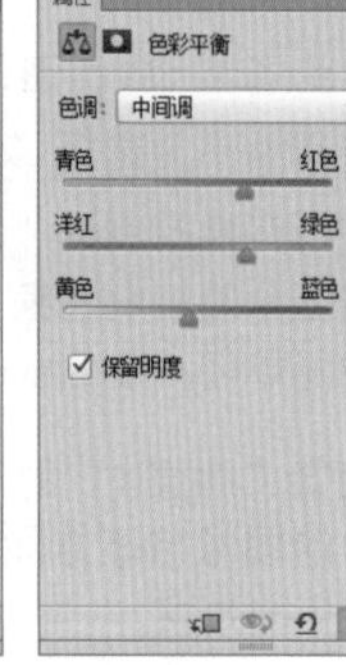

图 10.76

图 10.77

09 至此，图像整体的色调已经基本调整完成，下面来针对人像进行调整，隐藏其上方的错杂的图像。选择“图层 1”，并单击“图层”面板底部的“添加图层蒙版”按钮为其添加图层蒙版。

10 选择画笔工具，在图像中单击鼠标右键，在弹出的菜单中选择设置画笔的大小硬度，也可以在工具选项中进行设置，如图 10.78 所示。

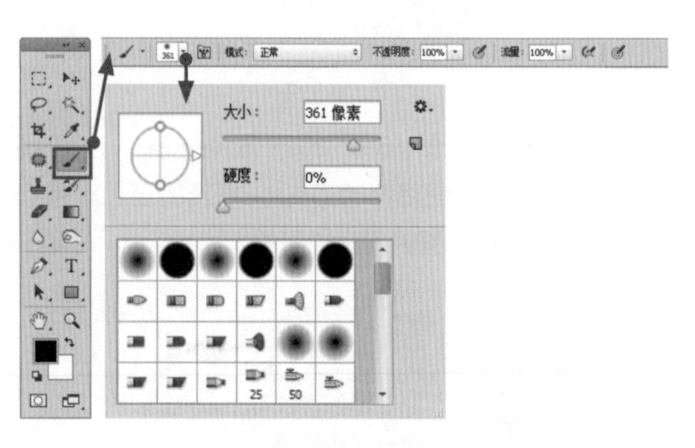

图 10.78

11 选中“图层 1”的图层蒙版，按 D 键恢复默认的前景色与背景色，再按 X 键交换前景色与背景色，使前景色变为黑色，然后在人物以外的区域进行涂抹，直至得到图 10.79 所示的效果，对应的“图层”面板如图 10.80 所示。

图 10.79

图 10.80

12 此时按 Alt 键单击“曲线 1”的图层蒙版，可进入其编辑状态，如图 10.81 所示，再次按 Alt 键单击可退出。

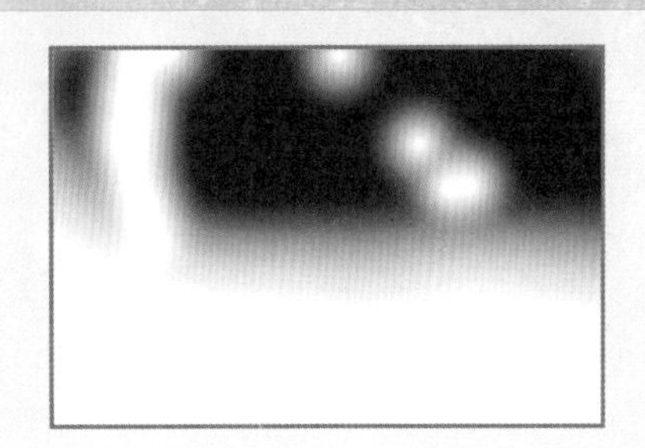

图 10.81

13 下面继续调整“图层 1”中图像的亮度，使之与人物融合得更好。按照第 5 步的方法，创建“曲线 1”调整图层，按 Ctrl+Alt+G 键创建剪贴蒙版，并设置其参数，如图 10.82 所示，以调整其中图像的亮度，如图 10.83 所示。

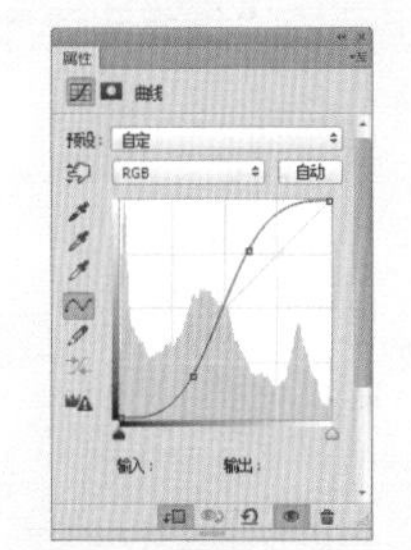

图 10.82

图 10.83

14 下面来加入并处理另外 2 幅图像，以丰富照片上半部分的细节。打开文件“第 10 章\10.6- 素材 3.jpg”和“10.6- 素材 4.jpg”，按照前面讲解的方法，将其移至多重曝光图像文件中，并置于“曲线 1”的上方，然后结合“滤色”混合模式、图层蒙版，对图像进行融合处理即可，如图 10.84 所示，完成后的最终效果如图 10.85 所示。

图 10.84

图 10.85

第 11 章　特效之王——图层样式

11.1　十大图层样式面面观

简单地说，“图层样式”就是一系列能够为图层添加特殊效果，如浮雕、描边、内发光、外发光、投影的命令。下面分别介绍一下各个图层样式的使用方法。

11.1.1 了解“图层样式”对话框

在“图层样式”对话框中共集成了 10 种各具特色的图层样式，但该对话框的总体结构大致相同，在此以图 11.1 所示的“斜面和浮雕”图层样式参数设置为例，讲解“图层样式”对话框的大致结构。

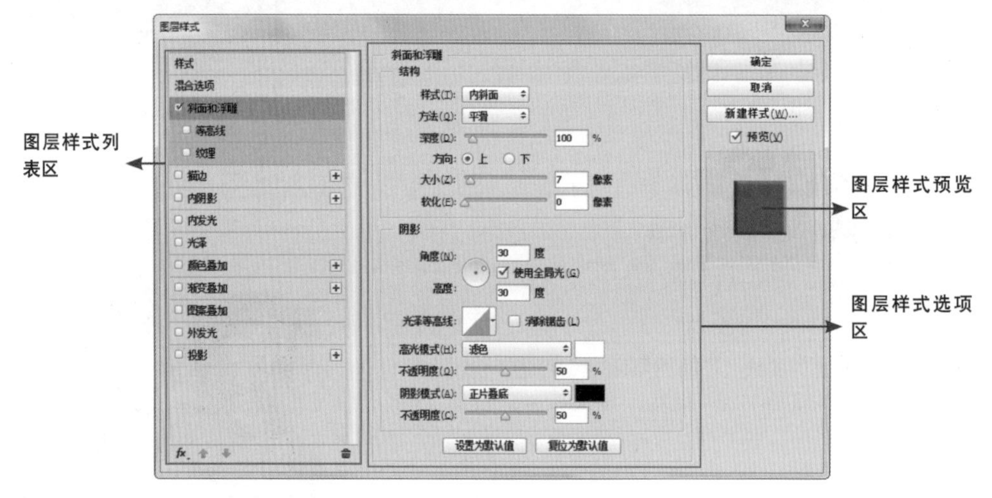

图 11.1

可以看出，“图层样式”对话框在结构上分为以下 3 个区域。

- 图层样式列表区：在该区域中列出了所有图层样式，如果要同时应用多个图层样式，只需要勾选图层样式名称左侧的选框即可；如果要对某个图层样式的参数进行编辑，直接单击该图层样式的名称，即可在对话框中间的选区显示出其参数设置。用户还可以将其中部分图层样式进行叠加处理，其相关讲解请参见本章第 11.2.5 节。
- 图层样式选区：在选择不同图层样式的情况下，该区域会即时显示出与之对应的参数设置。
- 图层样式预览区：在该区域中可以预览当前所设置的所有图层样式叠加在一起时的效果。
- 设置为默认值、复位为默认值：前者可以将当前的参数保存成为默认的数值，以便后面应用，而后者则可以复位到系统或之前保存过的默认参数。

下面分别讲解这些图层样式的使用方法。

11.1.2 “斜面和浮雕”图层样式

执行“图层”|“图层样式”|“斜面和浮雕”命令，或者单击“图层”面板底部的“添加图层样式”按钮 fx.，在弹出的菜单中选择“斜面和浮雕”命令，弹出“图层样式”对话框。使用“斜面和浮雕”图层样式，可以创建具有斜面或者浮雕效果的图像。

“斜面和浮雕”图层样式的参数释义如下。

- 样式：选择其中的各选项，可以设置不同的效果。在此分别选择“外斜面”、“内斜面”、“浮雕效果”、“枕状浮雕”、“描边浮雕”等选项，原图像及各选项所对应的效果如图 11.2 所示。

(a) 原图像

(b) 选择“外斜面”选项

(c) 选择“内斜面”选项

(d) 选择“浮雕效果”选项

(e) 选择“枕状浮雕”选项

(f) 选择“描边浮雕”选项

图 11.2

提示

在选择“描边浮雕”选项时，必须同时添加“描边”图层样式，否则将不会得到任何浮雕效果。在当前的示例中，将“描边”图层样式效果设置为 12 像素的红色描边。

- 方法：在其下拉菜单中可以选择“平滑”、“雕刻清晰”、“雕刻柔和”等选项，其对应的效果如图 11.3 所示。

(a) 选择“平滑”选项

(b) 选择“雕刻清晰 ”选项

(c) 选择“ 雕刻柔和 ”选项

图 11.3

- 深度：控制“斜面和浮雕”图层样式的深度。数值越大，效果越明显。图 11.4 所示是分别设置数值为 20%、100% 和 1000% 时得到的对比效果。

(a) 设置“深度”数值为 20%

(b) 设置“深度”数值为 100%

(c) 设置“深度”数值为 1000%

图 11.4

- 方向：在此可以选择“斜面和浮雕”图层样式的视觉方向。如果单击“上”单选按钮，在视觉上呈现凸起效果；如果单击“下”单选按钮，在视觉上呈现凹陷效果。图 11.5 所示是分别单击这两个单选按钮后所得到的对比效果。

(a) 单击“上”单选按钮

(b) 单击“下”单选按钮

图 11.5

▪ 软化：此参数控制“斜面和浮雕”图层样式亮调区域与暗调区域的柔和程度。数值越大，则亮调区域与暗调区域越柔和。

▪ 高光模式、阴影模式：在这两个下拉菜单中，可以为形成斜面或者浮雕效果的高光和阴影区域选择不同的混合模式，从而得到不同的效果。如果单击右侧的色块，还可以在弹出的“拾色器（斜面和浮雕高光颜色）”对话框和“拾色器（斜面和浮雕阴影颜色）”对话框中为高光和阴影区域选择不同的颜色，因为在某些情况下，高光区域并非完全为白色，可能会呈现出某种色调；同样，阴影区域也并非完全为黑色。

▪ 光泽等高线：等高线是用于制作特殊效果的一个关键性因素。Photoshop 提供了很多预设的等高线类型，只需要选择不同的等高线类型，就可以得到非常丰富的效果。另外，也可以通过单击当前等高线的预览框，在弹出的“等高线编辑器”对话框中进行编辑，直至得到满意的浮雕效果为止。图 11.6 所示为分别设置不同的等高线类型时的对比效果。

图 11.6

 11.1.3 “描边”图层样式

使用“描边”图层样式，可以用“颜色”、“渐变”或者“图案”等 3 种类型为当前图层中的图像勾绘轮廓。

“描边”图层样式的参数释义如下。

▪ 大小：用于控制描边的宽度。数值越大，则生成的描边宽度越大。

▪ 位置：在其下拉菜单中可以选择“外部”、“内部”、“居中”等 3 种位置选项。选择“外部”选项，描边效果完全处于图像的外部；选择“内部”选项，描边效果完全处于图像的内部；选择“居中”选项，描边效果一半处于图像的外部，一半处于图像的内部。

▪ 填充类型：在其下拉菜单中可以设置描边的类型，包括“颜色”、“渐变”和“图案”3 个选项。

可以使用描边图层样式来模拟金属的边缘，图 11.7 所示为添加描边样式前的效果，图 11.8 所示为添加描边样式后的效果。

图 11.7

图 11.8

虽然使用上述任何一种图层样式，都可以获得非常丰富的效果，但在实际应用中通常同时使用数种图层样式。

 11.1.4 “内阴影”图层样式

使用“内阴影”图层样式，可以为非背景图层添加位于图层不透明像素边缘内的投影，使图层呈凹陷的外观效果。

“内阴影”图层样式的参数释义如下。

- 混合模式：在其下拉菜单中可以为内阴影选择不同的混合模式，从而得到不同的内阴影效果。单击其右侧色块，可以在弹出的“拾色器（内阴影颜色）”对话框中为内阴影设置颜色。
- 不透明度：在此可以键入数值以定义内阴影的不透明度。数值越大，则内阴影效果越清晰。
- 角度：在此拨动角度轮盘的指针或者键入数值，可以定义内阴影的投射方向。如果选择了“使用全局光”选项，则内阴影使用全局设置；反之，可以自定义角度。
- 距离：在此键入数值，可以定义内阴影的投射距离。数值越大，则内阴影的三维空间效果越明显；反之，越贴近投射内阴影的图像。

图 11.9 所示为添加内阴影样式前的效果，图 11.10 所示为添加内阴影样式后的效果。

图 11.9

图 11.10

11.1.5 “内发光”图层样式

使用“内发光”图层样式，可以为图像添加内发光效果。

“内发光”图层样式的参数释义如下。

- □、▭：在这里可以设置两种不同的发光方式，一种为纯色光，另一种为渐变色光。
- 方法：在该下拉菜单中可以设置发光的方法。选择“柔和”选项，所发出的光线边缘柔和；选择“精确”选项，光线按实际大小及扩展度来显示。
- 范围：此参数控制发光中作为等高线目标的部分或者范围，数值偏大或者偏小都会使等高线对发光效果的控制程度不明显。

图 11.11 ～图 11.13 所示依次为原图像及分别为图像中的石头添加纯色光和渐变色光时的对比效果。

图 11.11

图 11.12

图 11.13

11.1.6 “光泽”图层样式

使用“光泽”图层样式，可以在图层内部根据图层的形状应用投影，常用于创建光滑的磨光及金属效果。

图 11.14 所示为添加“光泽”图层样式前后的对比效果。

(a) 添加“光泽”图层样式前

(b) 添加“光泽”图层样式后

图 11.14

“颜色叠加”图层样式

选择“颜色叠加”图层样式，可以为图层叠加某种颜色。此图层样式的参数设置非常简单，在其中设置一种叠加颜色，并设置所需要的“混合模式”及“不透明度”即可。

“渐变叠加”图层样式

使用“渐变叠加”图层样式，可以为图层叠加渐变效果。

“渐变叠加”图层样式较为重要的参数释义如下。

- **样式**：在此下拉菜单中可以选择“线性”、“径向”、“角度”、“对称的”、“菱形”等 5 种渐变样式。
- **与图层对齐**：在此选项被选中的情况下，渐变效果由图层中最左侧的像素应用至其最右侧的像素。

图 11.15 所示是为蝴蝶图像添加“渐变叠加”图层样式前后的对比效果。

(a) 添加“渐变叠加”图层样式前

(b) 添加“渐变叠加”图层样式后

图 11.15

“图案叠加”图层样式

使用“图案叠加”图层样式，可以在图层上叠加图案，其中的参数及选项与前面讲解的图层样式相似，故不再赘述。

图 11.16 所示是在艺术文字上叠加图案前后的对比效果。

(a) 添加“图案叠加”图层样式前

(b) 添加“图案叠加”图层样式后

图 11.16

“外发光”图层样式

使用“外发光”图层样式，可以为图层添加发光效果，其对话框中的参数及选项与“内发光”图层样式类似，故在此不再赘述。

以图 11.17 所示的手机原图像为例，在默认情况下，发光效果为纯色，如图 11.18 所示。如果要得到渐变色发光效果，需要在对话框中展开“渐变编辑器”对话框，从中选择一种渐变效果，然后即可得到图 11.19 所示的渐变色外发光效果。

图 11.17

图 11.18

图 11.19

“投影”图层样式

使用“投影”图层样式，可以为图层添加投影效果。

“投影”图层样式较为重要的参数释义如下。

- 扩展：在此键入数值，可以增加投影的投射强度。数值越大，则投射的强度越大。图 11.20 所示为其他参数值不变的情况下，“扩展”值分别为 10 和 40 情况下的“投影”效果。

图 11.20

- 大小：此参数控制投影的柔化程度的大小。数值越大，则投影的柔化效果越明显；反之，则越清晰。图 11.21 所示为其他参数值不变的情况下，“大小”值分别为 0 和 15 两种数值情况下的“投影”效果。

图 11.21

- 等高线：使用等高线可以定义图层样式效果的外观，其原理类似于“曲线”命令中曲线对图像的调整原理。单击此下拉列表按钮▾，将弹出图 11.22 所示的“等高线”列表，可在该列表中选择等高线的类型，在默认情况下 Photoshop 自动选择线性等高线。

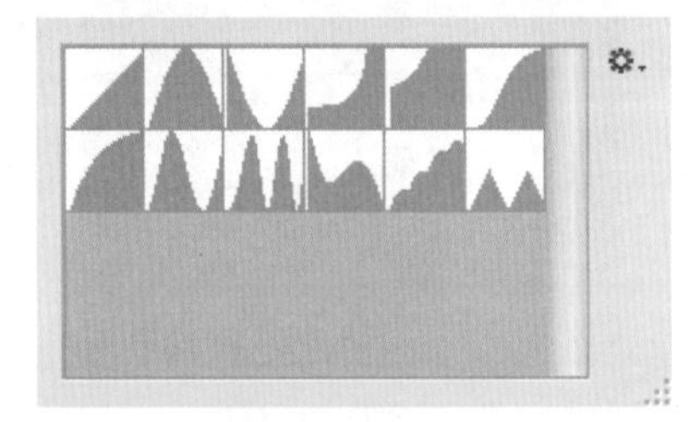

图 11.22

图 11.23 所示为在其他参数与选项不变的情况下，选择 3 种不同的等高线得到的效果。

图 11.23

- 消除锯齿：选择此选项，可以使应用等高线后的投影效果更细腻。

11.2 不仅会用，还要会编辑

为图层添加图层样式后，将显示在“图层”面板当前操作图层下方，可以对这些图层样式进行显示、隐藏、复制、缩放等操作。

11.2.1 显示或屏蔽图层样式

图层样式是在图层对象之上的效果，与图层保持独立的显示状态。通过屏蔽图层样式，可以暂时隐藏应用于图层的样式效果。此类操作分为屏蔽某一个图层样式及屏蔽所有图层样式两种。

要屏蔽某一个图层样式，可以在“图层”面板中单击其左侧的按钮，以将其隐藏，如图11.24所示。也可以按住Alt键单击“添加图层样式”按钮 fx，在弹出的菜单中选择隐藏图层样式的命令。

要屏蔽某一个图层的所有图层样式，可以单击“图层”面板中该图层下方“效果”左侧的按钮，如图11.25所示。

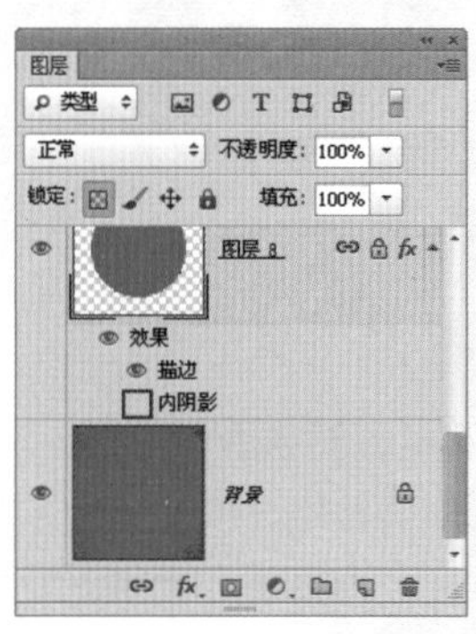

图 11.24

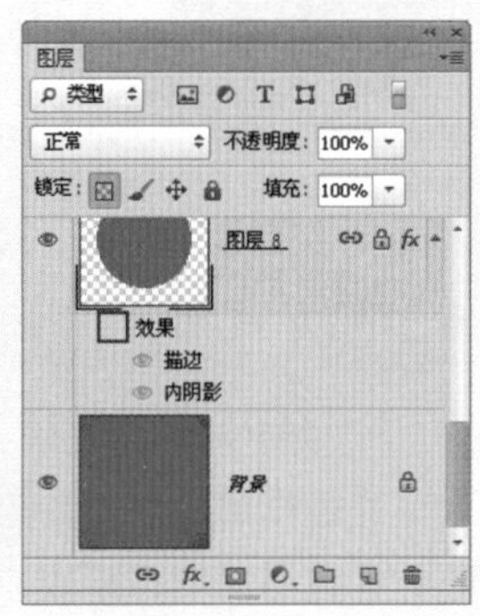

图 11.25

11.2.2 复制与粘贴图层样式

如果两个图层需要设置相同的图层样式，可以通过复制与粘贴图层样式以减少重复性工作。要复制图层样式，可以按下述步骤进行操作。

01 在“图层”面板中选择包含要复制的图层样式的图层。

02 执行“图层”|“图层样式”|“拷贝图层样式”命令，或者在图层上单击鼠标右键，在弹出的菜单中选择“拷贝图层样式”命令。

03 在“图层”面板中选择需要粘贴图层样式的目标图层。

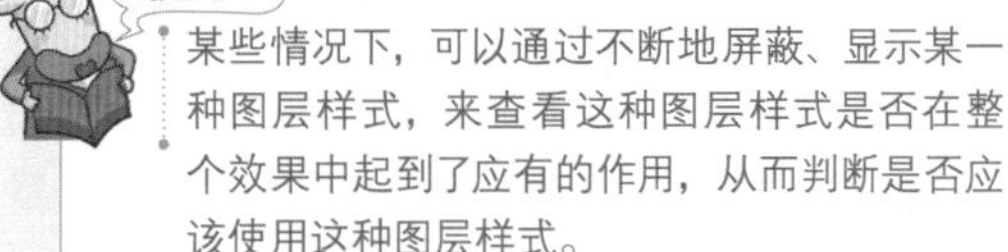

提示

某些情况下，可以通过不断地屏蔽、显示某一种图层样式，来查看这种图层样式是否在整个效果中起到了应有的作用，从而判断是否应该使用这种图层样式。

04 执行“图层”|“图层样式”|“粘贴图层样式”命令，或者在图层上单击鼠标右键，在弹出的菜单中选择“粘贴图层样式”命令。

除使用上述方法外，还可以按住Alt键将图层样式直接拖动至目标图层中（如图11.26所示），这样也可以起到复制图层样式的目的。

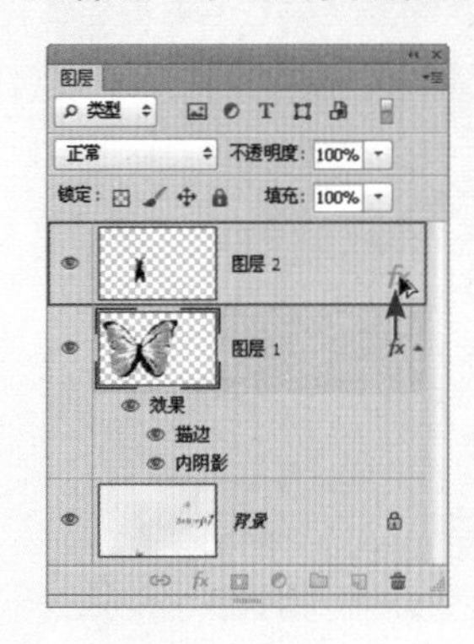

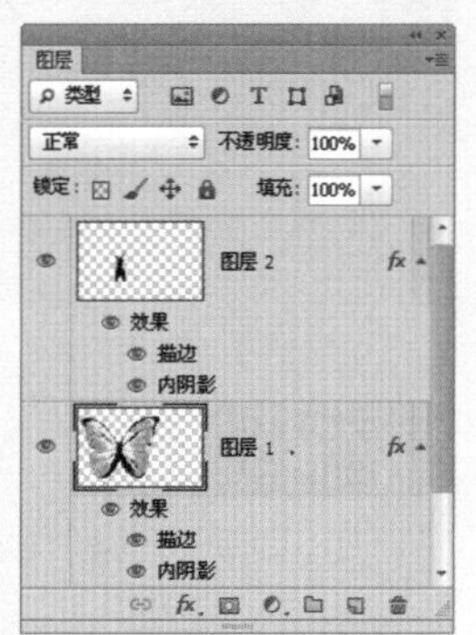

图 11.26

11.2.3 缩放图层样式

选择“图层”|“图层样式”|“缩放效果”命令，可弹出“缩放图层效果”对话框，在“缩放”文本框中输入数值，可设置图层样式缩放的比例。

在操作过程中可以选中“预览”复选框，在调节参数的同时观看图像的预览效果，满意后单击“确定”按钮退出对话框即可。

图11.27所示为直接为图像应用某个样式后的效果，图11.28所示为使用“缩放效果”命令对样式进行缩放后的效果。

提示

此时如果没有按住Alt键，直接拖动图层样式，则相当于将原图层中的图层样式剪切到目标图层中。

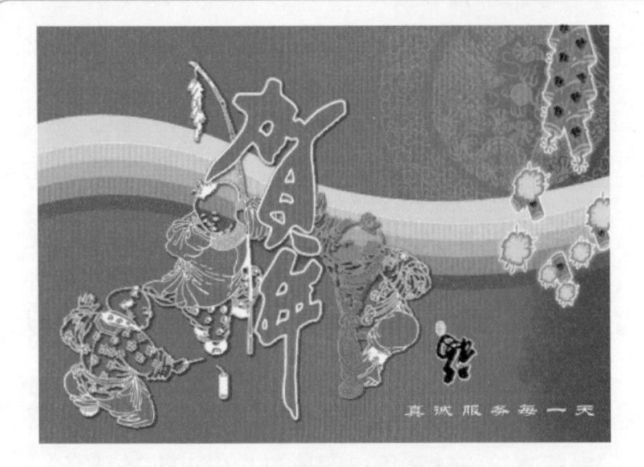

图 11.27

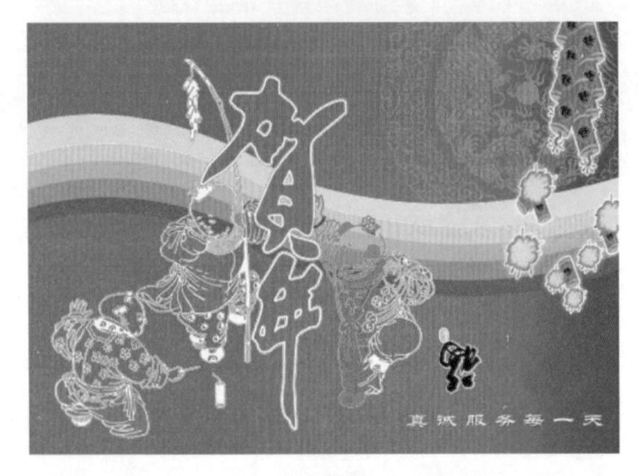

图 11.28

提示 1

在光盘中附赠了大量图层样式，各位读者也可以在网络上获得不错的图层样式。这些图层样式在应用后，可能无法得到令人满意的效果，但这并不是图层样式的问题，因为在制作图层样式效果时，不同图像大小将影响图层样式中应用的参数数值。

提示 2

当图像大小不同时，应用图层样式就将发生效果变异。解决的方法是缩放图层样式，这样能够比较容易地使图层样式符合当前操作的图像尺寸，从而得到令人满意的效果。

11.2.4 删除图层样式

删除图层样式是使图层样式不再发挥作用，同时可以降低图像文件的大小。

(1) 删除某个图层上的某一图层样式：在“图层”面板中将该图层样式选中，然后拖动至“删除图层”按钮上，如图 11.29 所示。还可以在图层上单击鼠标右键，在弹出的菜单中选择“清除图层样式”命令。

(2) 删除某个图层上的所有图层样式：可以在“图层”面板中选中该图层，并执行“图层”|“图层样式”|“清除图层样式”命令；也可以在“图层”面板中选择图层下方的“效果”栏，将其拖动至“删除图层”按钮上，如图 11.30 所示。

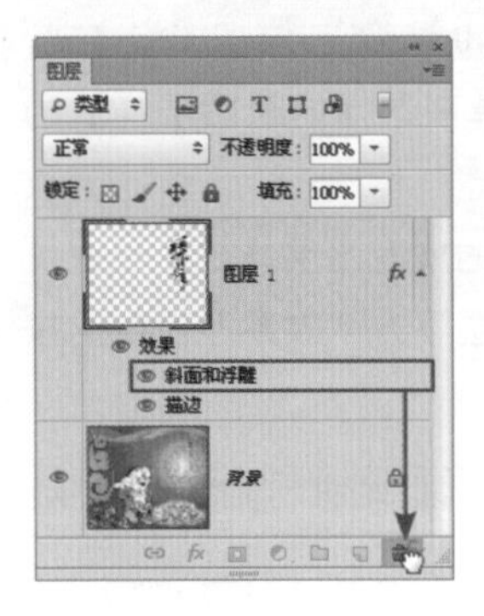

图 11.29

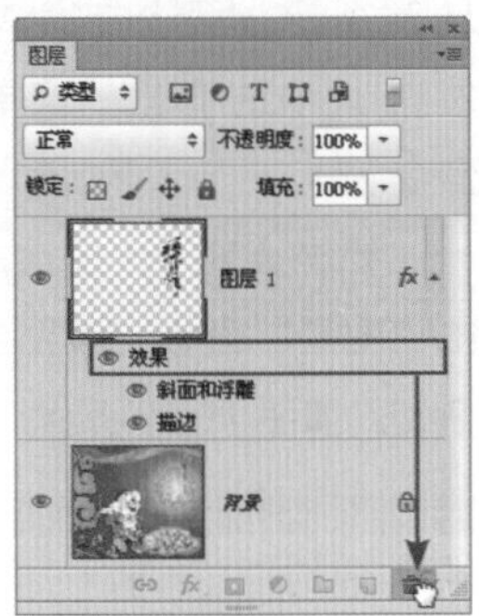

图 11.30

11.2.5 设置与应用图层样式叠加

在 Photoshop CC 2015 中，图层样式拥有了更高的编辑自由度，最典型的表现就是新增的图层样式叠加功能，即用户可以重复添加部分图层样式。

要叠加图层样式，可以在“图层样式”对话框中执行以下操作之一。

- 单击某个图层样式名称右侧的按钮。
- 单击对话框左下角的添加图层样式按钮，在弹出的菜单中选择要添加的图层样式。

执行上述任意一个操作后，即可以默认参数创建一个新的图层样式，从而实现同一图层样式的叠加，用户根据需要在右侧设置其参数即可。目前，此功能仅支持“描边”、“内阴影”、“颜色叠加”、“渐变叠加”及“投影”图层样式。

以图 11.31 所示的素材为例，图 11.32 所示是添加了多个“渐变叠加”图层样式，并为其设置适当的参数，使每个文字上都产生一个局部的高亮照明效果时的状态。

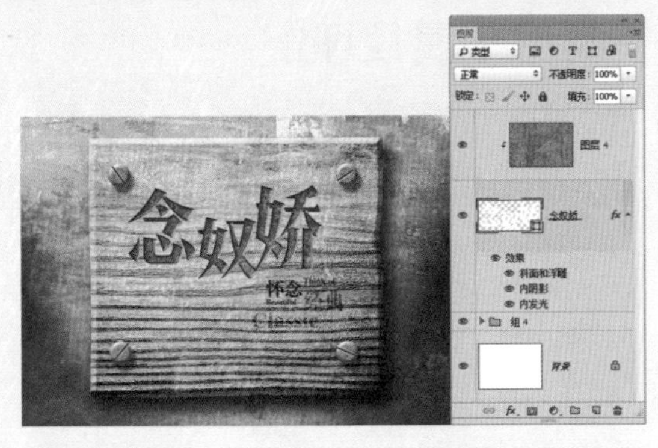

图 11.31

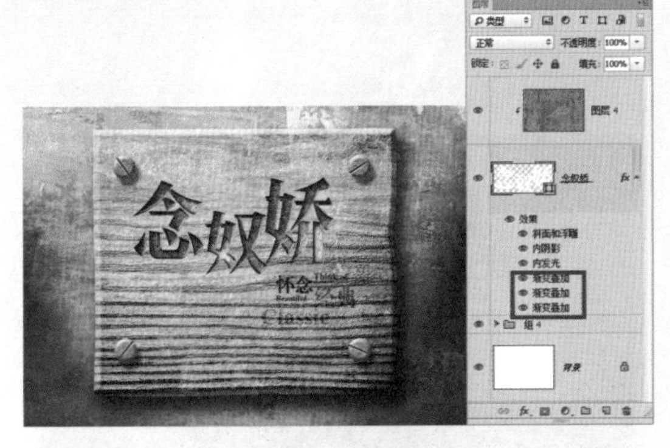

图 11.32

11.2.6 调整图层样式的顺序

在“图层样式”对话框中，通过单击 ➕ 按钮添加的图层样式，可以通过单击 ⬆ 按钮或 ⬇ 按钮，调整其上下顺序，以改变相互之间的叠加关系。

要注意的是，此操作无法改变各个图层样式之间的默认顺序。例如“投影”图层样式位于最底部，无法通过此功能将其调整至“外发光”或其他图层样式的上方。

11.2.7 删除图层样式

在 Photoshop CC 2015 中，用户可将左侧列表中的图层样式删除，只保留要使用的样式即可，使得在查看和编辑图层样式时更为直观。

要删除图层样式，可以在“图层样式”对话框中执行以下操作之一。

- 选中要删除的图层样式，单击删除图层样式按钮即可。
- 单击“图层样式”对话框左下角的添加图层样式按钮，在弹出的菜单中选择“删除隐藏的效果”命令，可将当前所有未用的图层样式删除。

11.2.8 复位图层样式

若要将图层样式列表恢复为默认状态，可以单击“图层样式”对话框左下角的添加图层样式按钮，在弹出的菜单中选择“复位到默认列表”命令即可。

11.2.9 为图层组设置图层样式

从 Photoshop CS6 开始，用户可以为图层组增加图层样式，在选中一个图层组的情况下，可以为该图层组中的所有图像增加图层样式。

以图 11.33 所示的原图像为例，图 11.34 所示是为图层组“文字”增加了“外发光”和“渐变叠加”图层样式后的效果。

图 11.33

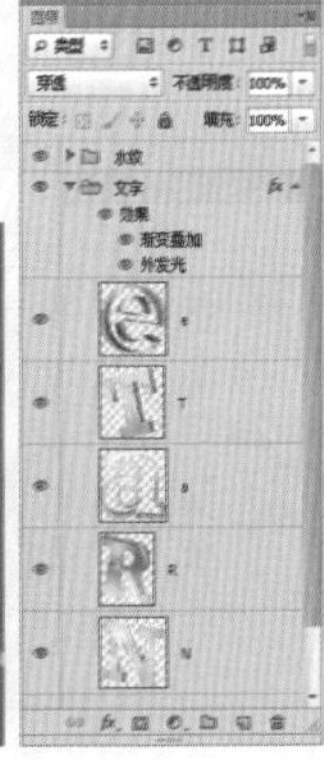

图 11.34

11.3 学而时习之——制作金属纹理字

01 打开文件“第 11 章\11.3- 素材 1.tif”，如图 11.35 所示。

图 11.35

02 设置前景色的颜色值为 #564943，使用横排文字工具 T ，并设置适当的字体和字号，在图像中间处输入文字“CRONOUS”，并将中间的字母“N”设置为比其他文字略大，如图 11.36 所示，同时得到一个对应的文字图层。

图 11.36

提示

质感的逼真与否大多决定于图像的表面纹理及光泽，颜色也会产生很大的影响。

03 单击“添加图层样式”按钮 fx ，在弹出的菜单中选择“斜面和浮雕”命令。

04 在弹出的“斜面和浮雕”对话框中设置方法、大小、角度等数值，如图 11.37 所示，单击“确定”按钮退出对话框，得到图 11.38 所示的效果。

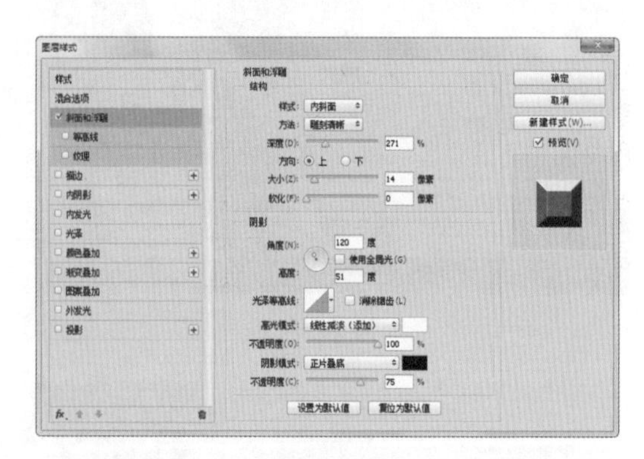

图 11.37

图 11.38

提示

下面需要在文字效果中叠加一些条纹，以增强其金属质感，所以首先需要定义一个横向条纹的图案。

05 按 Ctrl+N 键新建一个宽度和高度分别为 1 和 3 像素的透明背景文件，并将其显示比例放大至 3200%，如图 11.39 所示。

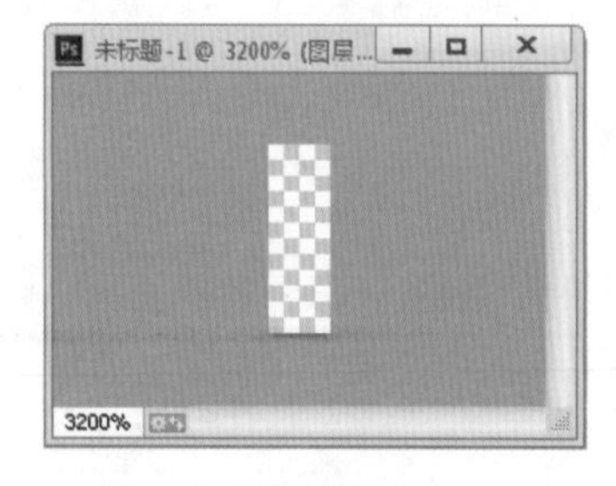

图 11.39

06 设置前景色为黑色，选择矩形选框工具 ，在文件底部绘制一个像素大小的选区，并按 Alt+Delete 键填充选区，按 Ctrl+D 键取消选区，得到图 11.40 所示的效果。

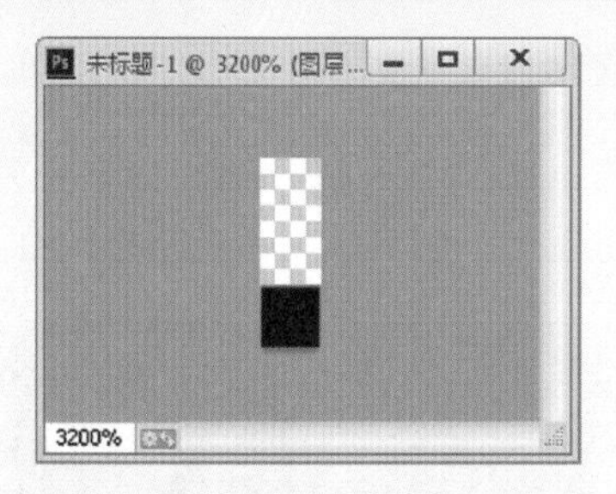

图 11.40

07 选择“编辑”|“定义图案”命令，在弹出的对话框中单击“确定”按钮退出对话框。

08 返回本例第 1 步打开的素材文件中。选择文字图层“CRONOUS”，并双击在前面添加的“斜面和浮雕”图层样式名称，即可弹出其对话框。

提示

在“图层样式”对话框的左侧样式列表区域中，“斜面和浮雕”选项下包括了两个子样式，即“等高线”和“纹理”，下面将使用“纹理”样式为图像添加立体横纹效果。

09 在“斜面和浮雕”图层样式下方选择“纹理”选项。

10 在“纹理”样式对话框的“图案”下拉列表中选择前面刚刚定义的图案，并设置其“深度”数值为 3%，如图 11.41 所示，此时图像的预览效果如图 11.42 所示。

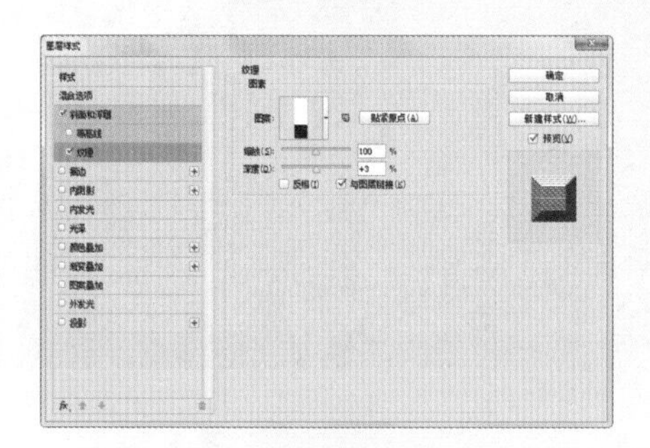

图 11.41

图 11.42

11 在样式列表区域中选择“内发光”样式。

12 在“内发光”图层样式对话框中设置发光的颜色、混合模式等参数，如图 11.43 所示，此时图像的预览效果如图 11.44 所示。

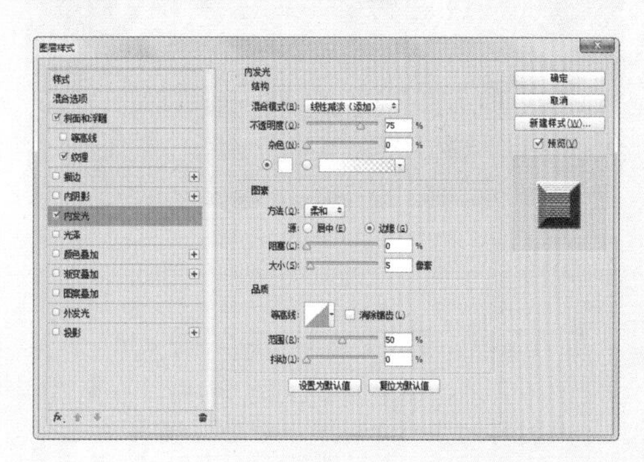

图 11.43

图 11.44

13 在样式列表区域中选择“投影”样式，并设置其对话框如图 11.45 所示，单击“确定”按钮退出对话框，得到图 11.46 所示的效果。

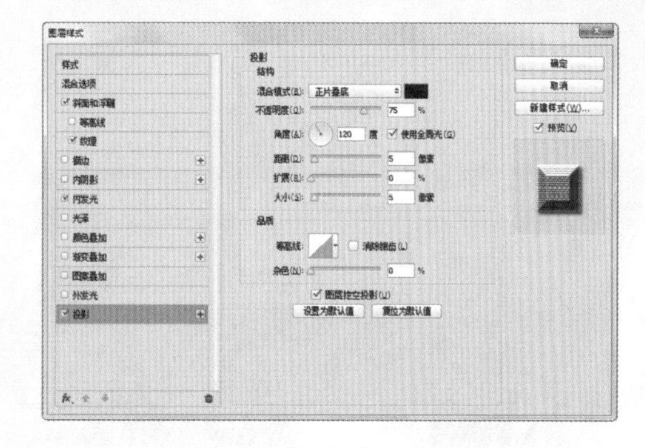

图 11.45

提示

下面将为文字图像叠加金属纹理，以增加金属质感。

图 11.46

14 打开文件“第 11 章\11.3- 素材 2.tif”，如图 11.47 所示。使用移动工具将其拖至本例第 1 步打开的素材文件中，得到“图层 1”。

图 11.47

15 将“图层 1”置于文字图层“CRONOUS”上方，按 Ctrl+Alt+G 键执行“创建剪贴蒙版”操作，并设置该图层的混合模式为“叠加”，不透明度为 50%，得到图 11.48 所示的效果。

图 11.48

提示

为了进一步增加金属文字的厚重感，将在原金属文字的外部增加另外一层金属图像。

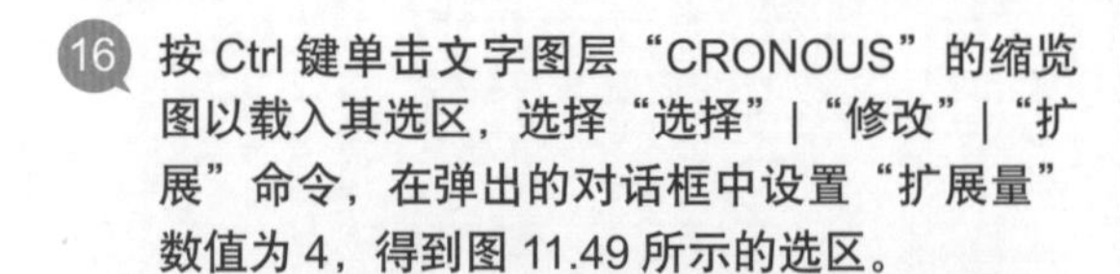

16 按 Ctrl 键单击文字图层“CRONOUS”的缩览图以载入其选区，选择“选择”|“修改”|“扩展”命令，在弹出的对话框中设置“扩展量”数值为 4，得到图 11.49 所示的选区。

图 11.49

17 按 Ctrl+Alt 键单击文字图层“CRONOUS”的缩览图得到二者相减后的选区，新建一个图层得到“图层 2”，并将其拖至文字图层“CRONOUS”与“背景”图层之间。

18 设置前景色的颜色值为 #9a7869，按 Alt+Delete 键填充选区，按 Ctrl+D 键取消选区，得到图 11.50 所示的效果。

图 11.50

19 单击“添加图层样式”按钮 fx，在弹出的菜单中选择“斜面和浮雕”命令，设置弹出的对话框如图 11.51 所示，此时图像的预览效果如图 11.52 所示。

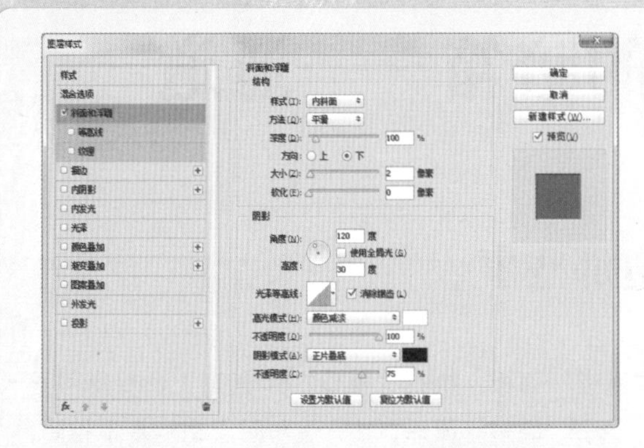

图 11.51

图 11.52

20 选择“外发光”选项，并按照图 11.53 所示进行参数设置，单击“确定”按钮退出对话框，得到图 11.54 所示的效果。

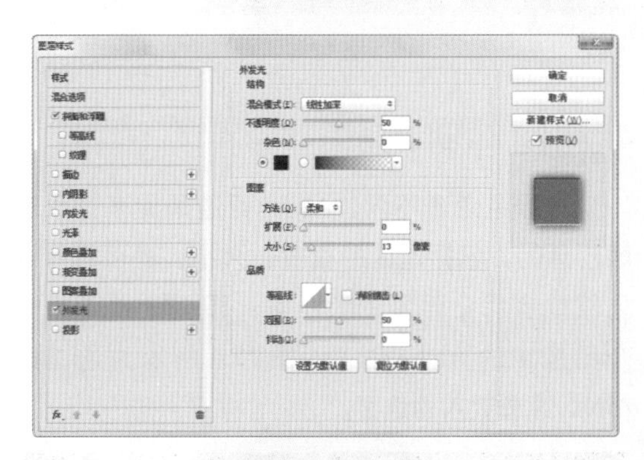

图 11.53

图 11.54

图 11.55 所示为本例的整体效果，此时的“图层”面板如图 11.56 所示。

图 11.55

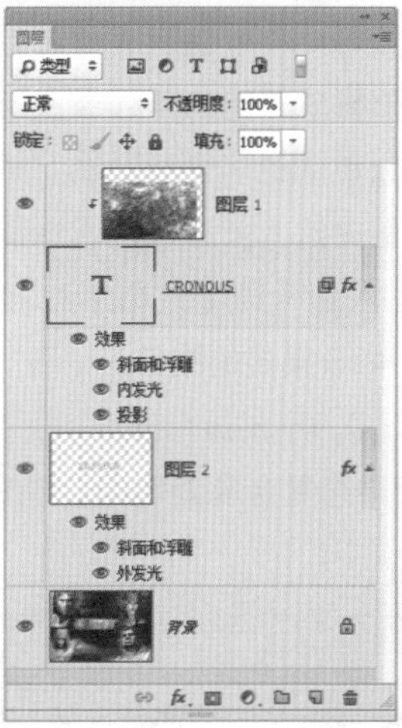

图 11.56

第 12 章　选区的暗箱——通道

12.1　通道那些事

在 Photoshop 中要对通道进行操作，必须使用“通道”面板。执行“窗口”|“通道”命令即可显示“通道”面板，并可在其中对通道进行新建、删除、选择、隐藏等操作，其方法与图层功能基本相同，故不再详细讲解。

在 Photoshop 中，通道可以分为原色通道与 Alpha 通道、专色通道等 3 类，每一类通道都有其各自不同的功用与操作方法，下面分别对其进行讲解。

12.1.1 原色通道

简单地说，原色通道是保存图像颜色信息、选区信息等的场所。例如，CMYK 模式的图像具有 4 个原色通道与一个原色合成通道。

其中，图像中青色像素分布的信息保存在原色通道“青色”中，因此当改变原色通道“青色”中的颜色信息时，就可以改变青色像素分布的情况；同样，图像中黄色像素分布的信息保存在原色通道“黄色”中，因此当改变原色通道“黄色”中的颜色信息时，就可以改变黄色像素分布的情况；其他两个构成图像的洋红像素与黑色像素分别被保存在原色通道“洋红”及“黑色”中，最终看到的就是由这 4 个原色通道所保存的颜色信息所对应的颜色组合叠加而成的合成效果。

而对于 RGB 模式的图像，则有 3 个用于保存原色像素（R、G、B）的原色通道，即“红”、“绿”、“蓝”，还有一个复合通道 RGB，如图 12.1 所示。

图 12.1

而对于 CMYK 模式的图像，可以看到 4 个原色通道与一个复合通道 CMYK 显示于“通道”面板中，如图 12.2 所示。

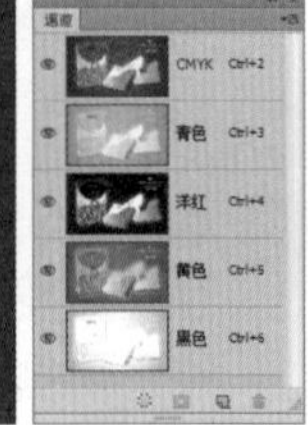

图 12.2

12.1.2 Alpha 通道

与原色通道不同，Alpha 通道是用来存放选区信息的，包括选区的位置、大小、是否具有羽化值或者羽化程度的大小等。图 12.3 所示为一个图像中的 Alpha 通道。图 12.4 所示为通过此 Alpha 通道载入的选区。

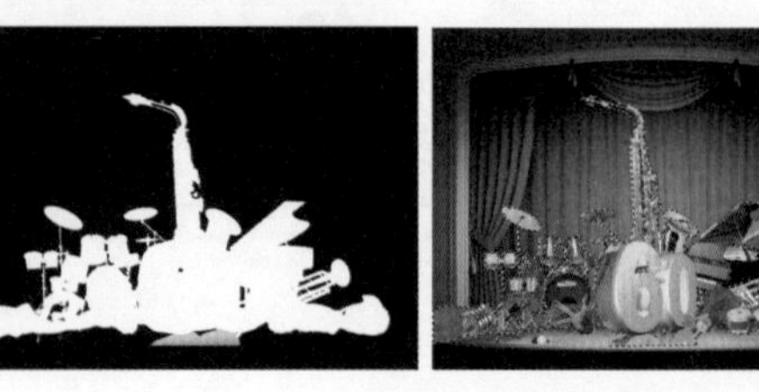

图 12.3　　图 12.4

专色通道

使用专色通道，可以在分色时输出第五块或者第六块甚至更多的色片，用于定义需要使用专色印刷或者处理的图像局部。

12.2 通道其实很简单

通过前面的讲解，使读者对各类通道有了一定的了解。Alpha 通道涉及到用户的创建方式和技巧，本节将详细讲解。

了解 Alpha 通道

在 Photoshop 中，通道除了可以保存颜色信息外，还可以保存选区的信息，此类通道被称为 Alpha 通道。简单地说，在将选区保存为 Alpha 通道时，选区被保存为白色，而非选区被保存为黑色，如果选区具有不为 0 的羽化数值，则此类选区被保存为具有灰色柔和边缘的通道，这就是选区与 Alpha 通道之间的关系。

图 12.5 所示为原图像中的选区状态，图 12.6 所示为将其保存至通道后的状态。可以看出，原选区的形状与通道中白色区域的形状完全相同。

图 12.5

图 12.6

使用 Alpha 通道保存选区的优点，在于可以用绘图的方式对通道进行编辑，从而获得使用其他方法无法获得的选区，且可以长久地保存选区。

创建 Alpha 通道

Photoshop 提供了多种创建 Alpha 通道的方法，可以根据实际情况进行选择。

1. 直接创建空白的 Alpha 通道

单击“通道”面板底部的“创建新通道”按钮，可以按照默认状态新建空白的Alpha 通道，即当前通道为全黑色。

2. 从图层蒙版创建 Alpha 通道

当在“图层”面板中选择了一个具有图层蒙版的图层时，切换至“通道”面板，就可以在原色通道的下方看到一个临时通道，如图 12.7 所示。该通道与图层蒙版中的状态完全相同，此时可以将该临时通道拖动到“创建新通道”按钮上，将其保存为 Alpha 通道，如图 12.8 所示。

图 12.7

图 12.8

3. 通过保存选区创建 Alpha 通道

在当前存在选区的情况下，单击“通道”面板底部的“将选区存储为通道”按钮可创建 Alpha 通道。另外，执行“选择”|“存储选区”命令，在弹出的对话框中根据需要设置新通道的参数并确定，即可将选区保存为通道。

通过 Alpha 通道创建选区的原则

当 Alpha 通道被创建后，可用绘图的方式对其进行编辑。例如，使用画笔工具绘图，使用选择类工具创建选区，然后填充白色或者黑色，还可以用矢量绘图类工具在 Alpha 通道中绘制标准的几何形状等。总之，所有在图层上可以应用的绘图手段在此都同样可用。

在编辑 Alpha 通道时需要掌握的原则如下。

（1）用黑色绘图可以减少选区。

（2）用白色绘图可以增加选区。

（3）用介于黑色与白色间的任意一级灰色绘图，可以获得不透明度值小于 100% 或者边缘具有羽化效果的选区。

图 12.9 所示为原通道状态，此时要制作一个斑点状的特殊选区，可以先对其进行模糊处理，再应用“彩色半调”滤镜，如图 12.10 所示。

图 12.9

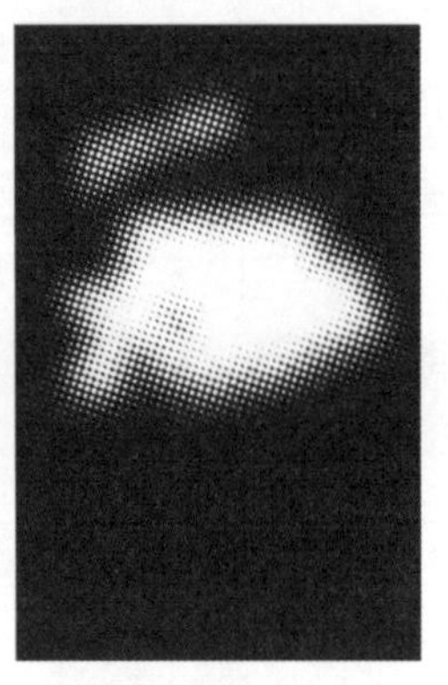

图 12.10

图 12.11 所示为原图像，图 12.12 所示是将上述选区填充了颜色后，并置于原文字下方后的效果。

图 12.11

图 12.12

由上面所举的示例不难看出，其最终目的是在通道中编辑出一个斑点状的特殊选区，但对于选区，是无法直接应用模糊、半调图案等命令的，因此就需要将其保存至通道中，成为一个黑白图像，再对这个黑白图像应用上述命令，处理后再重新将其转换为选区，从而达到制作斑点图像的目的。此外，抠选头发也是 Alpha 通道最常见的用途，在操作过程中，也充分利用了编辑通道的原则，读者可参见本章第 12.4 节的讲解。

在掌握编辑通道的原则后，可以使用更多、更灵活的命令与操作方法对通道进行操作。例如，可以在 Alpha 通道中应用图像调整命令，通过改变黑白区域的比例，从而改变选区的大小；也可以在 Alpha 通道中应用各种滤镜命令以得到形状特殊的选区；还可以通过变换 Alpha 通道来改变选区的大小等。

12.2.4 将通道调出选区

在操作时既可以将选区保存为 Alpha 通道，也可以将通道作为选区载入（包括原色通道与专色通道等）。在“通道”面板中选择任意一个通道，然后单击“通道”面板底部的“将通道作为选区载入”按钮，即可载入此 Alpha 通道所保存的选区。此外，也可以在载入选区的同时进行运算。

（1）按住 Ctrl 键单击通道，可以直接调用此通道所保存的选区。

（2）在选区已存在的情况下，按住 Ctrl+Shift 键单击通道，可以在当前选区中增加该通道所保存的选区。

（3）在选区已存在的情况下，按住 Alt+Ctrl 键单击通道，可以在当前选区中减去该通道所保存的选区。

（4）在选区已存在的情况下，按住 Alt+Ctrl+Shift 键单击通道，可以得到当前选区与该通道所保存的选区相重叠的选区。

提示

按照上述方法也可以载入颜色通道中的选区。

12.3 学而时习之——利用 Alpha 通道选择云雾

利用 Alpha 通道能够选择云雾类边缘柔和且不规则的图像。下面通过一个示例来讲解如何运用此技巧。

01 打开文件“第 12 章\12.3- 素材 1.tif”，如图 12.13 所示。

图 12.13

02 切换至“通道”面板，分别单击 3 个基本原色通道，查看每一个通道中图像的对比度，3 个通道中的图像效果分别如图 12.14 所示。

(a) 通道“红”

(b) 通道“绿”

(c) 通道“蓝”

图 12.14

03 可以看出，3 个基本原色通道中通道“红”的细节最完整，对比度也最好。复制通道“红”，按 Ctrl+L 键弹出“色阶”对话框，设置参数如图 12.15 所示，单击“确定”按钮退出对话框，效果如图 12.16 所示。

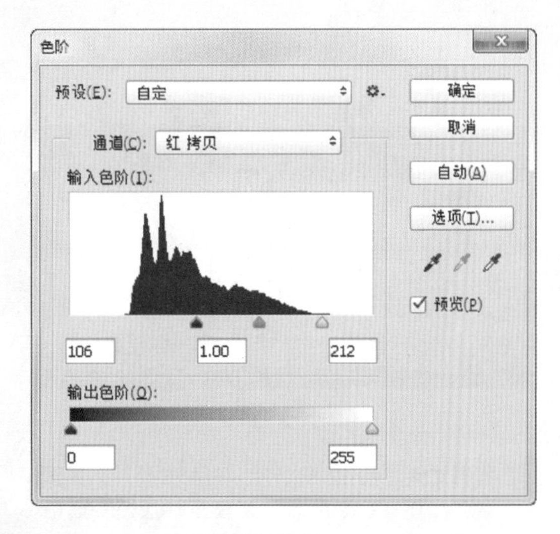

图 12.15

图 12.16

04 按住 Ctrl 键载入通道“红 拷贝”的选区，切换至“图层”面板，按 Ctrl+C 键复制图像，打开文件“第 12 章\12.3- 素材 2.tif”，按 Ctrl+V 键粘贴图像，得到“图层 1”，效果如图 12.17 所示。

图 12.17

05 设置“图层 1”的混合模式改为“滤色”，效果如图 12.18 所示。

图 12.18

06 打开文件“第 12 章\12.3- 素材 3.tif”，其图像效果如图 12.19 所示，切换至“通道”面板，分别查看 3 个基本原色通道的状态。

图 12.19

07 选择对比度及细节较好的通道“红”，将其拖动到“通道”面板底部的“创建新通道”按钮 上，得到其通道拷贝，图像效果如图 12.20 所示。

图 12.20

08 按 Ctrl+L 键弹出“色阶”对话框，根据需要设置参数，单击“确定”按钮退出对话框，效果如图 12.21 所示。

图 12.21

09 按住 Ctrl 键单击此通道，切换至“图层”面板中，单击图层“背景”，按 Ctrl+C 键复制图像。

10 切换至需要添加云雾效果的图层，按 Ctrl+V 键粘贴图像，得到“图层 2”，将粘贴得到的图像拖动到画布的最上方，再将“图层 2”的混合模式改为“滤色”，效果如图 12.22 所示。

图 12.22

12.4 学而时习之——抠选头发

本例将使用通道功能、图像调整命令及画笔工具等功能，选择人物头发边缘柔和且不规则的图像。下面通过一个实例来讲解如何运用此技巧。

01 打开文件“第 12 章 \12.4- 素材 .jpg”，如图 12.23 所示，将其作为本例的背景图像。

图 12.23

02 切换至“通道”面板，分别单击各个颜色通道，并选出头发与背景的对比最佳的。本例将选择“红”通道，如图 12.24 所示。

图 12.24

03 复制“红”通道得到“红 拷贝”，按 Ctrl+I 键将执行“反相”操作。

04 按 Ctrl + L 键应用“色阶”命令，设置弹出的对话框，如图 12.25 所示，以增强头发与背景之间的对比，得到图 12.26 所示的效果。

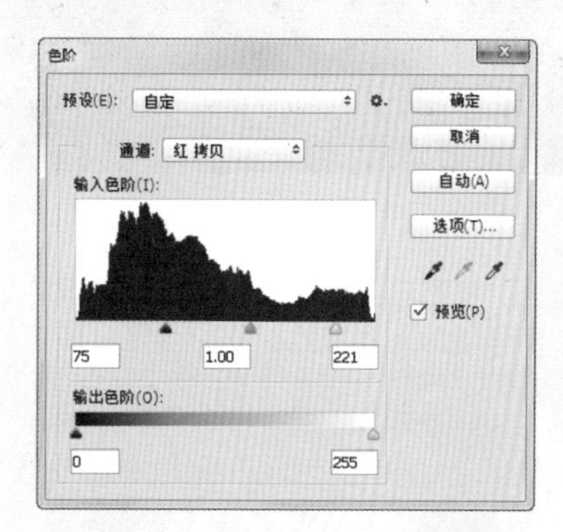

图 12.25

图 12.26

05 设置前景色为黑色，选择画笔工具，并设置适当画笔大小及不透明度，在头发以外的区域进行涂抹，得到图 12.27 所示的效果。

图 12.27

06 按照上一步的方法，使用白色在图像头发以内的区域涂抹，使之完全变为白色，得到图 12.28 所示的效果。

图 12.28

07 至此，我们已经完成了人物头发选区的制作，下面再增加人物其他部分的选区，即可将其抠选出来。按 Ctrl 键单击“红 拷贝”的缩略图以载入其选区，单击“RGB”通道，以返回图像编辑状态。

08 使用磁性套索工具，并按住 Shift 键沿着人物身体边缘绘制选区，直至将人物完全选中为止，图 12.29 所示是完成后的选区状态，图 12.30 所示是依据该选区，将人物身体后的杂物修除后的效果，使人物在照片中的主体地位更加突出。

图 12.29

图 12.30

12.5 淡彩红褐色调

在本例中，主要使用“曲线”、“可选颜色”及“色彩平衡”命令，调整图像的色彩。在调整过程中，除了直接调整图像外，还会在调整命令中对颜色通道进行调整，使照片变为漂亮的淡彩红褐色调。在选片时，建议使用环境为绿色，且人物与环境色区分较大的照片，以便于处理得到更好的效果。

01 打开文件“第 12 章\12.5- 素材 .jpg”，如图 12.31 所示。

02 单击“创建新的填充或调整图层”按钮，在弹出的菜单中选择“曲线”命令，创建得到“曲线 1”，调整图层，在“属性”面板的“通道”下拉菜单中分别选择“红”和“RGB”，设置其面板如图 12.32、图 12.33 所示，以基本调整得到暗调区域的红色调效果，如图 12.34 所示的效果。

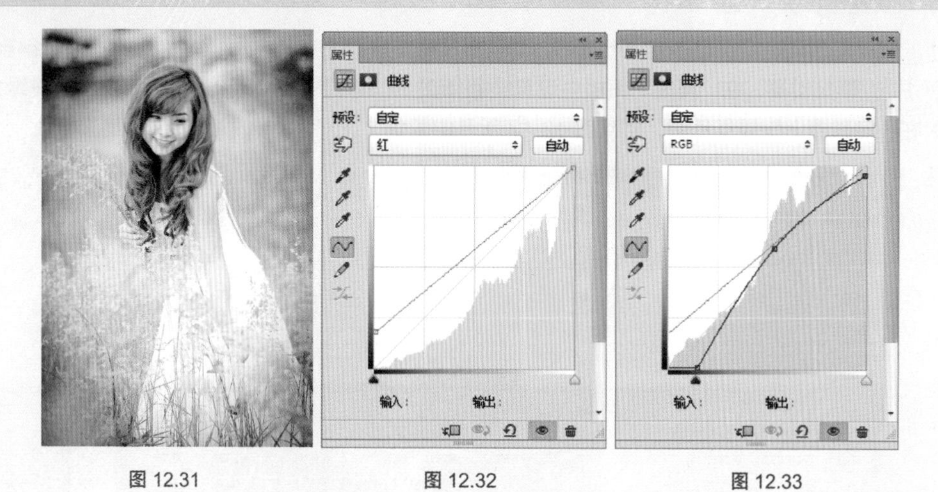

图 12.31　　图 12.32　　图 12.33

03 选中“曲线 1”的图层蒙版，设置前景色为黑色，选择画笔工具，并在工具选项栏中设置较低的不透明度及适当的画笔大小，然后在人物面部的位置进行涂抹，以隐藏过于浓郁的色彩，如图 12.35 所示，此时对应的图层蒙版状态如图 12.36 所示。

图 12.34　　图 12.35　　图 12.36

04 新建一个图层得到“图层 1”，按 D 键将前景色与背景色复位为黑、白色，然后选择“滤镜”|“渲染”|“云彩”命令，得到类似图 12.37 所示的效果。

05 设置“图层 1”的混合模式为“滤色”，不透明度为 30%，得到图 12.38 所示的效果。

图 12.37　　图 12.38

06 单击“创建新的填充或调整图层”按钮 ，在弹出的菜单中选择“可选颜色”命令，创建得到“可选颜色 1”，调整图层，在“属性”面板中设置参数如图 12.39、图 12.40 和图 12.41 所示，使绿色变淡，同时在一定程度上增强红色调，得到图 12.42 所示的效果。

图 12.39

图 12.40

图 12.41

07 单击“创建新的填充或调整图层”按钮 ，在弹出的菜单中选择“色彩平衡”命令，创建得到“色彩平衡 1”，调整图层，在“属性”面板中设置参数，如图 12.43 和图 12.44 所示，以进一步增加画面中的红色调，得到图 12.45 所示的效果，对应的“图层”面板如图 12.46 所示。

图 12.42

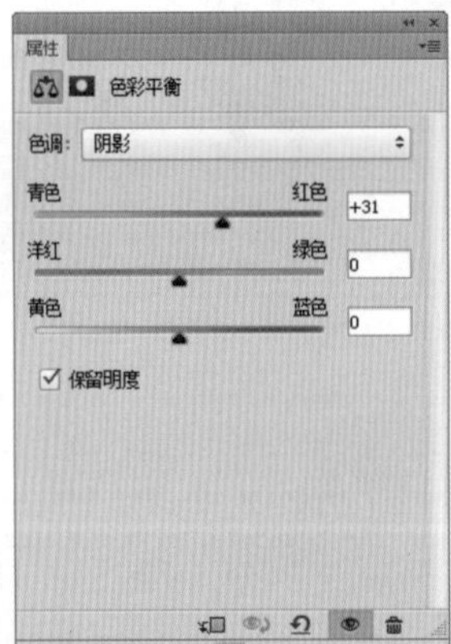

图 12.43

图 12.44

图 12.45

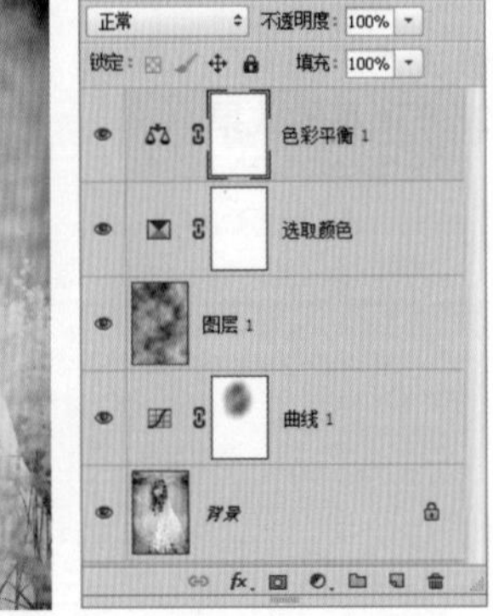

图 12.46

第 13 章　为文字裁剪最美嫁衣——创建与格式化文本

13.1　输入并编辑文字

Photoshop 具有很强的文字处理能力，用户不仅可以很方便地制作出各种精美的艺术效果字，甚至可以在 Photoshop 中进行适量的排版操作。从本节开始，先从输入文字开始，讲解 Photoshop 中输入与编辑文字的相关知识。

输入文字的工作可以利用任何一种输入法完成。由于文字的字体和大小决定其显示状态，因此需要恰当地设置文字的字体、字号。

13.1.1 输入水平 / 垂直排列文字

输入水平或垂直文字的方法基本相同，下面以输入水平文字为例，讲解其操作方法。

01 **打开文件“第 13 章\13.1.1- 素材 .tif”，在工具箱中选择横排文字工具 T。**

02 **设置横排文字工具 T 的工具选项栏参数，如图 13.1 所示。**

图 13.1

03 **使用横排文字工具 T 在画布中要放置文字的位置处单击，插入一个文字光标，效果如图 13.2 所示，在光标后面键入要添加的文字，效果如图 13.3 所示。**

04 **如果在键入文字时希望文字出现在下一行，可以按 Enter 键，使文字光标出现在下一行，效果如图 13.4 所示，再键入其他文字，效果如图 13.5 所示。**

05 **对于已经键入的文字，可以在文字间插入文字光标，再按 Enter 键将一行文字打断成为两行。如果在一行文字的不同位置多次执行此操作，则可以得到多行文字，效果如图 13.6 所示。**

06 **如果希望将两行文字连接成为一行，可以通过在上一行文字最后插入文字光标，并按 Delete 键来完成。图 13.7 所示为将两行文字“决定”及“生存价值”连接成为一行文字后的效果。**

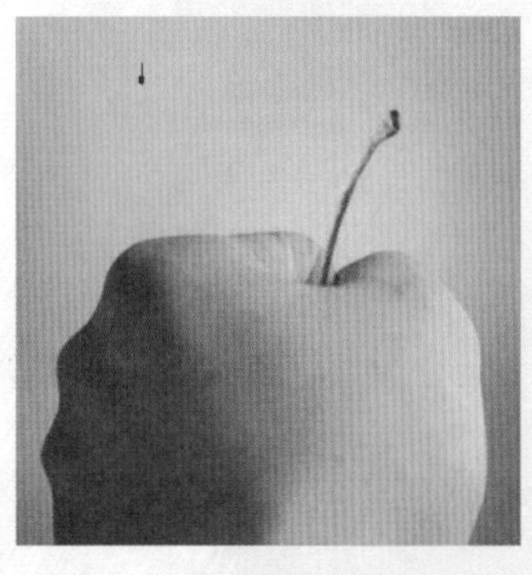

图 13.2

图 13.3

图 13.4

图 13.5

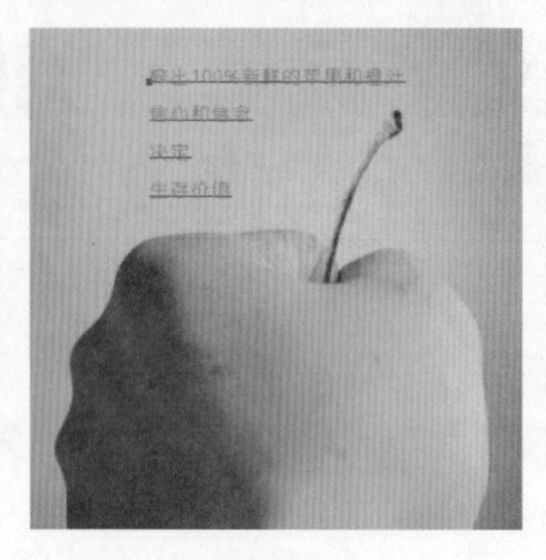

图 13.6

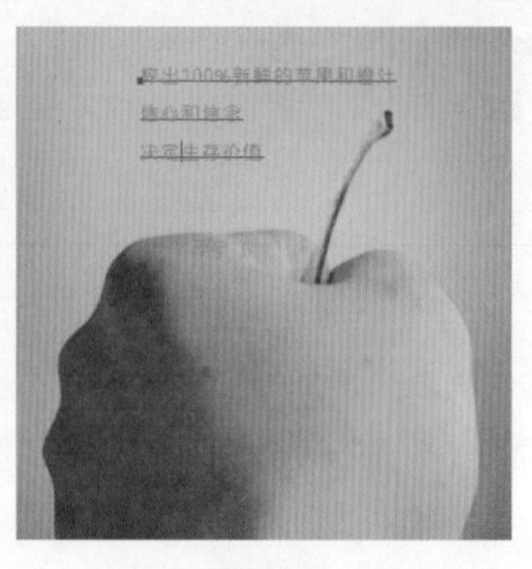

图 13.7

07 **键入文字时，工具选项栏右侧会出现“提交所有当前编辑”按钮✓与“取消所有当前编辑”按钮⊘，单击工具选项栏中的“提交所有当前编辑”按钮✓，确认已键入的文字；如果单击“取消所有当前编辑”按钮⊘，则可以取消文字键入操作。**

13.1.2 相互转换水平及垂直排列的文字

在需要的情况下，可以相互转换水平文字及垂直文字的排列方向，其操作步骤如下。

01 **打开文件“第 13 章\13.1.2- 素材 .psd”。**

02 **利用横排文字工具T或直排文字工具IT输入文字。**

03 **在工具箱中选择文本工具。**

04 **执行下列操作中的任意一种，即可改变文字方向：**

- 单击工具选项栏中的“更改文本方向”按钮，可以转换水平及垂直排列的文字。
- 执行“文字”|“取向”|“垂直”命令，将文字转换成为垂直排列。
- 执行“文字”|“取向”|“水平”命令，将文字转换成为水平排列。
- 选择要转换的文字图层，在其图层名称上单击鼠标右键，要弹出的菜单中选择“垂直”命令或者“水平”命令。

例如，在单击“更改文字方向”按钮后，将图 13.8 所示的直排文字转换为水平排列的文字。

图 13.8

13.1.3 输入点文字

点文字及段落文字是文字在 Photoshop 中存在的两种不同形式，无论用哪一种文字工具创建的文本，都将以这两种形式之一存在。

点文字的文字行是独立的，即文字行的长度随文本的增加而变长，且不会自动换行，如果需要换行必须按 Enter 键。

01 **打开文件“第 13 章\13.1.3- 素材 .psd”，选择横排文字工具。**

02 **用鼠标在画布中单击，插入文字光标，效果如图 13.9 所示。**

图 13.9

03 **在工具选项栏、“字符”面板或者“段落”面板中设置文字属性。**

04 **在文字光标后面键入所需要的文字后，单击“提交所有当前编辑”按钮以确认操作，图 13.10 所示为点文字效果。**

图 13.10

13.1.4 输入段落文字

段落文字与点文字的不同之处在于文字显示的范围由一个文本框界定，当键入的文字到达文本框的边缘时，文字就会自动换行；当调整文本框的边框时，文字会自动改变每一行显示的文字数量以适应新的文本框。输入段落文字可以按以下操作步骤进行。

01 **打开文件“第 13 章\13.1.4- 素材 .jpg”。**

02 **选择横排文字工具或直排文字工具。**

03 **在页面中拖动光标，创建一个段落文字定界框，文字光标显示在定界框内，如图 13.11 所示。**

图 13.11

04 **在工具选项栏的“字符”面板和“段落”面板中设置文字选项。**

05 **在文字光标后输入文字，如图 13.12 所示，单击提交所有当前编辑按钮确认。**

图 13.12

13.1.5 编辑定界框

第一次创建的段落文字定界框未必完全符合要求，因此，在创建段落文字的过程中或创建段落文字后要对文字定界框进行编辑。编辑定界框可以按以下操作步骤进行。

01 打开文件“第 13 章\13.1.5- 素材 .jpg”。

02 用文字工具在页面的文本中单击插入光标，此时定界框如图 13.13 所示。

图 13.13

03 将光标放在定界框的句柄上，待光标变为双向箭头时拖动，就可以缩放定界框，如图 13.14 所示。如果在拖动光标时按住 Shift 键，可保持定界框按比例调整。

图 13.14

04 将光标放在定界框的外面，待光标变为弯曲的双向箭头时拖动，就可以旋转定界框，如图 13.15 所示。按住 Shift 键并拖动，可将旋转限制为按 15° 的增量进行。要更改旋转中心，按住 Ctrl 键拖动中心点到新位置。

05 要斜切定界框，按 Ctrl+Shift 键，待光标变为双向小箭头时拖动句柄即可，如图 13.16 所示。

图 13.15

图 13.16

13.1.6 相互转换点文字及段落文字

点文字和段落文字也可以相互转换，在转换时执行下列操作中的任意一种即可。

- 执行“文字”|“转换为点文本”命令，或者执行“文字”|“转换为段落文本”命令。
- 选择要转换的文字图层，在其图层名称上单击鼠标右键，在要弹出的菜单中选择“转换为点文本”命令或者“转换为段落文本”命令。

 13.1.7 输入特殊字形

在 Photoshop CC 2015 中，新增了字形功能，从而可以更容易地输入各种特殊符号或文字等特殊字形。选择“窗口”|“字形”命令显示“字形”面板后，在要输入的位置插入光标，然后双击要插入的特殊字形即可。

用户还可以在字体类别下拉列表中，选择要显示的特殊字形分类，如图 13.17 所示。

图 13.17

13.2 让文字有模有样

13.2.1 格式化字符

使用“字符”面板可以对字符的属性进行全面的设置，其使用方法如下所述。

1. 文字的消除锯齿功能

Photoshop 具有消除锯齿的相关选项，在文字工具的工具选项栏中，根据需要选择图 13.18 所示的不同选项，就可以得到不同的文字边缘效果。

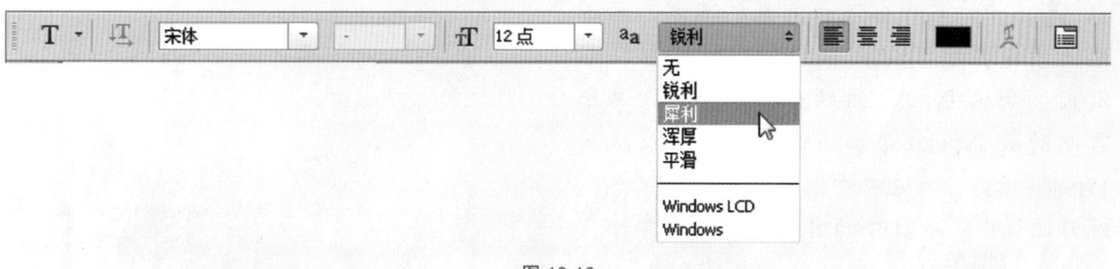

图 13.18

消除锯齿的相关选项释义如下。

- 无：无抗锯齿效果。
- 锐利：字体的边缘很清晰。
- 犀利：字体的边缘轮廓平滑清晰，易于识别。
- 浑厚：字体被加粗，但程度轻微。
- 平滑：字体的边缘很光滑。
- Windows（LCD）和 Windows：在设计网页效果图时，选择这两个选项，可以更逼真地得到发布于网页后的预览效果。

2. 字体、字号等常用文字格式

除了在键入文字前在工具选项栏中设置相应的文字格式，还可以使用“字符”面板对其进行格式化操作。其步骤如下。

01 在“图层”面板中双击要设置文字格式的文字图层的图层缩览图，或者利用文字工具在画布中的文字上双击，选择当前文字图层中要进行格式化的文字。

02 单击工具选项栏中的“切换字符和段落面板”按钮，弹出图 13.19 所示的“字符”面板。

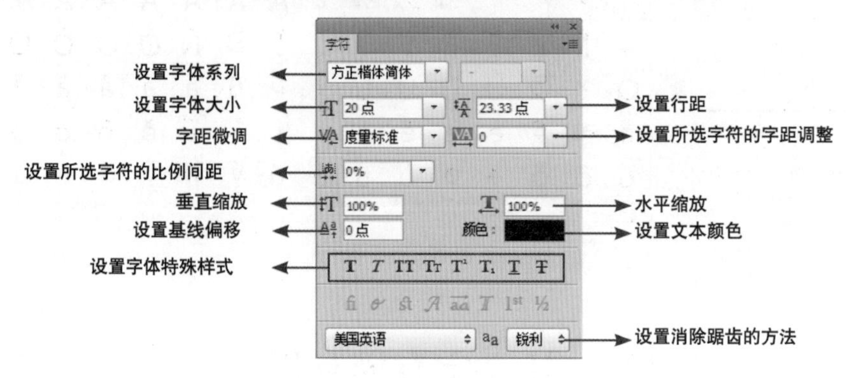

图 13.19

03 在“字符”面板中设置需要改变的参数，然后单击工具选项栏中的“提交所有当前编辑”按钮确认即可。

下面介绍“字符”面板中比较常用而且重要的参数对于文字的影响。

- 字体：在字体下拉列表中，可以选择电脑中安装的字体。此外，在 Photoshop CC 2015 中，在字体下拉列表的顶部，单击左侧的仅显示 Typekit 提供的字体按钮，可以只显示从 Typekit 网站添加的字体。单击右侧的从 Typekit 添加字体按钮，可以访问 Typekit 网站，并在其中选择并同步字体至本地计算机中。若打开的图像文件缺失字体，将弹出对话框，在其中可以自动在 Typekit 网站中查找匹配的字体，用户也可以在缺失字体后面的下拉列表中，选择本地的字体进行替换。

提示

对于已经打开的图像文件，用户可选择“文字”|“解析缺失字体”命令，调出上述对话框。

- 垂直缩放、水平缩放：设置文字水平或者垂直缩放的比例。选择需要设置比例的文字，在或者数值框中键入百分数，即可调整文字的水平缩放或者垂直缩放的比例。如果数值大于 100%，文字的高度或者宽度增大；如果数值小于 100%，文字的高度或者宽度缩小。图 13.20 所示为原文字效果。图 13.21 所示为在数值框中键入 150%后的效果。

图 13.20

图 13.21

- 设置所选字符的字距调整：选择需要调整的文字，在数值框中键入数值，或者在其下拉菜单中选择合适的数值，即可设置字符之间的距离。正值扩大字符的间距；负值缩小字符的间距。图 13.22 所示为原文字效果。图 13.23 所示为通过在数值框中键入数值调整文字间距后得到的效果。

图 13.22

图 13.23

- 设置行距：在数值框中键入数值，或者在其下拉菜单中选择一个合适的数值，即可设置两行文字之间的距离。数值越大，行间距越大。图 13.24 所示是为同一段文字应用不同行间距后的效果。

图 13.24

- 颜色：单击此色块，在弹出的“拾色器（文本颜色）”对话框中可以设置字体的颜色。

- 设置所选字符的比例间距：此数值控制了所有选中文字的间距。数值越大，间距越大。图 13.25 所示是设置不同文字间距的效果。

图 13.25

- 设置基线偏移：此参数仅用于设置选中文字的基线值。正值使基线向上移；负值使基线向下移。图 13.26 所示为原文字效果与调整字体大小及基线位置后的对比效果。

(a) 原文字效果

(b) 调整字体大小及基线位置后的效果

图 13.26

- 设置消除锯齿的方法 aa：在此下拉菜单中选择一种消除锯齿的方法。

13.2.2 字符样式

从 Photoshop CS6 开始，为了满足多元化的排版需求而加入了字符样式功能，它相当于对文字属性设置的一个集合，并能够统一、快速地应用于文本中，且便于进行统一编辑及修改。

要设置和编辑字符样式，首先要选择“窗口”|“字符样式”命令，以显示“字符样式”面板。

1. 创建字符样式

要创建字符样式，可以在“字符样式”面板中单击“创建新的字符样式”按钮，即可按照默认的参数创建一个字符样式，如图 13.27 所示。

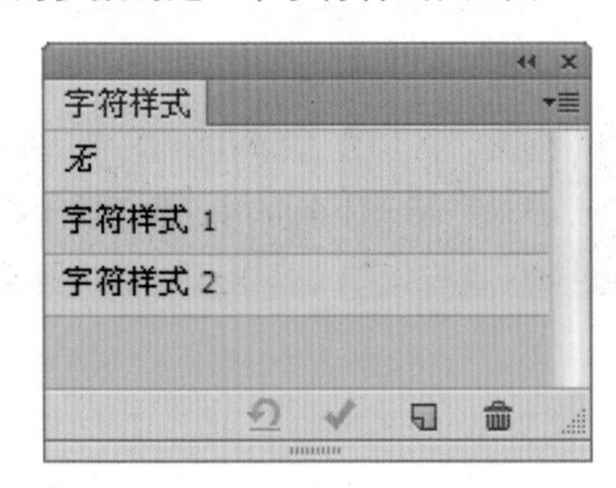

图 13.27

若是在创建字符样式时，刷黑选中了文本内容，会按照当前文本所设置的格式创建新的字符样式。

2. 编辑字符样式

在创建了字符样式后，双击要编辑的字符样式，即可弹出图 13.28 所示的对话框。

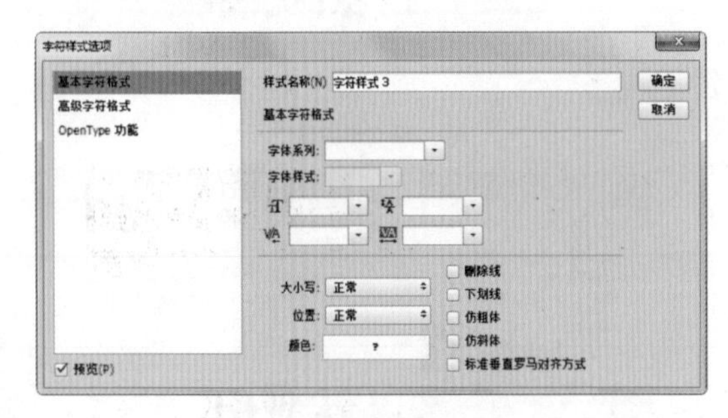

图 13.28

在“字符样式选项”对话框中，在左侧可以选择“基本字符格式”、“高级字符格式”以及“OpenType 功能”等 3 个选项，在右侧的对话框中，可以设置不同的字符属性。

3. 应用字符样式

当选中一个文字图层时，在“字符样式”面板中单击某个字符样式，可为当前文字图层中所有的文本应用字符样式。若是刷黑选中文本，则字符样式仅应用于选中的文本。

4. 覆盖与重新定义字符样式

在创建字符样式以后，若当前选择的文本中，含有与当前所选字符样式不同的参数，则该样式上会显示一个“+”，如图 13.29 所示。

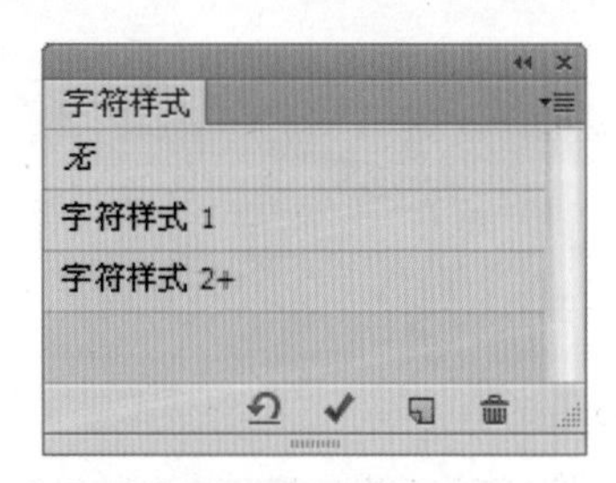

图 13.29

此时，单击“清除覆盖”按钮，可以将当前字符样式所定义的属性，应用于所选的文本中，并清除与字符样式不同的属性；若单击“通过合并覆盖重新定义字符样式”按钮，可以依据当前所选文本的属性，将其更新至所选中的字符样式中。

5. 复制字符样式

要创建一个与某字符样式相似的新字符样式，可以选中该字符样式，然后单击“字符样式”面板中上角的面板按钮，在弹出的菜单中选择“复制样式”命令，即可创建一个所选样式的拷贝，如图 13.30 所示。

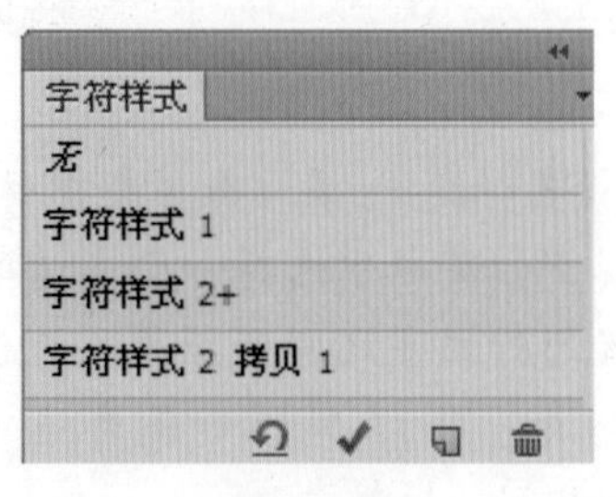

图 13.30

6. 载入字符样式

要调用某PSD格式文件中保存的字符样式，可以单击“字符样式”面板右上角的面板按钮，在弹出的菜单中选择“载入字符样式”命令，在弹出的对话框中选择包含要载入的字符样式的PSD文件即可。

7. 删除字符样式

对于无用的字符样式，可以选中该样式，然后单击“字符样式”面板底部的“删除当前字符样式”按钮，在弹出的对话框中单击“是”按钮即可。

8. 对齐文字

单击“字符”面板中的“段落”标签，或者执行“窗口”|“段落”命令，在默认情况下显示图13.31所示的“段落”面板，在此可以为段落文字设置对齐方式、段前间距值等属性。如果选择直排文字工具或者直排文字蒙版工具，则“段落”面板如图13.32所示。

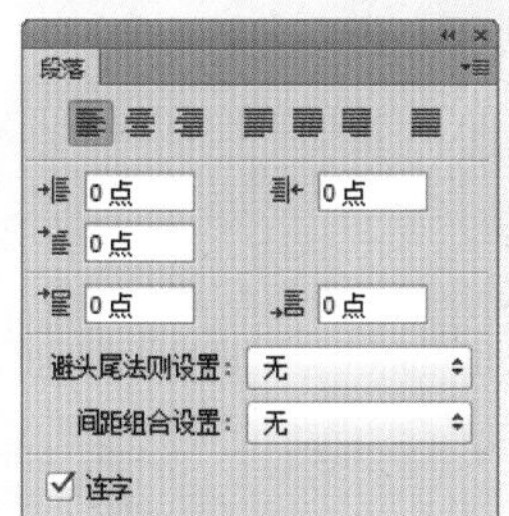

图13.31

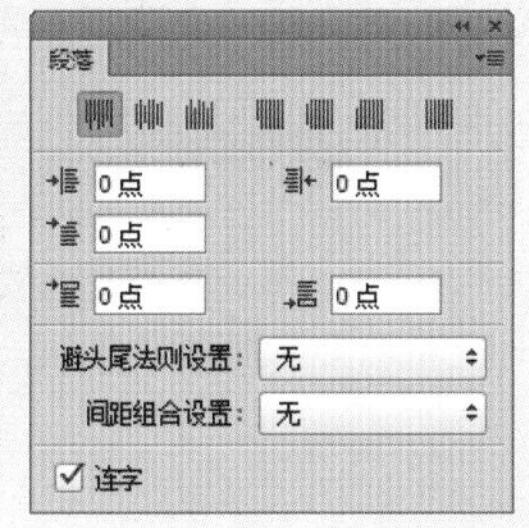

图13.32

提示

也可以通过执行“文字”|“面板”|“段落面板”命令打开“段落”面板。

如果要为某一个文字段落设置格式，使用文字工具在此段落中单击以插入光标，即可设置光标所在段落的属性。如果要设置多个文字段落，可以使用文字工具选择这些段落中的文字。如果未选择文字工具，但选择了“图层”面板中的某一个文字图层，则能够设置该图层中所有文字段落的属性。

单击“段落”面板上方的对齐方式按钮，可以将选中的段落文字以相应的方式对齐。如果选择水平排列的文字段落，可以设置的对齐方式如下。

- “左对齐文本”按钮：将段落左对齐，但段落右端可能会参差不齐。
- “居中对齐文本”按钮：将段落水平居中对齐，但段落两端参差不齐。
- “右对齐文本”按钮：将段落右对齐，但段落左端可能会参差不齐。
- “最后一行左对齐”按钮：对齐段落中除最后一行外的所有行，最后一行左对齐。
- “最后一行居中对齐”按钮：对齐段落中除最后一行外的所有行，最后一行居中对齐。
- “最后一行右对齐”按钮：对齐段落中除最后一行外的所有行，最后一行右对齐。
- “全部对齐”按钮：强制对齐段落中的所有行。

图13.33所示是分别应用水平居中对齐与左对齐后的效果。

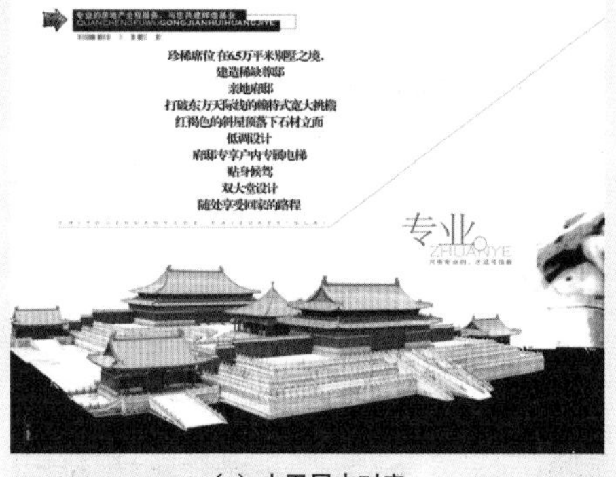

(a) 水平居中对齐

(b) 左对齐

图13.33

如果选择垂直排列的文字段落，可以设置的对齐方式如下。

- “顶对齐文本”按钮：将段落顶部对齐，但段落底部可能会参差不齐。
- “居中对齐文本”按钮：将段落居中对齐，但段落顶端和底部参差不齐。
- “底对齐文本”按钮：将段落底部对齐，但段落顶端可能会参差不齐。
- “最后一行顶对齐”按钮：对齐段落中除最后一行外的所有行，最后一行上对齐。
- “最后一行居中对齐”按钮：对齐段落中除最后一行外的所有行，最后一行居中对齐。
- “最后一行底对齐”按钮：对齐段落中除最后一行外的所有行，最后一行下对齐。
- “全部对齐”按钮：强制对齐段落中的所有行。

图 13.34 所示是分别应用垂直居中对齐及顶对齐的效果。

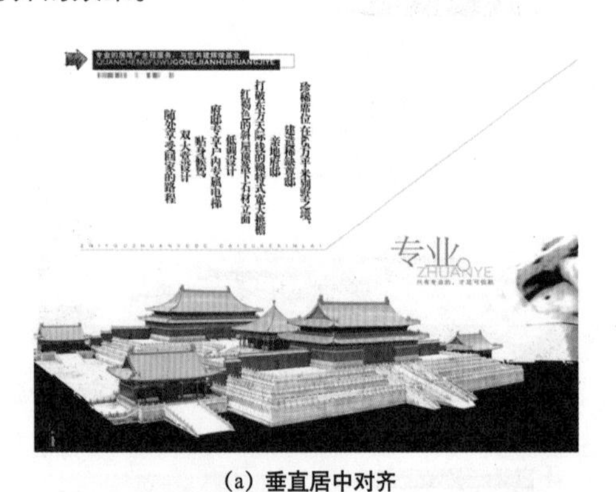

(a) 垂直居中对齐

(b) 顶对齐

图 13.34

9. 缩进段落

利用“段落”面板中的缩进参数，可以设置段落文字与文本框的距离。缩进只影响选中的段落，因此可以为不同的段落设置不同的缩进。

- 左缩进：键入数值以设置段落左端的缩进。对于垂直文字，该选项控制从段落顶端的缩进。
- 右缩进：键入数值以设置段落右端的缩进。对于垂直文字，该选项控制从段落底部的缩进。
- 首行缩进：键入数值以设置段落文字首行的缩进。

10. 更改段落间距

对于同一图层中的文字段落，可以根据需要设置它们的间距。选择需要更改段落间距的文字，在“段前添加空格”和“段后添加空格”数值框中键入数值，即可设置上下段落间的距离。

如图 13.35(a)图所示为原文字效果。图 13.35(b)图所示为设置一定段落间距后所得到的效果。

(a) 原文字效果

(b) 设置段落间距后的效果

图 13.35

13.2.3 段落样式

从 Photoshop CS6 开始，为了便于在处理多段文本时控制其属性而新增了段落样式功能，包含了对字符及段落属性的设置。要设置和编辑字符样式，首先要选择“窗口”|“段落样式”命令，以显示“段落样式”面板，如图 13.36 所示。

在编辑段落样式的属性时，将弹出图 13.37 所示的对话框，在左侧的列表中选择不同的选项，然后在右侧设置不同的参数即可。图 13.38 所示设计作品中的文字即为应用“段落样式”面板制作而成。

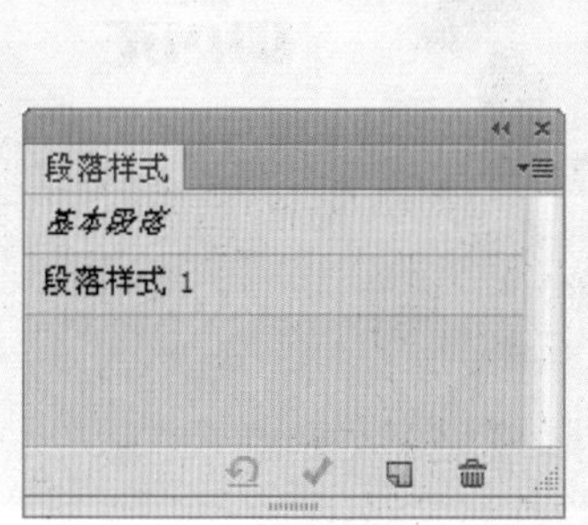

图 13.36

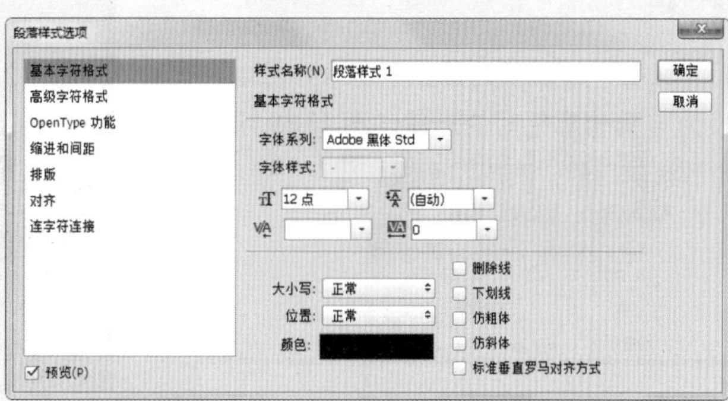

图 13.37

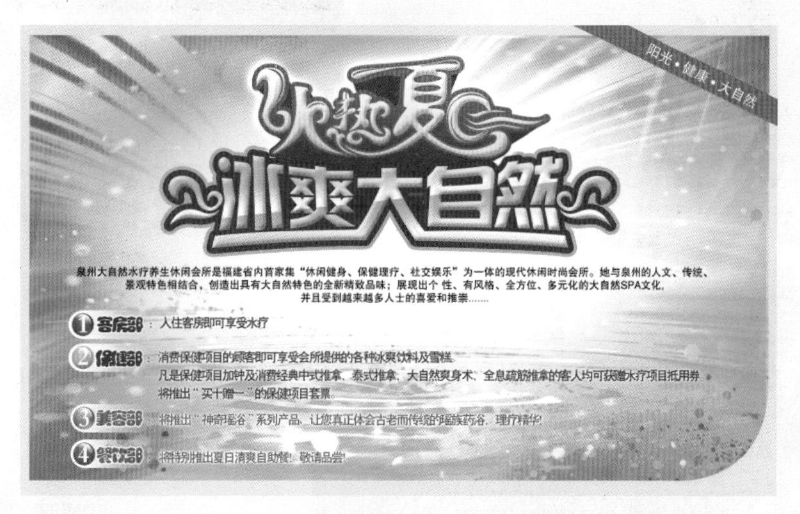

图 13.38

提示

当同时对文本应用字符样式与段落样式时，将优先应用字符样式中的属性。

13.3 文字转换

创建的文字将作为独立的文字图层在图像中存在，为使图像效果更加美观，可以将文字图层转换为普通图层、形状图层或路径，以应用更多 Photoshop 功能，创建更绚丽的效果。

13.3.1 将文字转换成为普通图层

如果希望在文字图层中进行绘图或者使用图像调整命令、滤镜命令等对文字图层中的文字进行编辑，可以执行“文字”|“栅格化文字图层”命令，将文字图层转换为普通图层。

13.3.2 将文字转换成为形状

执行“文字”|“转换为形状”命令，可以将文字转换为与其轮廓相同的形状，图 13.39 所示为转换为形状前后的“图层”面板。

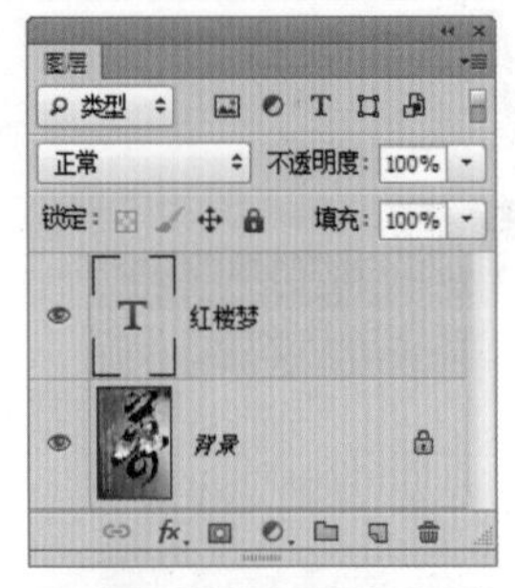

(a) 执行“转换为形状”命令前

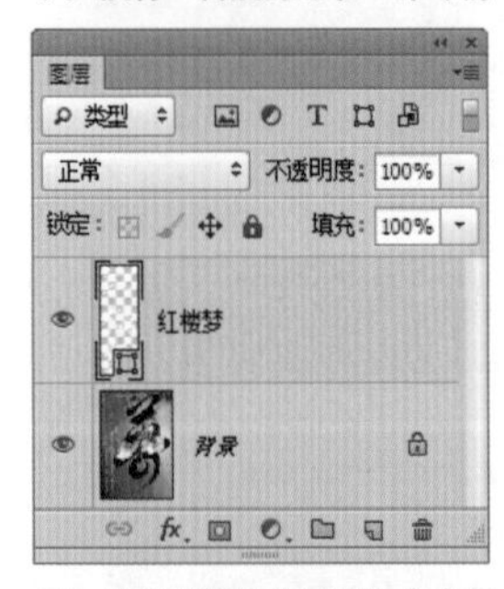

(b) 执行“转换为形状”命令后

图 13.39

13.3.3 将文字转换成为路径

执行“文字”|“创建工作路径”命令，可以由文字图层得到与其文字外形相同的工作路径，图 13.40 所示为从文字图层生成的路径。用户可在此基础上，对其进行描边等处理。

(a) 文字效果

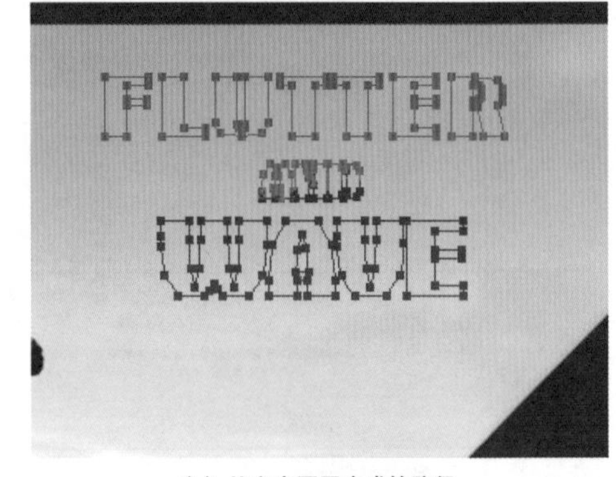

(b) 从文字图层生成的路径

图 13.40

13.4 变个模样更精彩

13.4.1 在路径上输入文字

利用 Photoshop 提供的将文字绕排于路径的功能，能够将文字绕排于任意形状的路径，实现以前只能够在矢量软件中实现的文字曲线排列的设计效果。使用这一功能，可以将文字绕排成为一条引导阅读者目光的流程线，使阅读者的目光跟随设计者的意图流动。

1. 制作沿路径绕排文字的效果

下面以为一款宣传广告增加绕排效果为例，讲解如何制作沿路径绕排的文字。

01 打开文件“第 13 章\13.4.1- 素材 .jpg”，如图 13.41 所示。

图 13.41

02 使用钢笔工具沿着圆圈图像的弧度绘制一条图 13.42 所示的路径。

图 13.42

03 使用横排文字工具在路径上单击，以插入文本光标，图 13.43 所示，输入需要的文字，如图 13.44 所示。

图 13.43

图 13.44

04 单击工具选项栏中的“提交所有当前编辑”按钮确认，得到的效果及“路径”面板如图 13.45 所示。

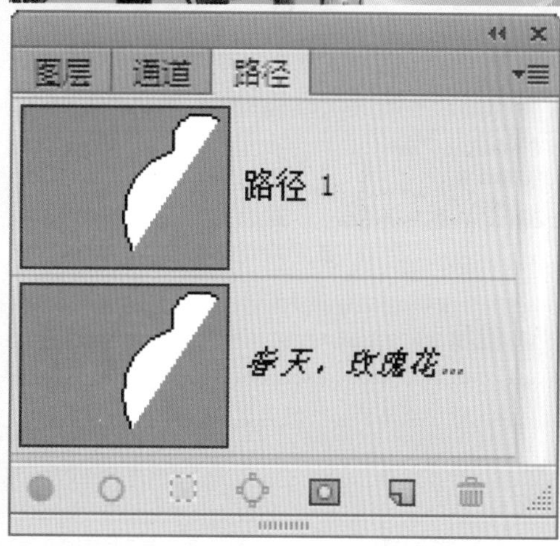

图 13.45

2. 在路径上移动或翻转文字

可以随意移动或者翻转在路径上排列的文字，其方法如下。

01 选择直接选择工具或者路径选择工具。

02 将工具放置在绕排于路径的文字上，直至鼠标指针转换为形状。

03 拖动文字即可改变文字相对于路径的位置，效果如图 13.46 所示。

（a）移动后的效果

（b）反向绕排的效果

图 13.46

> **提示**
>
> 如果当前路径的长度不足以显示全部文字，在路径末端的小圆圈将显示为 ⊕ 形状。

3. 更改路径绕排文字的属性

当文字已经被绕排于路径后，仍然可以修改文字的各种属性，包括字号、字体、水平或者垂直排列方式等。其方法如下。

01 在工具箱中选择文字工具，将沿路径绕排的文字选中。

02 在“字符”面板中修改相应的参数即可，图 13.47 所示为更改文字属性后的效果。

图 13.47

除此之外，还可以通过修改绕排文字路径的曲率、锚点的位置等来修改路径的形状，从而影响文字的绕排效果，如图 13.48 所示。

图 13.48

 13.4.2 制作异形文本块

通过在一条环绕为一定形状的路径中键入文字，可以制作异形文本块。下面讲解与此相关的知识与操作技能。通过在路径中键入文字以制作异形文本块的具体步骤如下。

01 打开文件“第 13 章\13.4.2- 素材 .tif”，在工具箱中选择钢笔工具，在其工具选项栏中选择“路径”选项，在画布中绘制一条图 13.49 所示的路径。

02 在工具箱中选择横排文字工具，在工具选项栏中设置适当的字体和字号，将鼠标指针放置在绘制的路径中间，直至鼠标指针转换为形状。

03 在 状态下，用鼠标指针在路径中单击（不要单击路径本身），从而插入文字光标，此时路径被虚线框包围。

04 在文字光标后键入所需要的文字，效果如图 13.50 所示。

图 13.49

图 13.50

在制作图文绕排效果时，路径的形状起到了关键性的作用，因此要得到不同形状的绕排效果，只需要绘制不同形状的路径即可。

13.5 学而时习之——“情迷东方”形态变化设计字设计

利用上一小节讲解的将文字转换为形状的功能，可以在文字的基础上对其轮廓进行深入的处理，从而得到更为精美的特殊文字效果。下面通过示例来讲解其操作方法。

01 打开文件“第 13 章\13.5- 素材 .psd”，如图 13.51 所示。

图 13.51

02 选择文字形状图层，用直接选择工具 框选“情”字的两个锚点，如图 13.52 所示。按住 Shift 键水平拖动锚点至与“迷”字走之旁重合处，得到图 13.53 所示的状态。

图 13.52

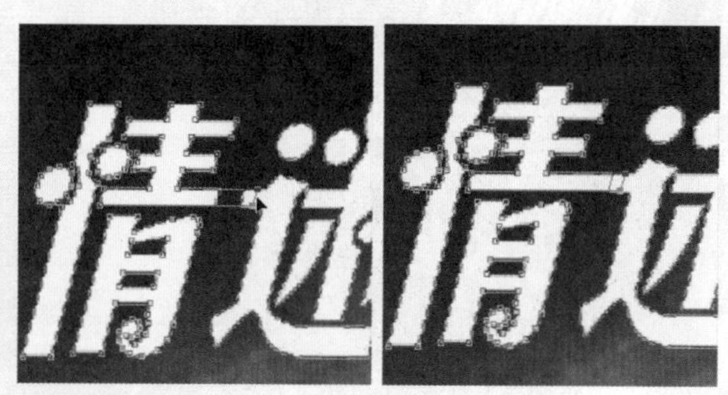

图 13.53

03 使用直接选择工具将“方”字选中，将其移动至横笔画形状与“迷”字的横笔画形状在同一水平位置，按照第二步的方法移动“方”字的锚点，得到图 13.54 所示的效果。用同样的方法移动并处理“东”字，得到图 13.55 所示的效果。

图 13.54

图 13.55

04 选择横排文字工具，在图中输入图 13.56 所示的英文字母，我们用其做本例的变形文字笔画，在文字图层上右击鼠标，选择“转换为形状”命令。再利用直接选择工具将其余的部分删除，只剩图 13.57 所示的笔画。

图 13.56

图 13.57

05 使用路径选择工具将其移至“迷”字的左下方，如图 13.58 所示。选择直接选择工具，拖动其路径上方未闭合的节点，使其和“迷”字的走之旁连接，如图 13.59 所示。

图 13.58

图 13.59

06 继续使用直接选择工具，拖动连接到“迷”字笔画下的控制句柄，直至得到图 13.60 所示的状态。

情迷东方

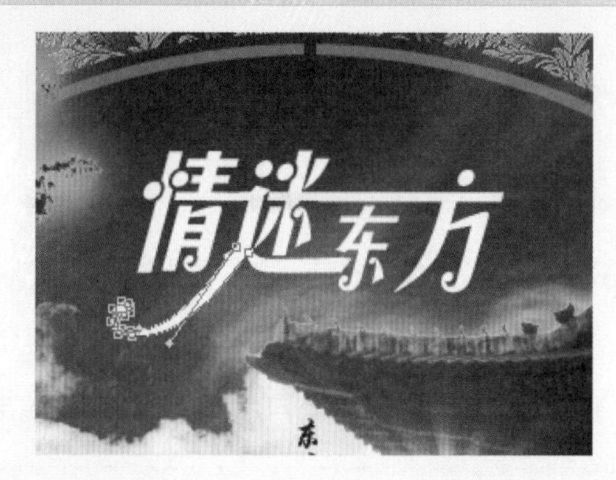

图 13.60

07 选择形状图层“情迷东方”，使其为当前操作状态，使用直接选择工具，将“迷”字的走之旁左下方多余出来的笔画删除，如图 13.61 所示。

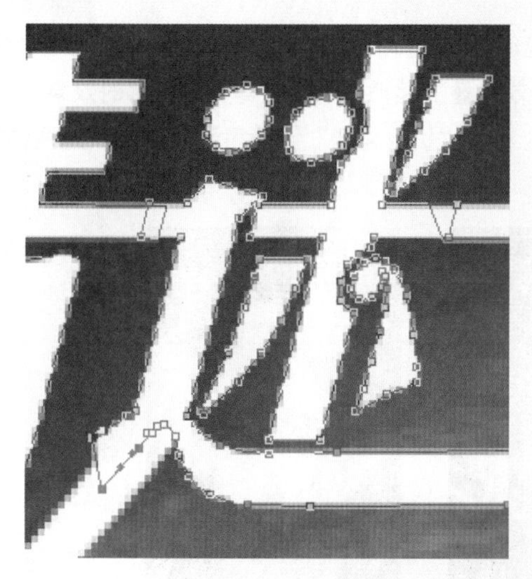

图 13.61

08 选择钢笔工具，绘制图 13.62 所示的形状，“图层”面板的状态如图 13.63 所示。

情迷东方
东方魅力尽在其中

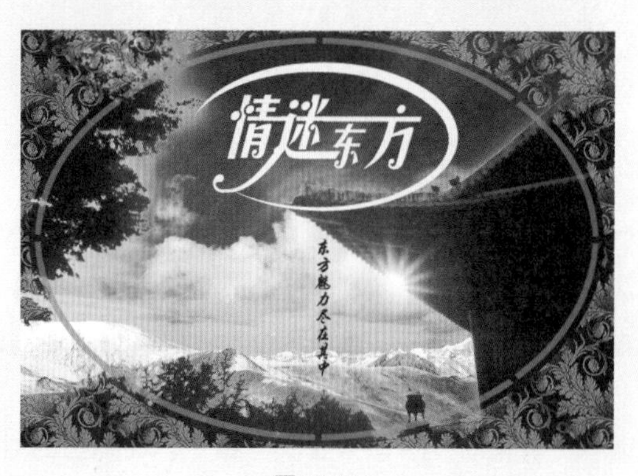

图 13.62

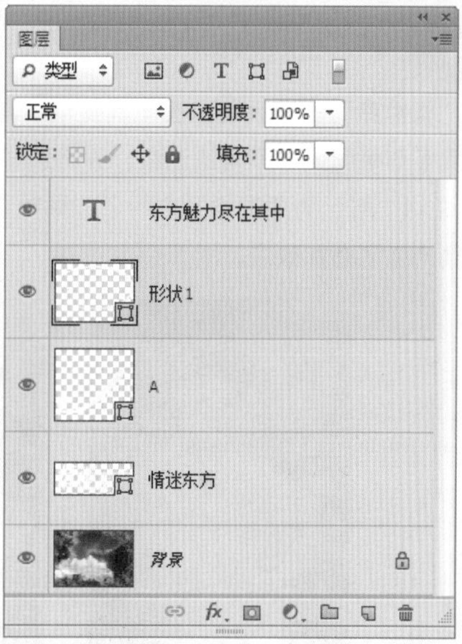
图层
类型
正常
不透明度：100%
锁定：
填充：100%
东方魅力尽在其中
形状 1
A
情迷东方
背景

图 13.63

第 14 章　特效之王——滤镜

14.1　集万千滤镜于一身

滤镜库是一个集成了 Photoshop 中绝大部分命令的集合体，除了可以帮助用户方便地选择和使用滤镜命令外，还可以通过命令滤镜层来为图像同时叠加多个命令。

值得一提的是，在 Photoshop CC 2015 中，默认情况下并没有显示出所有的滤镜，需要选择“编辑”|“首选项”|“增效工具”命令，在弹出的对话框中选择“显示滤镜库的所有组和名称”选项，显示出所有的滤镜。下面将对滤镜库进行详细的讲解。

认识滤镜库

“滤镜库”的最大特点在于其提供了累积应用滤镜的功能，即在此对话框中可以对当前操作的图像应用多个相同或者不同的滤镜，并将这些滤镜得到的效果叠加起来，从而获得更加丰富的效果。

图 14.1 所示为原图像及应用了“颗粒”滤镜后又应用了“扩散亮光”滤镜得到的效果，这两种滤镜效果产生了叠加效应。

(a) 原图像

(b) 应用“颗粒”滤镜

(c) 应用“扩散亮光”滤镜

图 14.1

执行“滤镜”|“滤镜库”命令，即可应用此命令进行滤镜叠加，图 14.2 所示为此命令在应用过程中的对话框。

图 14.2

使用此命令的关键在于对话框右下方标有滤镜命令名称的滤镜效果图层。下面讲解与滤镜效果图层有关的知识与操作技能。

14.1.2 滤镜效果图层的操作

滤镜效果图层的操作和图层一样灵活。

1. 添加滤镜效果图层

要添加滤镜效果图层，可以在选区的下方单击“新建效果图层”按钮，此时所添加的新滤镜效果图层将延续上一个滤镜效果图层的滤镜命令及其参数。

（1）如果需要使用同一滤镜命令以增强该滤镜的效果，无需改变此设置，通过调整新滤镜效果图层上的参数，即可得到满意的效果。

（2）如果需要叠加不同的滤镜命令，可以选择该新增的滤镜效果图层，在命令选区中选择新的滤镜命令，选区中的参数将同时发生变化，调整这些参数，即可得到满意的效果。

（3）如果使用两个滤镜效果图层仍然无法得到满意的效果，可以按照同样的方法再新增滤镜效果图层，并修改命令或者参数，以累积使用滤镜命令，直至得到满意的效果。

2. 改变滤镜效果图层的顺序

滤镜效果图层的优点不仅在于能够叠加滤镜效果，还可以通过修改滤镜效果图层的顺序，改变应用这些滤镜所得到的效果。

图 14.3 所示的预览效果为按右侧顺序叠加 3 个滤镜命令后所得到的效果。图 14.4 所示的预览效果为修改这些滤镜效果图层的顺序后所得到的效果，可以看出当滤镜效果图层的顺序发生变化时，所得到的效果也不相同。

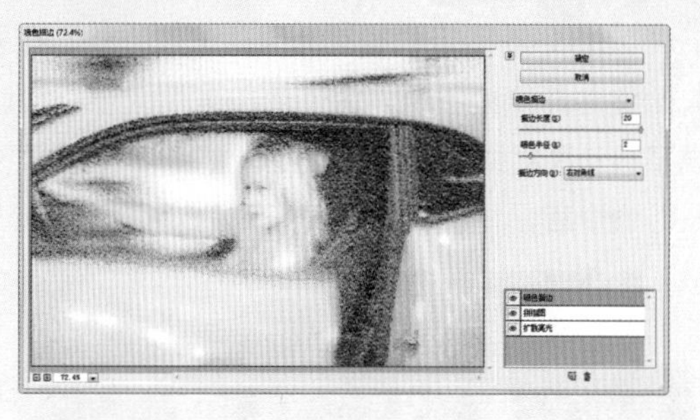

图 14.3

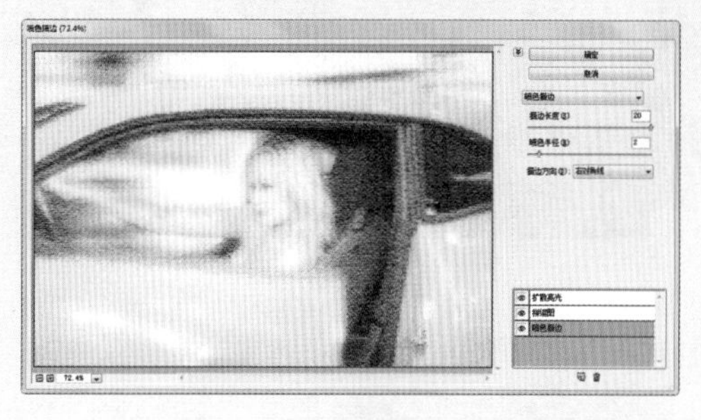

图 14.4

3. 隐藏及删除滤镜效果图层

如果希望查看在某一个或者某几个滤镜效果图层添加前的效果，可以单击该滤镜效果图层左侧的图标将其隐藏起来，图 14.5 所示为隐藏两个滤镜效果图层的对应效果。

图 14.5

对于不再需要的滤镜效果图层，可以将其删除。要删除这些图层，可以通过单击将其选中，然后单击“删除效果图层”按钮。

14.2 防抖

“防抖”滤镜专门用于校正拍照时相机不稳而产生的抖动模糊，从而在很大程度上，让照片恢复为更清晰、锐利的结果。但要注意的是，抖动模糊本身属于不可挽回的破坏性问题，因此在使用“防抖”滤镜后，也只能起到挽救的作用，而无法重现无抖动情况下的真实效果。因此，读者在拍照时，还是应尽量保持相机稳定，以避免抖动模糊问题的出现。

以图 14.6 所示的照片为例，该照片就是在弱光的室内环境中拍摄，由于快门速度较低，而出现了抖动模糊的问题，选择“滤镜”|“锐化”|“防抖”命令后，将调出图 14.7 所示的对话框。

图 14.6

图 14.7

“防抖”对话框中的参数解释如下。

- 模糊描摹边界：此参数用于指定模糊的大小，可根据图像的模糊程度进行调整。
- 源杂色：在下拉菜单中可以选择自动/低/中/高选项，指定源图像中的杂色数量，以便于软件针对杂色进行调整。
- 平滑：调整数值可减少高频锐化杂色。此数值越高，则越多的细节会被平滑掉，因此在调整时要注意平衡。
- 伪像抑制：伪像是指真实图像的周围会有一定的多余图像，尤其在使用此滤镜进行处理后，就有可能会产生一定数量的伪像，此时可以适当针对此参数进行调整。此数值为 100% 时会产生原始图像，数值为 0% 时，不会抑制任何杂色伪像。
- 显示模糊评估区域：选中此选项后，将在中间区域显示一个评估控制框，可以调整此控制框的位置及大小，以用于确定滤镜工作时的处理依据。单击此区域右下方的添加模糊描摹按钮，可以创建一个新的评估控制框。在选中一个评估控制框时，单击删除模糊描摹按钮，可以删除该评估控制框。
- 细节：在此区域中，可以查看图像的细节内容，可以在此区域中拖动，以调整不同的细节显示。另外，单击在放大镜处增强按钮，可以对当前显示的细节图像进行进一步的增强处理。

图 14.8 所示就是使用此命令处理前后的局部效果对比。可以看出其校正效果还是非常明显的。

图 14.8

14.3 专治广角变形——“自适应广角”滤镜

“自适应广角”命令专用于校正广角透视及变形问题，使用它可以自动读取照片的EXIF数据，并进行校正，也可以根据使用的镜头类型（如广角、鱼眼等）来选择不同的校正选项，配合约束工具和多边形约束工具的使用，达到校正透视变形问题的目的。选择“滤镜”|“自适应广角”命令，将弹出图 14.9 所示的对话框。

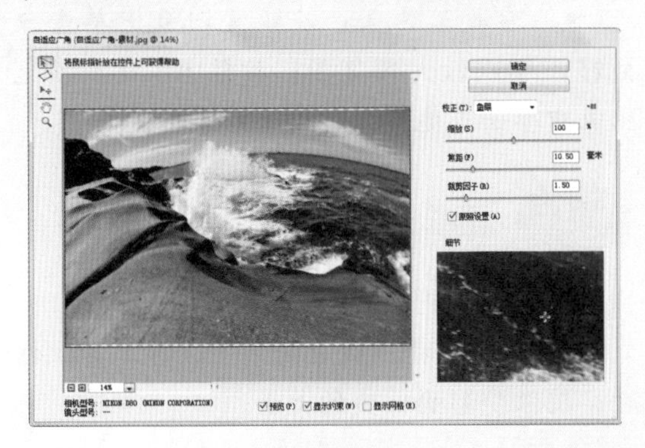

图 14.9

- “对话框”按钮：单击此按钮，在弹出的菜单中选择可以设置“自适应广角”命令的“首选项”，也可以“载入约束”或“存储约束”。
- 校正：在此下拉菜单中，可以选择不同的校正选项，包括“鱼眼”、“透视”、“自动”以及“完整球面”等4个选项，选择不同的选项时，下面的可调整参数也各有不同。
- 缩放：此参数用于控制当前图像的大小。当校正透视后，会在图像周围形成不同大小范围的透视区域，此时就可以通过调整“缩放”参数，来裁剪掉透视区域。
- 焦距：可以设置当前照片在拍摄时所使用的镜头焦距。
- 裁剪因子：可以调整照片裁剪的范围。
- 细节：在此区域中，将放大显示当前光标所在的位置，以便于进行精细调整。

除了右侧基本的参数设置外，还可以使用约束工具和多边形约束工具，针对画面的变形区域进行精细调整，前者可绘制曲线约束线条进行校正，适用于校正水平或垂直线条的变形，后者可以绘制多边形约束线条进行校正，适用于具有规则形态的对象。

以图 14.10 所示的图像为例，图 14.11 所示是处理后的效果。

图 14.10

图 14.11

14.4 变形大师——"液化"滤镜

利用"液化"命令，可以通过交互方式推、拉、旋转、反射、折叠和膨胀图像的任意区域，使图像变换成所需要的艺术效果。选择"滤镜"|"液化"命令，默认情况下只显示几个简单的画笔参数，在选中"高级模式"选项后，将显示更多的参数，如图 14.12 所示。

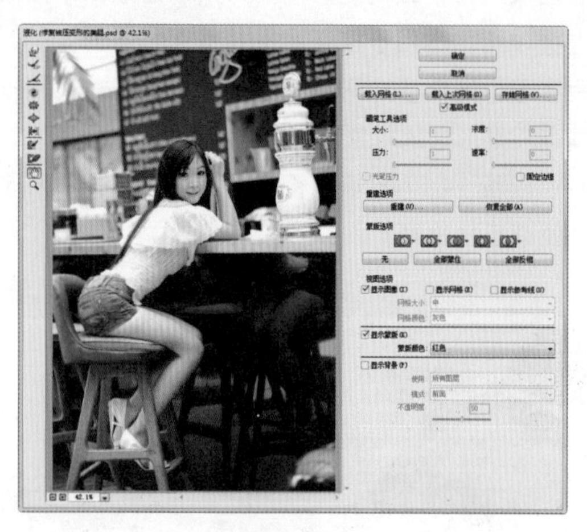

图 14.12

下面将按照上图所示的标示，详细讲解各区域中的参数含义。

工具箱

- 向前变形工具：在图像上拖动，可以使图像的像素随着涂抹产生变形。
- 重建工具：扭曲预览图像之后，使用重建工具可以完全或部分地恢复更改。
- 顺时针旋转扭曲工具：使图像产生顺时针旋转效果。
- 褶皱工具：使图像向操作中心点处收缩从而产生挤压效果。
- 膨胀工具：使图像背离操作中心点从而产生膨胀效果。
- 左推工具：移动与描边方向垂直的像素。直接拖移使像素向左移，按住 Alt 键拖移使像素向右移。
- 冻结蒙版工具：用此工具拖过的范围被保护，以免被进一步编辑。
- 解冻蒙版工具：解除使用冻结工具所冻结的区域，使其还原为可编辑状态。
- 抓手工具：通过拖动可以显示出未在预视窗口中显示出来的图像。
- 缩放工具：在预览图像中单击或拖移，可以放大预览图；按住 Alt 键在预览图像中单击或拖移，将缩小预览图。

工具选项区

工具选项区中的重要参数解释如下。

- 画笔大小：设置使用上述各工具操作时，图像受影响区域的大小。
- 画笔压力：设置使用上述各工具操作时，一次操作影响图像的程度大小。
- 光笔压力：此处可以设置在绘图板中涂抹时的压力读数。

重建选项区

重建选项区中的重要参数解释如下。

- 重建：单击此按钮，可以将所有未冻结区域改回它们在打开"液化"对话框时的状态。
- 恢复全部：单击此按钮，可以将整个预览图像改回打开对话框时的状态。

蒙版选项区

蒙版选项区中的重要参数解释如下。

- 蒙版运算：在此列出了5种蒙版运算模式，包括"替换选区"、"添加到选区"、"从选区中减去"、"与选区交叉"及"反相选区"。

- 无：单击该按钮可以取消当前所有的冻结状态。
- 全部蒙住：单击该按钮可以将当前图像全部冻结。
- 全部反相：单击该按钮可以冻结与当前所选相反的区域。

在使用“液化”滤镜对图像进行变形时，可以通过对话框右上角的“存储网格”命令将当前对图像的修改存储为一个文件，当需要时可以单击“载入网格”命令将其重新载入，以便于进行再次编辑。

14.5 摄影大师——“镜头校正”滤镜

选择“滤镜”|“镜头校正”命令，弹出图14.13所示的对话框。此命令针对相机与镜头光学素质的配置文件，能够通过选择相应的配置文件，对照片进行快速的校正，这对于使用数码单反相机的摄影师而言无疑是极为有利的。

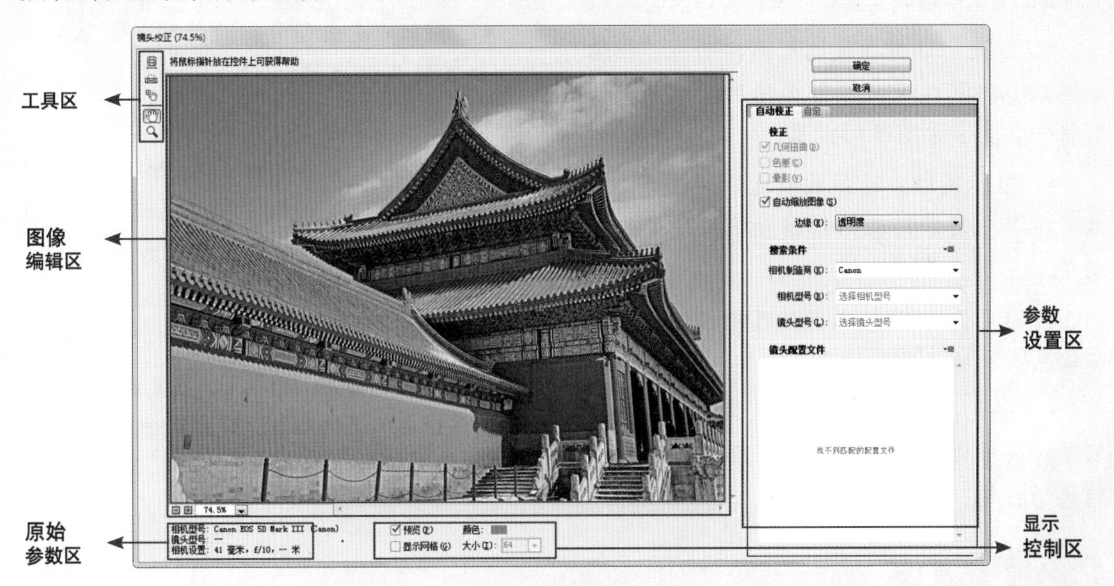

图 14.13

下面分别介绍对话框中各个区域的功能。

 14.5.1 工具区

工具区中显示了用于对图像进行查看和编辑的工具，下面分别讲解一下各工具的功能。

- 移去扭曲工具：使用该工具在图像中拖动可以校正图像的凸起或凹陷状态。
- 拉直工具：使用此功能可以校正画面的倾斜。
- 移动网格工具：使用该工具可以拖动“图像编辑区”中的网格，使其与图像对齐。
- 抓手工具：使用该工具在图像中拖动可以查看未完全显示出来的图像。
- 缩放工具：使用该工具在图像中单击可以放大图像的显示比例，按住Alt键在图像中单击即可缩小图像显示比例。

14.5.2 图像编辑区

该区域用于显示被编辑的图像，还可以即时地预览编辑图像后的效果。单击该区域左下角的⊟按钮可以缩小显示比例，单击⊞按钮可以放大显示比例。

14.5.3 原始参数区

此处显示了当前照片的相机及镜头等基本参数。

14.5.4 显示控制区

该区域可以对“图像编辑区”中的显示情况进行控制。下面分别对其中的参数进行讲解。

- 预览：选择该复选框后，将在“图像编辑区”中即时观看调整图像后的效果，否则将一直显示原图像的效果。
- 显示网格：选择该复选框则在“图像编辑区”中显示网格，以精确地对图像进行调整。
- 大小：在此输入数值可以控制“图像编辑区”中显示的网格大小。
- 颜色：单击该色块，在弹出的“拾色器”对话框中选择一种颜色，即可重新定义网格的颜色。

14.5.5 参数设置区——自动校正

选择“自动校正”选项卡，可以使用此命令内置的相机、镜头等数据做智能校正。下面分别对其中的参数进行讲解。

- 几何扭曲：选中此复选框后，可依据所选的相机及镜头，自动校正桶形或枕形畸变。
- 色差：选中此复选框后，可依据所选的相机及镜头，自动校正可能产生的紫、青、蓝等不同的颜色杂边。
- 晕影：选中此复选框后，可依据所选的相机及镜头，自动校正在照片周围产生的暗角。
- 自动缩放图像：选中此复选框后，在校正畸变时，将自动对图像进行裁剪，以避免边缘出现镂空或杂点等。
- 边缘：当图像由于旋转或凹陷等原因出现位置偏差时，在此可以选择这些偏差的位置如何显示，其中包括“边缘扩展”、“透明度”、“黑色”和“白色”4个选项。
- 相机制造商：此处列举了一些常见的相机生产商供选择，如Nikon（尼康）、Canon（佳能）以及SONY（索尼）等。
- 相机/镜头型号：此处列举了很多主流相机及镜头供选择。
- 镜头配置文件：此处列出了符合上面所选相机及镜头型号的配置文件供选择，选择完成以后，就可以根据相机及镜头的特性自动进行几何扭曲、色差及晕影等方面的校正。

14.5.6 参数设置区——自定

如果选择“自定”选项卡，在此区域提供了大量用于调整图像的参数，可以手动进行调整，如图14.14所示。

图 14.14

下面分别对其中的参数进行讲解。

■ 设置：在该下拉列表中可以选择预设的镜头校正调整参数。单击该项后面的管理设置按钮，在弹出的菜单中可以执行存储、载入和删除预设等操作。

提示

只有自定义的预设才可以被删除。

■ 移去扭曲：在此输入数值或拖动滑块，可以校正图像的凸起或凹陷状态，其功能与移去扭曲工具相同，但更容易进行精确的控制。

■ 修复红/青边：在此输入数值或拖动滑块，可以去除照片中的红色或青色色痕。

■ 修复绿/洋红边：在此输入数值或拖动滑块，可以去除照片中的绿色或洋红色痕。

■ 修复蓝/黄边：在此输入数值或拖动滑块，可以去除照片中的蓝色或黄色色痕。

■ 数量：在此输入数值或拖动滑块，可以减暗或提亮照片边缘的晕影，使之恢复正常。以图 14.15 所示的原图像为例，图 14.16 所示是修复暗角晕影后的效果。

图 14.15

图 14.16

■ 中点：在此输入数值或拖动滑块，可以控制晕影中心的大小。

■ 垂直透视：在此输入数值或拖动滑块，可以校正图像的垂直透视，如图 14.17 所示。

图 14.17

■ 水平透视：在此输入数值或拖动滑块，可以校正图像的水平透视。

■ 角度：在此输入数值或拖动表盘中的指针，可以校正图像的旋转角度，其功能与拉直工具相同，但更容易进行精确的控制。

■ 比例：在此输入数值或拖动滑块，可以对图像进行缩小和放大。需要注意的是，当对图像进行晕影参数设置时，最好调整参数后单击“确定”退出对话框，然后再次应用该命令对图像大小进行调整，以免出现晕影校正的偏差。

14.6 绘画大师——“油画”滤镜

使用“油画”滤镜可以快速、逼真地处理出油画的效果。以图 14.18 所示的图像为例，选择“滤镜”|“油画”命令，在弹出对话框的右侧可以设置其参数，如图 14.19 所示。

图 14.18

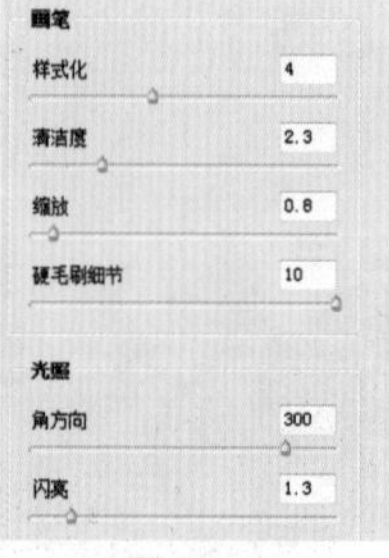

图 14.19

- 样式化：控制油画纹理的圆滑程度。数值越大，则油画的纹理显得更平滑。
- 清洁度：控制油画效果表面的干净程序，数值越大，则画面越显干净，反之，数值越小，则笔触感觉更明显。
- 缩放：控制油画纹理的缩放比例。
- 硬行刷细节：控制笔触的轻重。数值越小，则纹理的立体感就越小。
- 角方向：控制光照的方向，从而使画面呈现出不同的光线从不同方向进行照射时的不同方向的立体感。
- 闪亮：控制光照的强度。此数值越大，则光照的效果越强，得到的立体感效果也越强。

图 14.20 和图 14.21 所示是设置适当的参数后，处理得到的油画效果。

图 14.20

图 14.21

14.7 牛头终结者——模糊画廊

在 Photoshop CC 2015 中，新增了模糊画廊这一滤镜分类，其中包含了过往版本中增加的“场景模糊”、“光圈模糊”、“移轴模糊（早期版本称为倾斜偏移）”、“路径模糊”和“旋转模糊”共 5 个滤镜，本节就来分别讲解它们的使用方法。

14.7.1 了解模糊画廊的工作界面

在选择“滤镜”|“模糊画廊”子菜单中的任意一个滤镜后，工具选项栏将变为图 14.22 所示的状态，并在右侧弹出“模糊工具”、“效果”、“动感效果”及“杂色”面板，如图 14.23 所示，其中“效果”面板仅适用于“场景模糊”、“光圈模糊”及“移轴模糊”滤镜，“动感效果”面板仅适用于新增的“路径模糊”和“旋转模糊”滤镜。

图 14.22

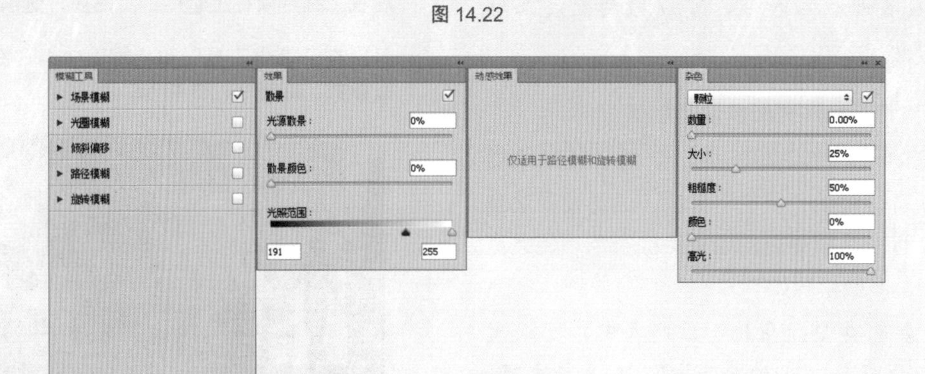

图 14.23

14.7.2 “场景模糊”滤镜

使用“滤镜”|“模糊画廊”|“场景模糊”滤镜，可以通过编辑模糊图钉，为画面增加模糊效果，通过适当的设置，还可以获得类似图 14.24 所示的光斑效果。

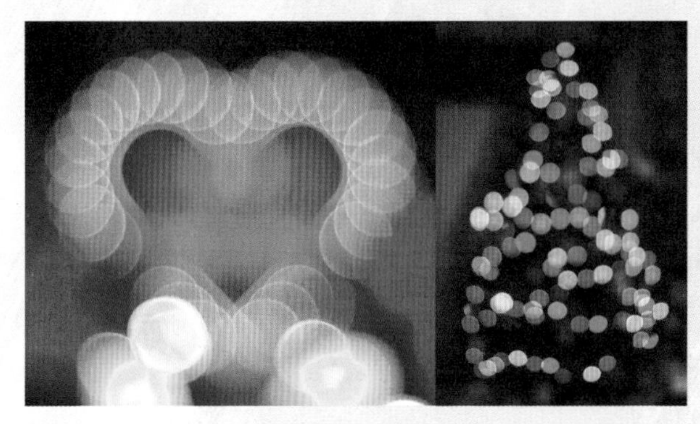

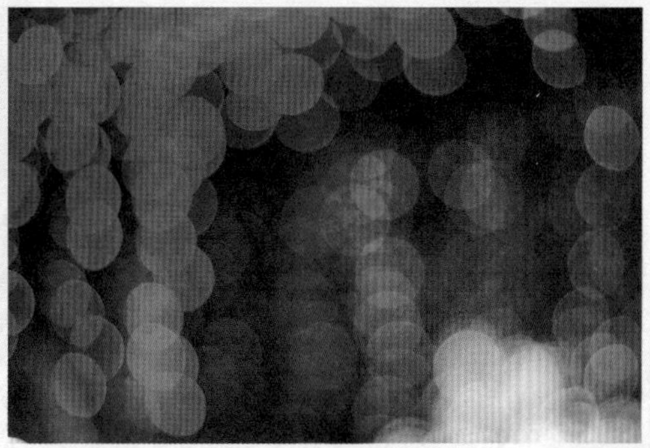

图 14.24

1. 在“模糊工具”面板中设置参数

在“模糊工具”面板中选择“场景模糊”滤镜后，可以为其设置“模糊”数值，该数值越大，则模糊的效果越强。

2. 在工具选项栏中设置参数

在选择“场景模糊”滤镜后，工具选项栏中参数的解释如下。

- 选区出血：应用“场景模糊”滤镜前绘制了选区，则可以在此设置选区周围模糊效果的过渡。
- 聚焦：此参数可以控制选区内图像的模糊量。
- 将蒙版存储到通道：选中此复选框，将在应用“场景模糊”滤镜后，根据当前的模糊范围，创建一个相应的通道。
- 高品质：选中此复选框时，将生成更高品质、更逼真的散景效果。
- 移去所有图钉按钮：单击此按钮，可清除当前图像中所有的模糊图钉。

3. 在“效果”面板中设置参数

“效果”面板中的参数解释如下。

- 光源散景：调整此数值，可以调整模糊范围中，圆形光斑形成的强度。
- 散景颜色：调整此数值，可以改变圆形光斑的色彩。

■ 光照范围：调整此参数下的黑、白滑块，或在底部输入数值，可以控制生成圆形光斑的亮度范围。

4. 在“杂色”面板中设置参数

在 Photoshop CC 2015 中，新增了针对模糊画廊中所有滤镜的“杂色”面板，通过设置适当的参数，可以为模糊后的效果添加杂色，使之更为逼真，其参数解释如下。

■ 杂色类型：在此下拉列表中，可以选择“高斯分布”、“平均分布”及“颗粒”选项，其中选择“颗粒”选项时，得到的效果更接近数码相机拍摄时自然产生的杂点。

■ 数量：调整此数值，可设置杂色的数量。

■ 大小：调整此数值，可设置杂色的大小。

■ 粗糙度：调整此数值，可设置杂色的粗糙程度。此数值越大，则杂色越模糊、图像质量显得越低下；反之，则杂色越清晰、图像质量相对会显得更高。

■ 颜色：调整此数值，可设置杂色的颜色。默认情况下，此数值为 0，表示杂色不带有任何颜色。此数值越大，则杂色中拥有的色彩就越多，也就是俗称的“彩色噪点”。

■ 高光：调整此数值，可调整高光区域的杂色数量。在摄影中，越亮的部分产生的噪点就越少，反之则会产生更多的噪点，因此适当调整此参数，以减弱高光区域的噪点，可以让画面更为真实。

将光标置于模糊图钉的半透明白条位置，按住鼠标左键拖动该半透明白条，即可调整“场景模糊”滤镜的模糊数值。当光标状态为✢时，单击即可添加新的图钉。

下面将利用“场景模糊”滤镜来制作逼真的光斑效果。

01 打开文件“第 14 章\14.7.2-4- 素材 .jpg”，如图 14.25 所示。

02 执行“滤镜”|“模糊”|“场景模糊”命令，然后在工具选项栏上选中“高品质”选项。

03 分别在“模糊工具”和“模糊效果”面板中设置参数，如图 14.26 所示。

图 14.25

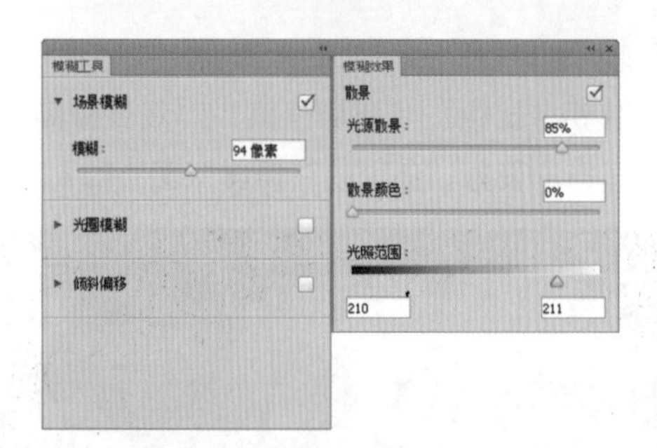

图 14.26

04 在“杂色”面板中调整参数，为画面添加杂色，使整体更为真实，如图 14.27 所示，得到图 14.28 所示的效果。

杂色	
颗粒	☑
数量：	15.68%
大小：	25%
粗糙度：	32%
颜色：	49%
高光：	38%

图 14.27

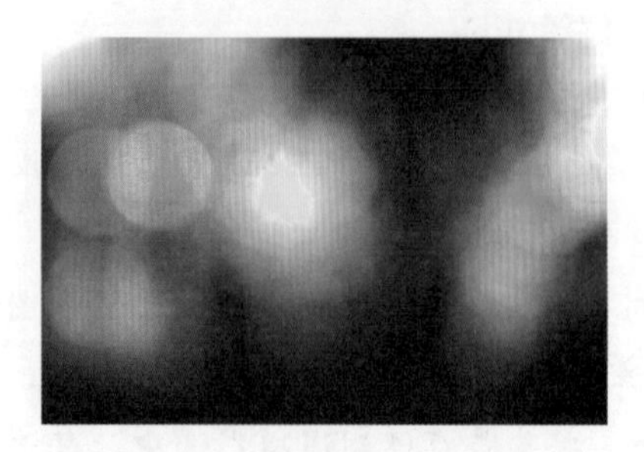

图 14.28

 “光圈模糊”滤镜

“光圈模糊”滤镜可用于限制一定范围的塑造模糊效果，以图 14.29 所示的图像为例，图 14.30 所示是选择“滤镜”|“模糊画廊”|“光圈模糊”命令后调出的光圈模糊图钉。

图 14.29

图 14.30

- 拖动模糊图钉中心的位置，可以调整模糊的位置。
- 拖动模糊图钉周围的 4 个白色圆点，可以调整模糊渐隐的范围。若按住 Alt 键拖动某个白色圆点，可单独其渐隐范围。
- 模糊图钉外围的圆形控制框可调整模糊的整体范围，拖动该控制框上的 4 个控制句柄，可以调整圆形控制框的大小及角度。
- 拖动圆形控制框上的控制句柄，可以等比例绽放圆形控制框，以调整其模糊范围。

图 14.31 所示是编辑各个控制句柄及相关模糊参数后的状态，图 14.32 所示是确认模糊后的效果。

图 14.31

图 14.32

 “移轴模糊”滤镜

使用的“倾斜偏移”滤镜，可用于模拟移轴镜头拍摄出的改变画面景深的效果。

以图 14.33 所示的素材为例，图 14.34 所示是选择“滤镜”|“模糊画廊”|“移轴模糊”命令，将在图像上显示出的模糊控制线。

图 14.33

图 14.34

- 拖动中间的模糊图钉，可以改变模糊的位置。

- 拖动上下的实线型模糊控制线，可以改变模糊的范围。
- 拖动上下的虚线型模糊控制线，可以改变模糊的渐隐强度。

14.7.5 “路径模糊”滤镜

使用“路径模糊”滤镜可以制作沿一条或多条路径运动的模糊效果，并可以控制形状和模糊量。以图 14.35 所示的图像为例，图 14.36 所示是增加路径模糊并利用图层蒙版进行融合处理后的效果。

图 14.35

图 14.36

选择“滤镜”|“模糊画廊”|“路径模糊”命令后，“模糊工具”面板中的参数如图 14.37 所示，且在默认情况下，画面变为图 14.38 所示的效果，用户可通过编辑其中的路径 ○——○——▶○ 以改变模糊的轨迹。

图 14.37　　图 14.38

拖动路径 ○——○——▶○ 两端的圆形控制句柄，可以改变路径的起、止位置，拖动中心的小圆可改变路径的弧度，用户还可以在路径上的空白位置单击，以添加控制句柄并进一步调整路径的形态，从而改变模糊的轨迹，如图 14.39 所示。

图 14.39

下面来分别讲解与“路径模糊”滤镜相关的参数。

1. 在“模糊工具”面板中设置参数

“模糊工具”面板中的“路径模糊”参数解释如下所述。

- 模糊类型：在此下拉列表中，可以选择“基本模糊”或“后帘同步闪光”两个选项，前者用于对图像进行模糊处理，后者会自动将模糊的效果与原图像进行混合，以模拟摄影后帘同步闪光时的拍摄效果。例如图 14.40 所示是在选择“基本模糊”选项时的效果，图 14.41 所示是选择“后帘同步闪光”选项时的效果。

图 14.40

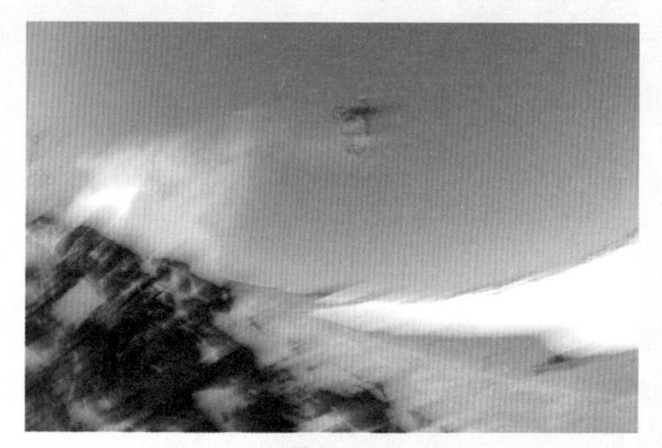

图 14.41

- 速度：此参数可控制模糊的强度，数值越大，则模糊的效果越强烈。
- 锥度：此参数可以逐渐减弱模糊的效果。
- 居中模糊：选中此选项时，可通过以任何像素的模糊形状为中心创建稳定模糊。
- 终点速度：在选中路径两端的控制句柄时，此参数将被激活，它可以改变在路径两端方向上的模糊强度。

2. 设置“动感效果”面板中的参数

在前面的讲解中，选择模糊类型下拉列表中的“后帘同步闪光”选项时，就是以默认的数值调整“动感效果”面板中的参数，从而使模糊后的图像与原图像融合在一起，用户要根据需要，在其中调整“闪光灯强度”及“闪光灯闪光”数值，以调整得到不同的融合效果。

14.7.6 “旋转模糊”滤镜

使用“旋转模糊”滤镜可以为对象增加逼真的旋转模糊效果，其最典型的应用莫过于为汽车轮胎增加转动效果，如图 14.42 所示。

图 14.42

在应用“滤镜”|“模糊画廊”|“旋转模糊”命令后，将调出图中所示的旋转模糊控件，其功能与前面讲解的光圈模糊控件基本相同，用户可根据需要调整其大小、圆度、从中心到边缘的过渡等，如图 14.43 所示，并在“模糊工具”面板中调整“模糊角度”数值，即可为图像增加旋转模糊效果。

图 14.43

14.8 任你修改滤镜千百遍

使用智能滤镜除了能够直接对智能对象应用滤镜效果外，还可以对所添加的滤镜进行反复修改。下面讲解智能滤镜的使用方法。

14.8.1 添加智能滤镜

要添加智能滤镜，可以按照下面的方法操作。

01 选择要应用智能滤镜的智能对象图层，在“滤镜”菜单中选择要应用的滤镜命令，并设置适当的对话框参数。

02 设置完毕后，单击“确定”按钮退出对话框，生成一个对应的智能滤镜图层。

03 如果要继续添加多个智能滤镜，可以重复 1 ～ 2 的操作，直至得到满意的效果。

提示

如果选择的是没有参数的滤镜（如“查找边缘”、“云彩”等），则直接对智能对象图层中的图像进行处理，并创建对应的智能滤镜图层。

图 14.44 所示为原图像及对应的“图层”面板。图 14.45 所示为在“滤镜库”对话框中选择了“绘图笔”滤镜，并调整适当参数后的效果，此时在原智能对象图层的下方多了一个智能滤镜图层。

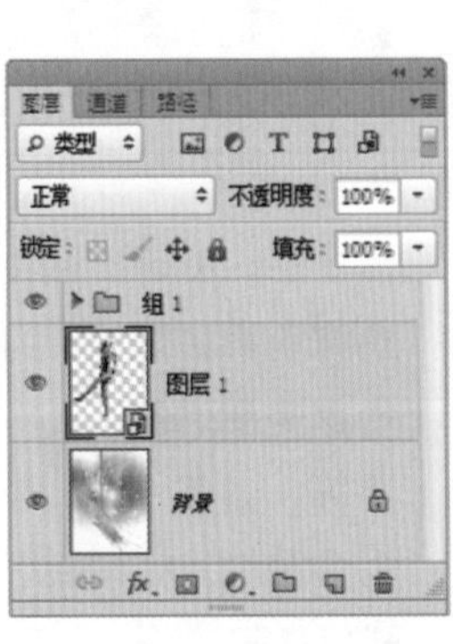

图 14.44

图 14.45

可以看出，智能滤镜图层主要是由智能蒙版及智能滤镜列表构成的。其中，智能蒙版主要是用于隐藏智能滤镜对图像的处理效果，而智能滤镜列表则显示了当前智能滤镜图层中所应用的滤镜名称。

14.8.2 编辑智能蒙版

智能蒙版的使用方法和效果与普通蒙版十分相似，可以用来隐藏滤镜处理图像后的图像效果，同样是使用黑色来隐藏图像，使用白色来显示图像，而灰色则产生一定的透明效果。

编辑智能蒙版同样需要先选择要编辑的智能蒙版，然后用画笔工具、渐变工具等工具（根据需要设置适当的颜色及画笔的大小和不透明度等）在蒙版上进行涂抹。

图 14.46 所示为在智能蒙版中制作黑白渐变后得到的图像效果，及对应的“图层”面板。可以看出，上方的黑色导致了该智能滤镜的效果被完全地隐藏。

图 14.46

对于智能蒙版，同样可以进行添加或者删除的操作。在滤镜效果蒙版缩览图或者“智能滤镜”这几个字上单击鼠标右键，在弹出的菜单中选择“删除滤镜蒙版”或者“添加滤镜蒙版”命令，“图层”面板状态如图 14.47 所示；也可以执行“图层”|“智能滤镜”|“删除滤镜蒙版”命令及“添加滤镜蒙版”命令，这里的操作是可逆的。

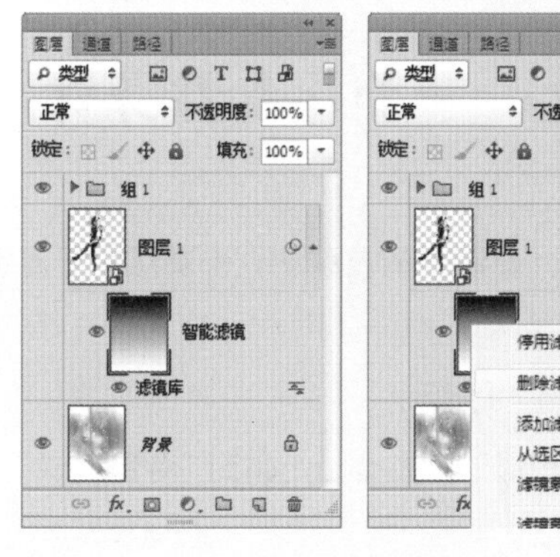

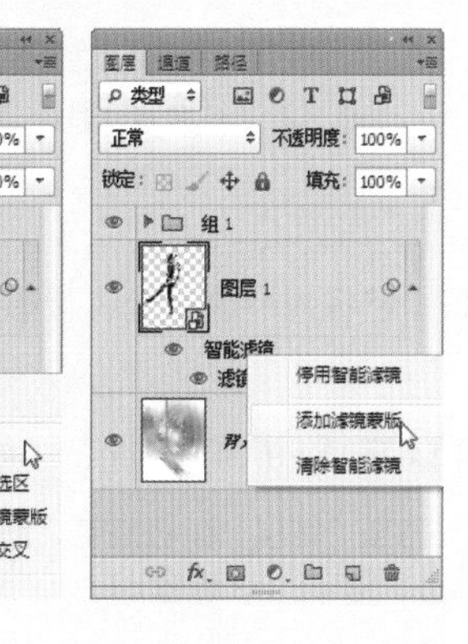

图 14.47

14.8.3 编辑智能滤镜

智能滤镜的一个优点在于可以反复编辑所应用的滤镜参数，直接在“图层”面板中双击要修改参数的滤镜名称即可进行编辑。图 14.48 所示是修改了“绘图笔”滤镜参数前后的图像对比效果。

图 14.48

14.8.4 停用智能滤镜

停用或者启用智能滤镜可以分为两种操作，即对所有智能滤镜操作和对单独某个智能滤镜操作。

要停用所有智能滤镜，在所属的智能对象图层最右侧的图标上单击鼠标右键，在弹出的菜单中选择“停用智能滤镜”命令，即可隐藏所有智能滤镜生成的图像效果；再次在该位置处单击鼠标右键，在弹出的菜单中选择“启用智能滤镜”命令，即可显示所有智能滤镜生成的图像效果。

较为便捷的操作是直接单击智能蒙版前面的图标，同样可以显示或者隐藏全部的智能滤镜。

如果要停用或者启用单个智能滤镜，也可以参照上面的方法进行，只不过需要在要停用或者启用的智能滤镜名称上进行操作。

14.8.5 删除智能滤镜

对智能滤镜同样可以执行删除操作，直接在该滤镜名称上单击鼠标右键，在弹出的菜单中选择“删除智能滤镜”命令，或者将要删除的滤镜图层直接拖动至“图层”面板底部的 “删除图层”按钮上。

如果要清除所有的智能滤镜，则可以在“智能滤镜”这几个字上单击鼠标右键，在弹出的菜单中选择“清除智能滤镜”命令，或者直接执行“图层”|“智能滤镜”|“清除智能滤镜”命令。

14.9 学而时习之——美化女性身材

本例主要讲解如何将太平公主变为性感女郎。在制作的过程中，主要运用了滤镜功能中的“液化”命令。

01 打开文件“第 14 章\14.9- 素材 .jpg”，如图 14.49 所示。

02 将“背景”图层拖至“图层”面板底部“创建新图层”按钮上，得到“背景 拷贝”。选择“滤镜”|“液化”命令，弹出“液化”对话框。

03 在“液化”对话框的左侧选择向前变形工具，单击左下方的按钮，使图像的显示比例放大到 100%，然后在对话框右侧的“工具选项”区域中设置各选项，如图 14.50 所示。

图 14.49

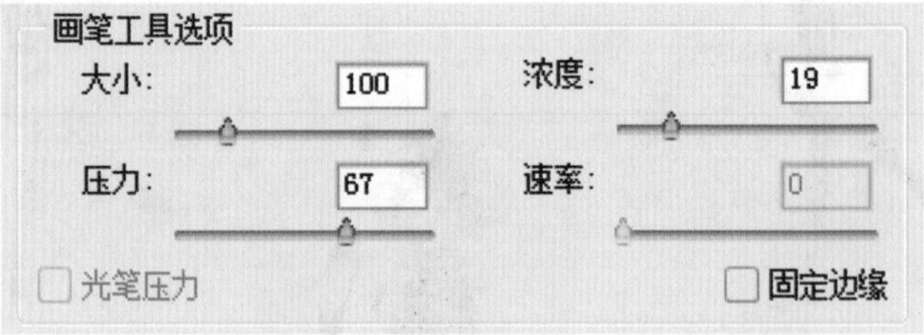

画笔工具选项
大小: 100
浓度: 19
压力: 67
速率: 0
光笔压力
固定边缘

图 14.50

04 将光标置于人物的胸部，如图 14.51 所示。向右拖动使胸部变大，如图 14.52 所示。

图 14.51

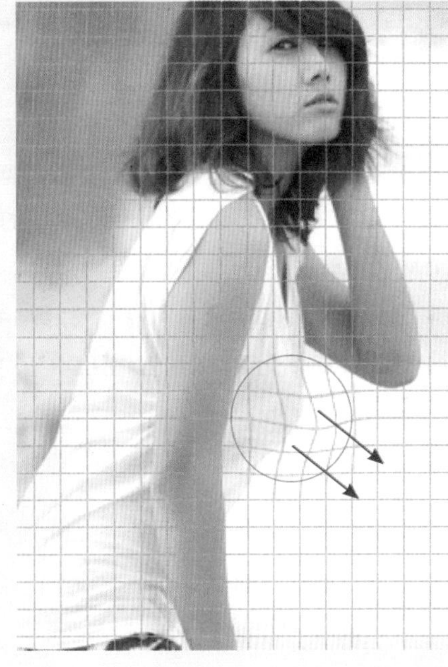

图 14.52

05 按照上一步的操作方法继续使用向前变形工具 对胸部进行液化处理，得到的效果如图 14.53 所示。

06 对胸部处理完毕，继续对人物的背部、腿部进行液化处理，如图 14.54 所示。

图 14.53

图 14.54

07 单击“确定”按钮退出对话框。图 14.55 所示为应用“液化”命令前后的对比效果。

图 14.55

14.10 学而时习之——移轴摄影的微观世界

移轴摄影 (Tilt-shift photography) 是运用一种镜轴能上下及左右移动的特殊镜头所拍摄出的照片，最主要是应用在建筑摄影来矫正广角端的变形。但移轴镜头的另一个特点，就是可以拍摄类似模型的微观世界效果。虽然效果是很有趣的，但是真正的移轴镜头价格非常昂贵，不是一般人能负担得起。本例将通过几个简单的步骤，用 photoshop 打造出简单的移轴效果。

01 打开文件“第 14 章\14.10- 素材 .jpg”，如图 14.56 所示。

02 按 Ctrl+J 键复制“背景”图层，得到“图层 1”，并在该图层上单击鼠标右键，在弹出的菜单中选择“转换为智能对象”命令。

03 选择“滤镜”|“模糊画廊”|“移轴模糊”命令，默认情况下，得到图 14.57 所示的效果。

图 14.56

图 14.57

04 拖动模糊中心点，将模糊控件整体向下移动，置于中间偏下的建筑上，如图 14.58 所示。

05 按住 Alt 键向下拖动上方的实线，以缩小模糊的范围，如图 14.59 所示。

图 14.58

图 14.59

06 在“模糊工具”面板中提高“模糊”数值，以增强模糊效果，如图 14.60 所示，得到图 14.61 所示的效果。

图 14.60

图 14.61

07 单击工具选项栏中的“确定”按钮，完成移轴效果的设置，此时的图像效果如图 14.62 所示。

图 14.62

第 15 章　年轻有“维”，舍我其谁——3D 功能

15.1　3D 功能那些事

自 Photoshop CS3 新增了 3D 功能后，在之后的每个版本中，3D 功能都明显地让人感觉到其逐步完善、功能逐渐强大的事实。在 Photoshop CC 2015 中，在原有的强大功能基础上，又大大地简化并优化了 3D 对象的编辑与处理流程，同时还新增了 3D 打印、制作法线图、凹凸图等实用功能，使之更为丰富和强大。

15.1.1 启用图形处理器

在 Photoshop CC 2015 中，至少要在 Windows 7 64 位系统下，并启用了图形处理器功能，才可以使用 3D 功能。可以选择“编辑”|“首选项”|“性能”命令，在弹出的对话框右下方，选中“使用图形处理器”选项。若“使用图形处理器”选项显示为灰色不可用状态，则可能是电脑的显卡不支持此功能，用户可尝试更新显卡的驱动程序。

15.1.2 认识 3D 图层

3D 图层属于一类非常特殊的图层，为了便于与其他图层区别开来，其缩览图上存在一个特殊的标识，另外，根据设置的不同，其下方还有不等数量的贴图列表，如图 15.1 所示。

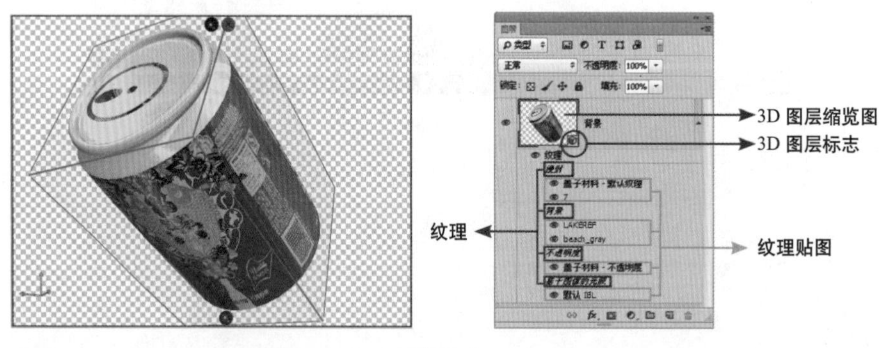

图 15.1

下面来介绍一下 3D 图层各组成部分的功能。

- 双击 3D 图层缩览图可以调出 3D 面板，以对模型进行更多的属性设置。
- 3D 图层标志：可以方便认识并找到 3D 图层的主要标识。
- 纹理：Photoshop 提供了很多种纹理类型，比如用于模拟物体表面肌理的“漫射”类贴图，以及用于模拟物体表面反光的“环境”类贴图等，每种纹理类型下面都可以为其设置不同数量的贴图。
- 纹理贴图：此处列出了在不同的纹理类型中所包含的纹理贴图数量及名称，当光标

置于不同的贴图上时，还可以即时预览其中的图像内容。

提示

不能在3D图层上直接使用各类变换操作命令、颜色调整命令和滤镜命令，除非将此图层栅格化或转换成为智能对象。

了解3D面板

3D面板是3D模型的控制中心，选择"窗口"|"3D"命令或在"图层"面板中双击某3D图层的缩览图，都可以显示图15.2所示的3D面板。

图15.2

默认情况下，3D面板选中的是顶部的"整个场景"按钮，此时会显示每一个选中的3D图层中3D模型的网格、材质和光源，还可以在此面板对这些属性进行灵活的控制。

在大多数情况下，应该保持按钮被按下，以显示整个3D场景的状态，从而在面板上方的列表中单击不同的对象时，能够在"属性"面板中显示该对象的参数，以方便对其进行控制。

提示

当在3D面板中选择不同的对象时，在画布中单击右键，即可弹出与之相关于的参数面板，从而进行快速的参数设置。

渲染3D模型

在创建及编辑3D模型的过程中，此时无论是模型的质量、光线的准确性以及模型的阴影等，都不会显示出来，一切只为了以最快的速度预览模型的大致效果，在此品质下，模型边缘常常会带有较多的锯齿，对于高品质的图像以及光影等效果，需要在渲染后才可以显示出最终的效果。

要渲染3D模型，可以在选中要渲染的3D图层后，在"属性"面板底部单击"渲染"按钮，即根据所设置的参数进行渲染。

高品质的渲染速度较慢，因此在进行渲染时，如果发现已经了解了渲染结果，可以随时按Esc键停止进行渲染，此时"3D"面板中的"渲染"按钮将变为"恢复渲染"按钮，单击此按钮即可继续前一次的渲染结果。例如图15.3所示就是分别渲染至不同品质下的3种效果对比。

图15.3

提示

当对3D模型的参数进行了任意设置时，则"恢复渲染"按钮将重新变为"渲染"按钮，即无法再继续对上一次的结果进行渲染。

15.1.5 栅格化 3D 模型

3D 图层是一类特殊的图层，在此类图层中，无法进行绘画等编辑操作，要应用的话，必须将此类图层栅格化。

选择“图层”|“栅格化”|“3D”命令，或直接在此类图层中单击鼠标右键，在弹出的快捷菜单中选择“栅格化”命令，均可将此类图层栅格化。

15.2 构造你的 3D 世界

Photoshop 提供了创建 3D 模型的多种方法，主要包括从外部导入、创建 3D 明信片以及创建预设 3D 形状等，下面将分别介绍它们的使用方法。

15.2.1 从外部导入 3D 模型

如果拥有一些 3D 资源或自己会使用一些三维软件，可以将这些软件制作的模型导出成为 3DS、DAE、FL3、KMZ、U3D、OBJ 等格式，然后使用下面的方法将其导入至 Photoshop 中使用。

- 选择“文件”|“打开”命令，在弹出的对话框中直接打开三维模型文件，即可导入 3D 模型。
- 选择“3D”|“从 3D 文件新建图层”命令，在弹出的对话框中打开三维模型文件，即可导入 3D 模型。

图 15.4

15.2.2 创建 3D 明信片

使用“明信片”命令可以将平面图像转换为 3D 明信片两面的贴图材料，该平面图层也相应被转换为 3D 图层，其具体步骤如下。

01 **打开文件“第 15 章\15.2.2- 素材 .jpg”，如图 15.4 所示，选择图层“背景 拷贝”。**

02 **执行“3D”|“从图层新建网格”|“明信片”命令，图 15.5 所示为使用此命令后在 3D 空间内进行旋转的效果。**

图 15.5

15.2.3 创建预设 3D 形状

要创建预设 3D 形状，可以执行“3D”|“从图层新建网格”|“网格预设”子菜单中的命令，以创建新的 3D 模型（如锥形、立方体或者圆柱体等），并在 3D 空间中移动此 3D 模型、更改其渲染设置、添加灯光或者将其与其他 3D 图层合并等，如图 15.6 所示。

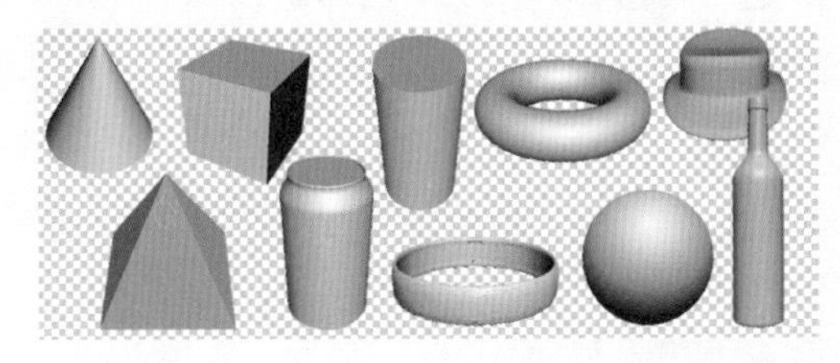

图 15.6

提示

要创建 3D 模型，应该在“图层”面板中选择一个 2D 图层。如果选择“3D”图层，则无法执行“3D”|“从图层新建网格”|“网格预设”命令。

15.2.4 深度映射 3D 网格

执行“3D”|“从图层新建网格”|“深度映射到”子菜单中的命令，或在没有选择普通图层的情况下，在“3D”面板中也可以执行“从灰度创建 3D 网格”命令，然后在下面的下拉菜单中选择合适的选项，再单击“创建”按钮，即可将平面图像映射成为 3D 模型。其原理是将一幅平面图像的灰度信息映射成3D物体的深度映射信息，从而通过置换生成深浅不一的 3D 立体表面。下面是基本操作步骤。

01 **打开文件“第 15 章\ 15.2.4- 素材 .jpg”，如图 15.7 所示，将其确定为要转换成为 3D 对象的图层。**

图 15.7

02 **执行“图像”|“模式”|“灰度”命令，或执行“图像”|“调整”|“黑白”命令将图像调整为灰度效果（此操作可以跳过）。**

03 **执行“3D”|“从图层新建网格”|“深度映射到”命令，然后执行如下所述的各网格选项命令，图 15.8 所示是执行“平面”命令后得到的效果。**

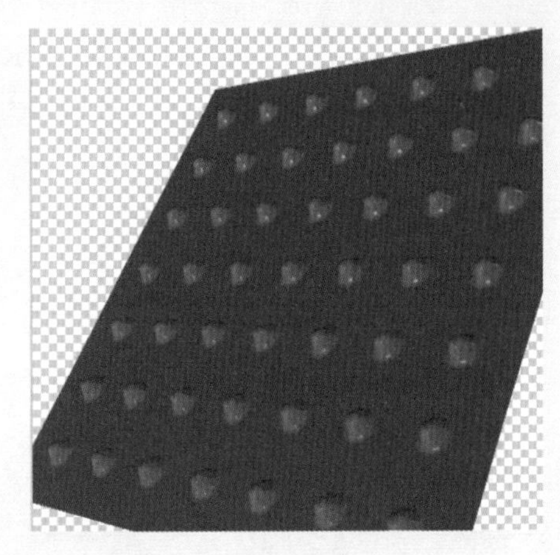

图 15.8

- 平面：将深度映射数据应用于平面表面。
- 双面平面：创建两个沿中心轴对称的平面，并将深度映射数据应用于两个平面。
- 圆柱体：从垂直轴中心向外应用深度映射数据。
- 球体：从中心点向外呈放射状应用深度映射数据。

15.2.5 创建凸出模型

创建凸出模型功能最大的特点就在于，支持从“文字”图层、普通图层、选区以及路径等对象上创建模型，使创建模型的工作更加丰富、易用，下面介绍一些其创建及编辑方法。

1. 创建凸出模型

在依据不同的对象创建模型时，也需要当前所选中的图层或当前画布中显示了相应的对象，如要依据路径创建模型，则当前应显示一条或多条封闭路径。

以图 15.9 所示的图像为例，其选区在“通道”面板中，按住 Ctrl 键并单击“Alpha1”的缩览图以载入的选区，此时选择图层“浪漫七夕”并执行“3D”|“从当前选区创建 3D 凸出”命令，或在“3D”面板的“源”下拉列表中选择“当前选区”选项，并在面板中选择“3D 凸出”选项，单击“创建”按钮后，即可以当前的选区为轮廓、以当前图层中的图像为贴图，创建一个 3D 模型。默认情况下，即可生成一个凸出模型，图 15.10 所示是适当调整了其光源属性后的效果及对应的“图层”与“3D”面板。

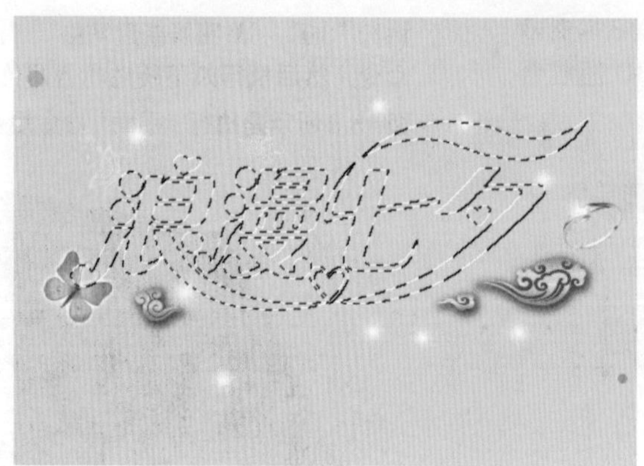
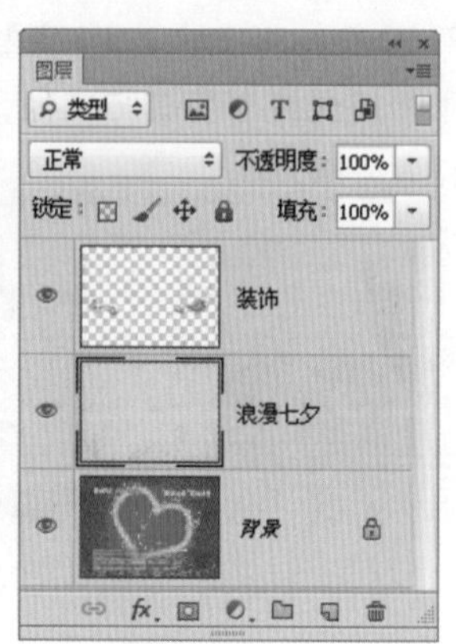

图 15.9

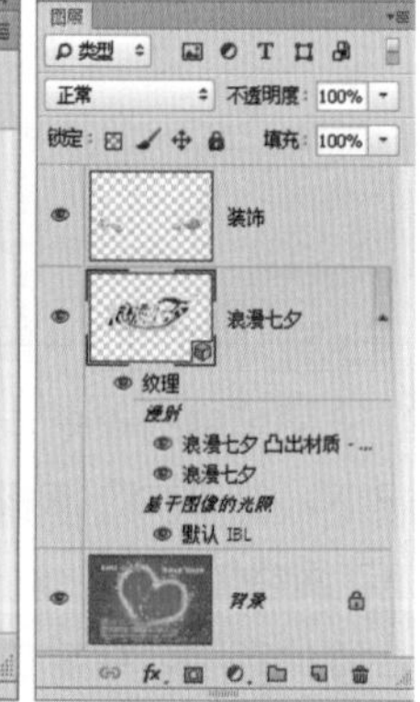

图 15.10

另外，从 Photoshop CS6 开始，可以从“文字”图层创建凸出模型，可以输入并设置文字的基本属性，然后执行“3D”|“从所选图层创建 3D 凸出”命令即可。或者也可以在使用文本工具刷黑选中文字的情况下，单击其工具选项栏上的3D按钮，从而快速将文字转换为 3D 模型。

15.3 主宰你的 3D 世界

Photoshop 提供了针对 3D 模型进行编辑的多个工具，主要包括 3D 轴、模型编辑工具以及参数精确设置模型等，下面将分别介绍它们的使用方法。

15.3.1 使用 3D 轴编辑模型

3D 轴用于控制 3D 模型，使用 3D 轴可以在 3D 空间中移动、旋转、缩放 3D 模型。要显示图

15.11 所示的 3D 轴，需要在选择移动工具的情况下，在“3D”面板中选择“场景”，可以对模型整体进行调整，如图 15.12 所示。若是选中了模型中的单个网络，则可以仅对该网络进行编辑。

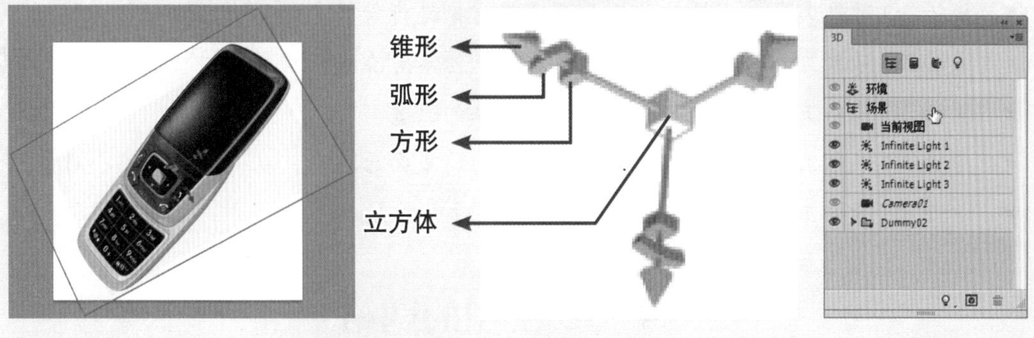

图 15.11　　图 15.12

在 3D 轴中，红色代表 X 轴，绿色代表 Y 轴，蓝色代表 Z 轴。

要使用 3D 轴，将光标移至轴控件处，使其高亮显示，然后进行拖动，根据光标所在控件的不同，操作得到的效果也各不相同，详细操作如下所述。

- 要沿着 X、Y 或 Z 轴移动 3D 模型，将光标放在任意轴的锥形，使其高亮显示，拖动左键即可以任意方向沿轴拖动，其状态如图 15.13 所示。

图 15.13

- 要旋转 3D 模型，单击 3D 轴上的弧线，围绕 3D 轴中心沿顺时针或逆时针方向拖动圆环，拖动过程显示的旋转平面指示旋转的角度。
- 要沿轴压缩或拉长 3D 模型，则将光标放在 3D 轴的方形上，左右拖动即可。
- 要缩放 3D 模型，则将光标放在 3D 轴中间位置的立方体上，向上或向下拖动。

15.3.2 使用工具调整模型

除了使用 3D 轴对 3D 模型进行控制外，还可以使用工具箱中的 3D 模型控制工具对其进行控制。所有用于编辑 3D 模型的工具都被整合在移动工具的选项栏上，选择任何一个 3D 模型控制工具后，移动工具的选项栏将显示为图 15.14 所示的状态。

自动选择：组　显示变换控件　3D 模式：

图 15.14

工具箱中的 5 个控制工具与工具选项栏左侧显示的 5 个工具图标相同，其功能及意义也完全相同，下面分别介绍。

- 旋转 3D 对象工具：拖动此工具可以将对象进行旋转。
- 滚动 3D 对象工具：此工具以对象中心点为参考点进行旋转。
- 拖动 3D 对象工具：此工具可以移动对象的位置。
- 滑动 3D 对象工具：此工具可以将对象向前或向后拖动，从而放大或缩小对象。
- 缩放 3D 对象工具：此工具将仅调整 3D 对象的大小。

15.4 3D 模型的网格

简单地说，3D 网格代表了当前 3D 图层中这个模型是由哪些独立的对象组合而成。要对网格进行操作，可以在 3D 面板顶部单击“网格”按钮，使 3D 面板仅显示当前 3D 物体的网格。

以 Photoshop 提供的立体环绕模型为例，默认提供了一个立体环绕网格，如图 15.15 所示。

图 15.15

图 15.16 所示是从三维软件中导出的模型，它是由非常复杂的网格组成的。

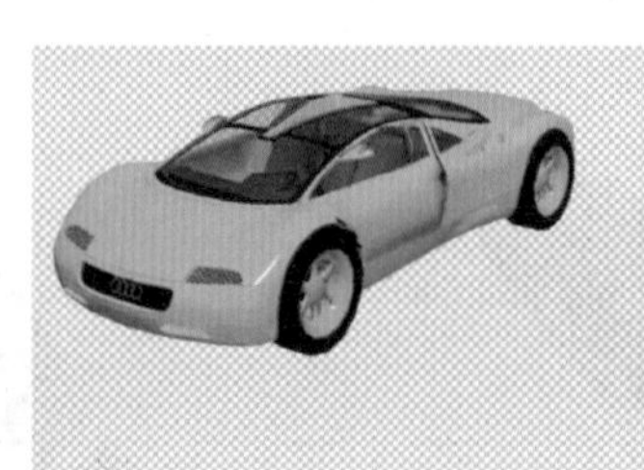

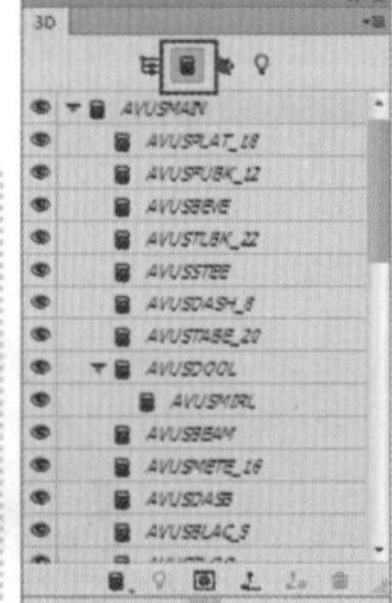

图 15.16

对于各个 3D 网格，用户可根据需要对其进行选择、重命名、显示 / 隐藏及删除等操作，其方法与图层功能基本相同，故不再进行详细讲解。

15.5 材质与纹理功能详解

材质是指当前 3D 模型中可设置贴图的区域，一个模型中可以包含多个材质，而且每个材质又可以设置 12 种纹理，且这些纹理中的大部分可以设置相应的图像内容，即纹理贴图。

综合调整 12 种纹理属性，就能够使不同的材质展现出千变万化的效果，下面分别进行介绍。

- 漫射：这是最常用的纹理映射，可以定义 3D 模型的基本颜色，如果为此属性添加了漫射纹理贴图，则该贴图将包裹整个 3D 模型，如图 15.17 所示。

图 15.17

- 镜像：定义镜面属性显示的颜色。
- 发光：此处的颜色指由 3D 模型自身发出的光线的颜色。
- 环境：设置在反射表面上可见的环境光颜色，该颜色与用于整个场景的全局环境色相互作用。
- 闪亮：低闪亮值（高散射）产生更明显的光照，而焦点不足。高反光度（低散射）产生较不明显、更亮、更耀眼的高光，此参数通常与“粗糙度”组合使用，以产生更多光洁的效果。
- 反射：控制 3D 模型对环境的反射强弱，需要通过为其指定相对应的映射贴图以模拟对环境或其他物体的反射效果。图 15.18 所示是设置了“环境”纹理贴图并将“反射”值分别设置 5、20、50 时的效果。

图 15.18

提示

这里提到的“环境”是指“属性”面板右下角的参数。

- 粗糙度：定义来自灯光的光线经表面反射折回到人眼中的光线数量。数值越大则模型表面越粗糙，产生的反射光就越少；反之，数值越小，则模型表面越光滑，产生的反射光也就越多。此参数常与“闪亮”参数搭配使用，图 15.19 所示为不同的参数组合所取得的不同效果。

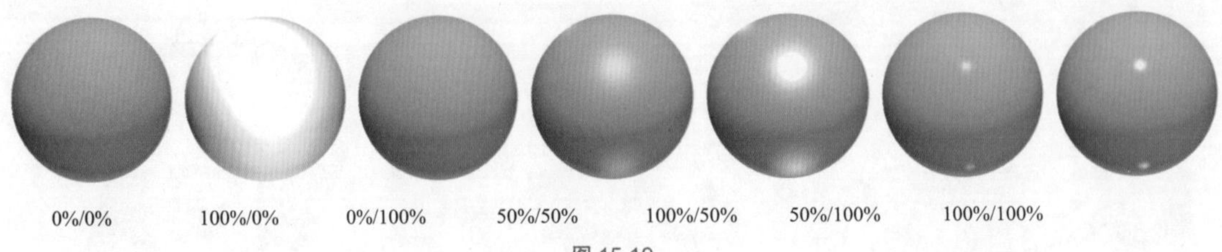

图 15.19

■ 凹凸：在材质表面创建凹凸效果，此属性需要借助于凹凸映射纹理贴图。凹凸映射纹理贴图是一种灰度图像，其中较亮的值创建凸出的表面区域，较暗的值创建平坦的表面区域。下面仍然使用展示“漫射”贴图时的模型及贴图，将两幅纹理贴图再设置为“凹凸强度”纹理的贴图，通过设置显示的参数，得到图 15.20 所示的效果。从中可以看出，模型表面已经具有了非常深的凸凹感。此方法也可以用于模拟各种质地较为坚硬的物体，如金属、岩石等。

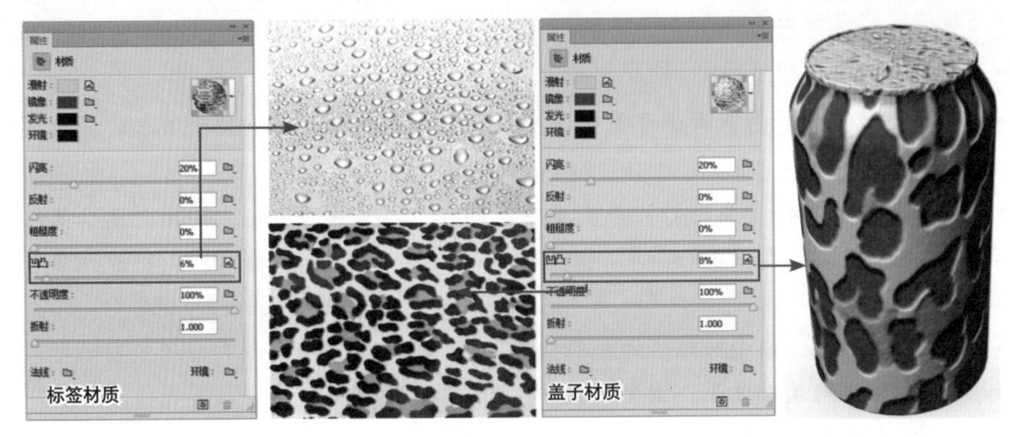

图 15.20

■ 不透明度：用于定义材质的不透明度，数值越大，3D 模型的透明度越高。而 3D 模型不透明区域则由此参数右侧的贴图文件决定。贴图文件中的白色使 3D 模型完全不透明，而黑色则使其完全透明，中间的过渡色可取得不同级别的不透明度。图 15.21 所示是将盖子材质的“不透明度”数值分别设置为 0 和 70% 时的效果。

图 15.21

- 折射：可以设置折射率。
- 法线：像凹凸映射纹理一样，法线映射用于为3D模型表面增加细节。与基于灰度图像的凹凸纹理不同，法线映射基于RGB图像，每个颜色通道的值代表模型表面上正常映射的X、Y和Z分量。法线映射可使多边形网格的表面变得平滑。
- 环境：环境映射模拟将当前3D模型放在一个有贴图效果的球体内，3D模型的反射区域中能够反映出环境映射贴图的效果。图15.22为易拉罐“标签材质”设置的“环境”纹理贴图，图15.23为易拉罐的瓶身部分获得金属效果前后的对比图。

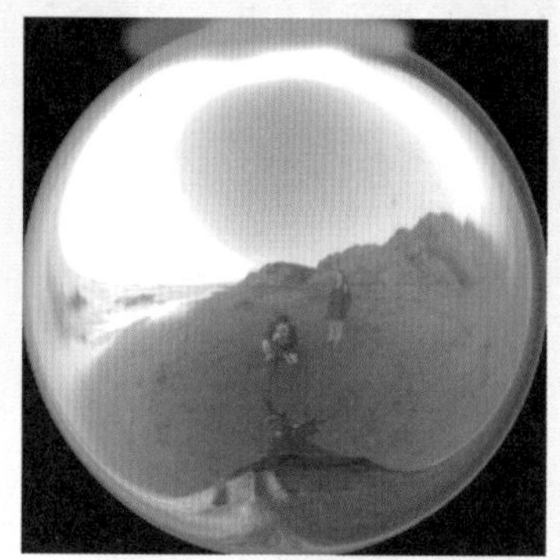
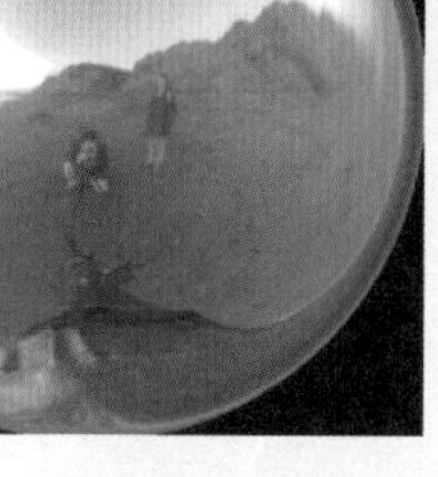

图 15.22

图 15.23

要为某一个纹理新建一个纹理贴图，可以按下面的步骤进行操作。

01 在“属性”面板中单击要创建的纹理类型右侧的“编辑纹理”按钮。

02 在弹出的菜单中执行“新建纹理”命令。

03 在弹出的对话框中，输入新映射贴图文件的名称、尺寸、分辨率和颜色模式，然后单击“确定”按钮。

04 此时新纹理的名称会显示在“材质”面板中纹理类型的旁边。该名称还会添加到“图层”面板3D图层下的纹理贴图列表中。

若要打开、载入或删除纹理贴图，也可以按照上述步骤中第1步的方法，在弹出的菜单中执行相应的命令即可。可以尝试打开前面处理得到的3D文字文件，为其编辑贴图及其模型厚度等属性，直至得到类似图15.24所示的效果。

图 15.24

15.6 3D 模型的光源

在 Photoshop 中不仅可以利用导入 3D 模型时模型自带的光源，还可以用全新的方式创建 3 类不同的光源，包括无限光、聚光灯、点光。

15.6.1 在“3D”面板中显示光源

在 Photoshop 中，可以在“3D”面板中单击“光源”按钮，使“3D”面板仅显示当前 3D 模型的光源。图 15.25 所示为一个 3D 模型，图 15.26 所示为其光源显示情况，图 15.27 所示是对应的“属性”面板。

图 15.25

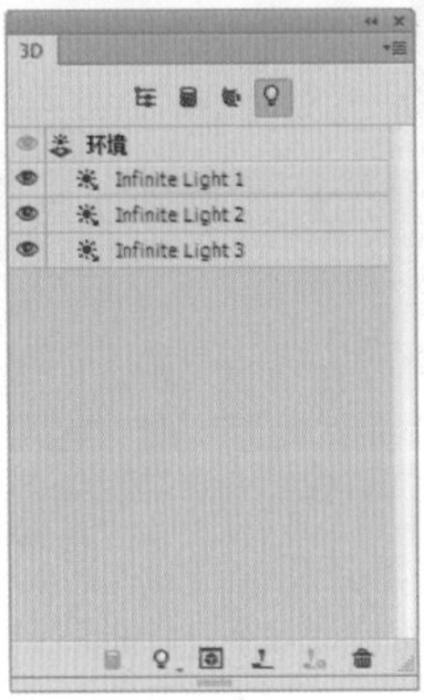

图 15.26

图 15.27

15.6.2 添加光源

Photoshop 提供了 3 类光源类型。

- 点光发光的原因类似于灯泡，向各个方向均匀发散式照射。
- 聚光灯照射出可调整的锥形光线，类似于影视作品中常见的探照灯。
- 无限光类似于远处的太阳光，从一个方向平面照射。

要添加光源，可单击“3D”面板中的“将新光照添加到场景”按钮，然后在弹出的菜单中选择一种要创建的光源类型即可。以图 15.28 所示的模型为例，图 15.29 所示分别为添加了这 3 种光源后的渲染效果。

图 15.28

图 15.29

删除光源

要删除光源，可在“3D”面板上方的光源列表中选择要删除的光源，然后单击面板底部的“删除”按钮 即可。

15.7 最终幻想，渲染3D世界

在Photoshop中，渲染功能被整合在“属性”面板中，在“3D”面板中选择“场景”后，即可在“属性”面板中设置相关的参数，如图15.30所示。

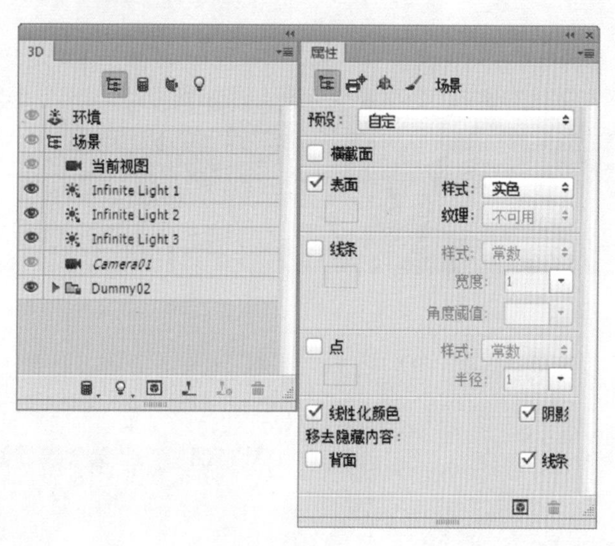

图15.30

在创建及编辑3D模型的过程中，无论是模型的质量、光线的准确性以及模型的阴影等，都不会显示出来，一切只为了以最快的速度预览模型的大致效果。在此品质下，模型边缘常常会带有较多的锯齿，而对于高品质的图像以及光影等效果，则需要在渲染后才可以显示出最终的效果。

在Photoshop中，要渲染3D模型，可以在选中要渲染的“3D”图层后，在“属性”面板底部单击“渲染”按钮 ，即开始根据设置的参数进行渲染。

高品质渲染的速度较慢，因此在进行渲染时，如果发现已经了解了渲染结果，则可以随时按Esc键停止进行渲染，此时“3D”面板中的“渲染”按钮 将变为“恢复渲染”按钮 ，单击此按钮即可继续前一次的渲染结果。

15.8 3D设计师的福音——生成凸凹图与法线图

经过多个版本的发展，Photoshop的3D功能已经逐渐变得越来越成熟和完善，除了强大的建模、灯光及贴图设置等功能外，Photoshop还依据本身强大的图像处理功能，快速制作三维设计中常用的凸凹图与法线图。本节就来讲解其制作方法。

 15.8.1 生成凸凹图

凸凹图又称为凹凸贴图，是指计算机图形学中在三维环境中，通过纹理方法来产生表面凹凸不平的视觉效果，例如前面讲解过的“3D”|“从图层新建网格”|“深度映射到”子菜单中的命令，就是利用此原理创建三维模型的。

例如以图 15.31 所示的素材为例，图 15.32 所示是使用“生成凸凹图”滤镜制作得到的凸凹图效果，图 15.33 所示就是是用 3D|“从图层新建网格”|“深度映射到”|“平面”命令创建得到的三维模型。

图 15.31

图 15.32

要生成凸凹图，可以选择“滤镜”|3D|“生成凸凹图”命令，将调出图 15.34 所示的对话框。

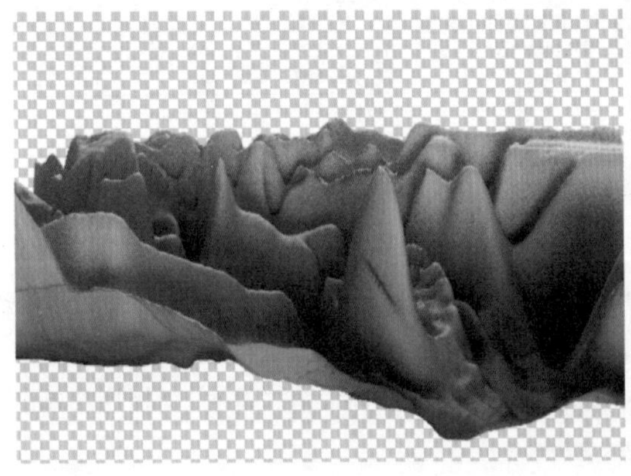

图 15.33

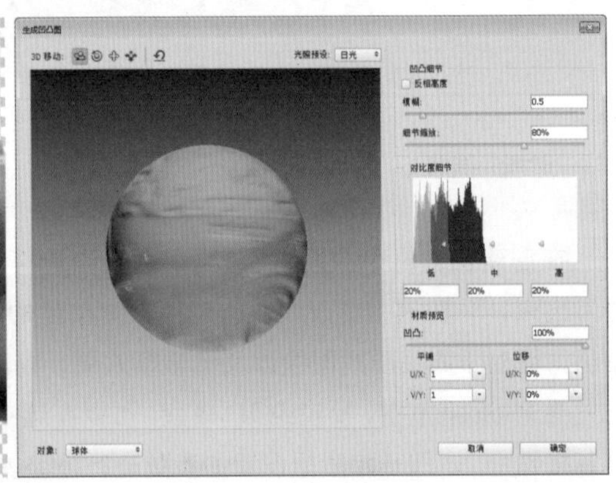

图 15.34

在“生成凸凹图”对话框中，将默认以圆形预览当前的凸凹效果，用户可根据需要设置参数，在得到满意的效果后单击“确定”按钮即可。

 15.8.2 生成法线图

法线图是可以应用到 3D 表面的特殊纹理，它作为凸凹图（凹凸贴图）的扩展，可以使每个平面的各像素拥有了高度值，从而包含了许多细节的表面信息，能够在平平无奇的物体外形上，创建出许多种特殊的立体视觉效果。

要生成法线图，可以选择“滤镜”|3D|“生成法线图”命令，其对话框中的参数与“生成凸凹图”对话框基本相同，故不再详细讲解。以图 15.35 所示的素材为例，图 15.36 所示是制作得到的法线图效果。

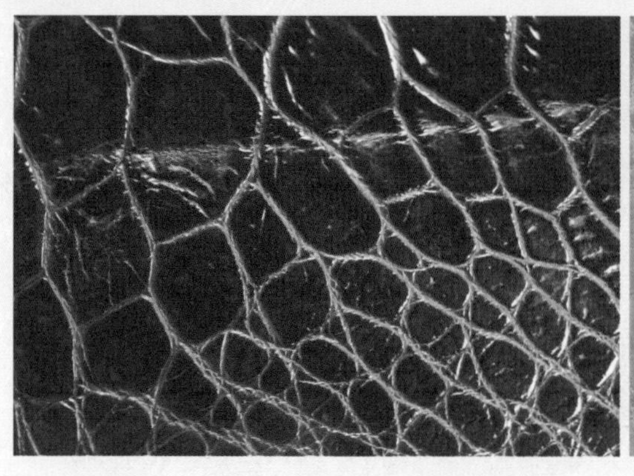
图 15.35

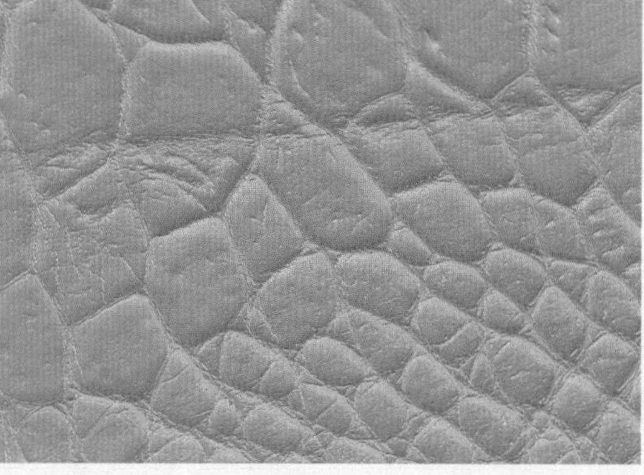
图 15.36

15.9 学而时习之——制作包装盒立体效果

01 打开文件“第 15 章\15.9- 素材\素材 .psd”，如图 15.37 所示，其“图层”面板如图 15.38 所示。在本例中，我们将结合其中的三维模型及月饼包装图像，完成一个包装三维立体效果图的制作。

图 15.37

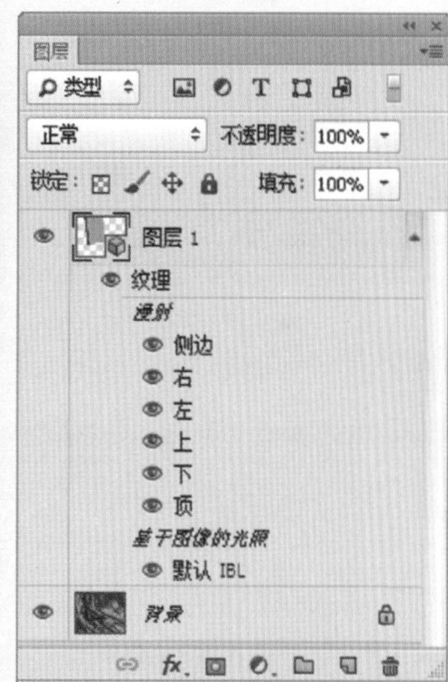

图 15.38

02 首先，我们来修改“顶”贴图，即月饼盒的正面图像。双击“顶”贴图，此时将弹出一个图像文件，且默认该文件中的图像均显示为白色。

03 打开文件“第 15 章\15.9- 素材\顶 .jpg”，如图 15.39 所示。按 Ctrl+A 键执行“全选”操作，按 Ctrl+C 键执行“拷贝”操作，然后关闭该文件，返回至本例第 1 步打开的文件中，按 Ctrl+V 键执行“粘贴”操作，然后选择“图像”|“显示全部”命令，从而将该贴图图像完全显示出来。

04 关闭并保存对文件的修改，此时图像将变为图 15.40 所示的效果。

图 15.39

图 15.40

05 双击“图层 1”的缩览图以调出“3D”面板，在弹出的面板中选择“无限光 2”，然后在“属性”面板中按照图 15.41 所示进行参数设置，以提高光照的亮度，并使色彩与整体相匹配，得到图 15.42 所示的效果。

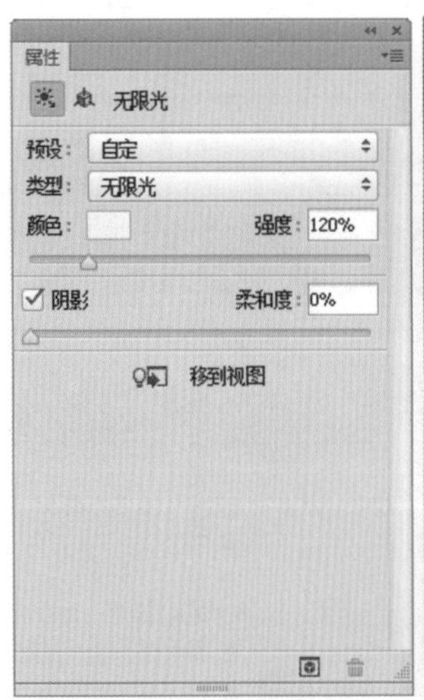

图 15.41

图 15.42

06 下面再来编辑“左”贴图。同样是双击该贴图名称并弹出一个文件。打开文件“第 15 章\15.9-素材\下.jpg”，如图 15.43 所示。按照第 3 步的操作方法（但不要关闭并保存对图像的修改）将该素材文件粘贴至“左”贴图文件并显示全部后的状态如图 15.44 所示。

图 15.43

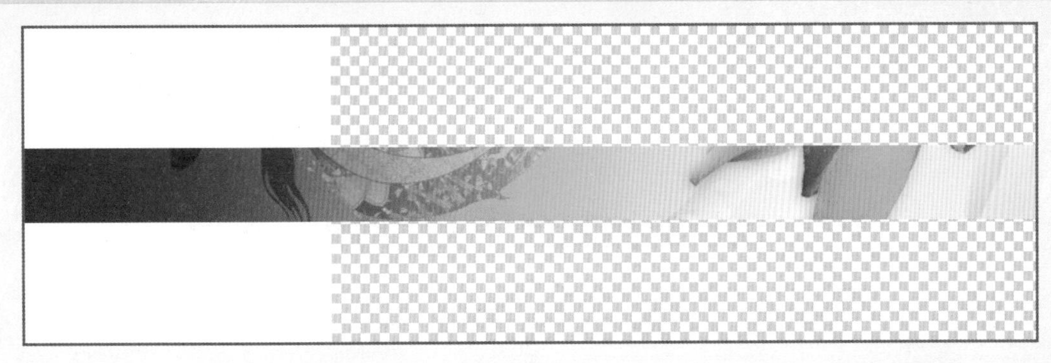

图 15.44

07 为了使文件仅显示贴图图像，我们可以按 Ctrl 键并单击粘贴图像所在的图层（默认为“图层 1”）以载入其选区，然后选择“图像”|“裁剪”命令，按 Ctrl+D 键取消选区，从而使当前文件仅显示贴图文件。

08 选择“图像”|“旋转画布”|“旋转 90 度（顺时针）”命令，使贴图的方向与三维包装盒相匹配，得到图 15.45 所示的效果。

09 按照第 3-7 步中的操作方法，再继续编辑其他的贴图文件，直至将贴图全部添加完毕为止，此时将得到图 15.46 所示的最终效果。

图 15.45

图 15.46

第 16 章　偷懒，从这里开始

16.1　动作的控制台——“动作”面板

在本节中先来了解与动作功能息息相关的“动作”面板，然后讲解与动作相关的各项功能，例如录制动作、应用动作等。

16.1.1 动作的控制台——“动作”面板

要应用、录制、编辑、删除动作，就必须使用“动作”面板，可以说此面板是“动作”的控制中心。要显示此面板，可以选择“窗口”|“动作”命令或直接按 F9 键。“动作”面板如图 16.1 所示，其中各个按钮的功能如下所述。

图 16.1

- “停止播放/记录”按钮■：单击该按钮，可以停止录制动作。
- “开始记录”按钮●：单击该按钮，可以开始录制动作。
- “播放选定的动作”按钮▶：单击该按钮，可以应用当前选择的动作。
- “创建新组”按钮：单击该按钮，可以创建一个新动作组。
- “创建新动作”按钮：单击该按钮，可以创建一个新动作。
- “删除”按钮：单击该按钮，可以删除当前选择的动作。

从图 16.1 可以看出，在录制动作时，不仅执行的命令被录制在动作中，如果该命令具有参数，参数也会被录制在动作中。因此应用动作可以得到非常精确的效果。

如果面板中的动作较多，则可以将同一类动作存放在用于保存动作的组中。例如，用于创建文字效果的动作，可以保存于“文字效果”组；用于创建纹理效果的动作，可以保存于“纹理效果”组。

16.1.2 应用预设动作

在“动作”面板弹出菜单的底部有 Photoshop 预设的动作组，如图 16.2 所示。直接单击所需要的动作组名称，即可载入该动作组所包含的动作，然后选中要应用的动作，单击“播放选定的动作”按钮▶即可。

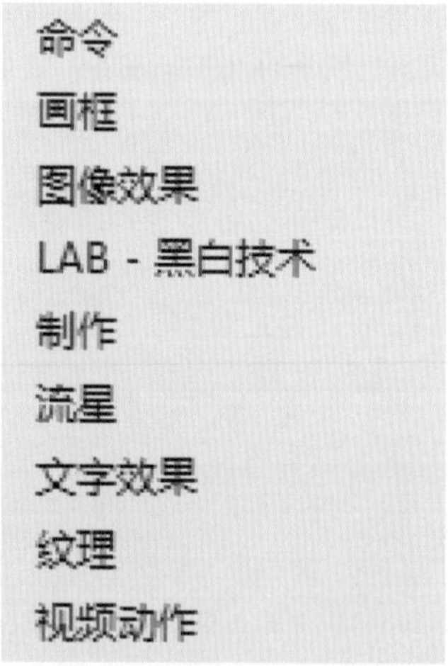

图 16.2

16.1.3 创建并记录动作

要创建新的动作，可以按下述步骤操作。

01 单击“动作”面板底部的“创建新组”按钮 。

02 在弹出的对话框中输入新组名称后，单击“确定”按钮，建立一个新组。

03 单击“动作”面板底部的“创建新动作”按钮 ，或单击“动作”面板右上角的面板按钮 ，在弹出的菜单中选择“新建动作”命令。

04 设置弹出的“新建动作”对话框，如图 16.3 所示。

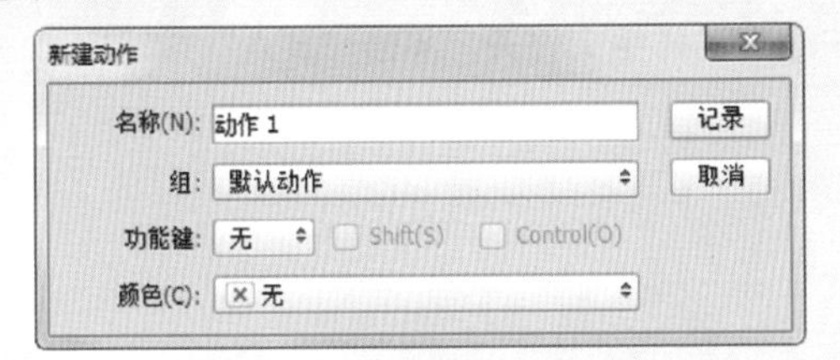

图 16.3

- 组：在此下拉列表中列有当前“动作”面板中所有动作的名称，在此可以选择一个将要放置新动作的组名称。
- 功能键：为了更快捷地播放动作，可以在该下拉列表中选择一个功能键，从而在播放新动作时，直接按功能键即可。

05 设置“新建动作”对话框中的参数后，单击“记录”按钮，即可创建一个新动作，同时“开始记录”按钮 自动被激活，显示为红色，表示进入动作的录制阶段。

06 执行需要录制在动作中的命令。

07 所有命令操作完毕，或在录制中需要终止录制过程时，单击“停止播放／记录”按钮 ，即可停止动作的记录状态。

08 在此情况下，停止录制动作前在当前图像文件中的操作，都被记录在新动作中。

16.1.4 插入停止

在录制动作的过程中，由于某些操作无法被录制，但却必须执行，因此需要在录制过程中插入一个“停止”对话框，以提示操作者。

选择“动作”面板弹出菜单中的“插入停止”命令，将弹出图 16.4 所示的对话框。

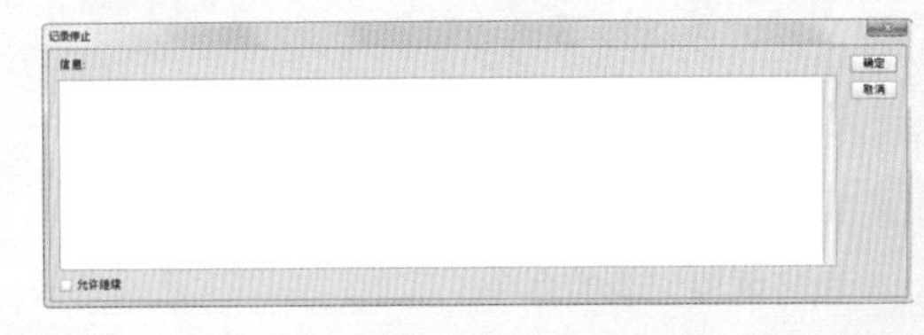

图 16.4

“记录停止”对话框中的重要参数解释如下。

- 信息：在下面的文本框中输入提示性的文字。
- 允许继续：选择此复选框，在应用动作时，将弹出图 16.5 所示的提示框，如果未选择此按钮，则弹出的提示框中只有“停止”按钮。

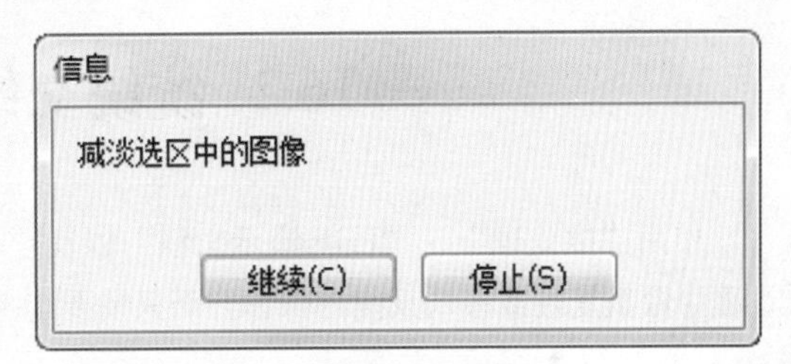

图 16.5

16.1.5 重定义命令的执行顺序

对话框开关为应用动作提供了很大的自由度。通常情况下，在播放动作时，动作所录制的命令按录制时所指定的参数操作对象。

如果打开对话框开关，则可使动作暂停，并显示对话框，以方便执行者针对不同情况指定不同的参数。在“动作”面板中选择需要暂停并弹出对话框的命令，单击该命令名称左边的切换对话框开关，使其显示为 状态，即可开启对话框开关，再次单击此位置，使其呈现空格状态，即可关闭对话框开关。如果要使某动作中所有可设置参数的命令都弹出对话框，可单击动作名称左边的切换对话开关，使其显示为 状态，同样再次单击此位置，可以取消 图标，使之变为 状态。

16.1.6 继续记录其他命令

虽然单击“停止播放／记录”按钮可以结束动作的录制，但仍然可以根据需要在动作中插入其他命令，可以按下述步骤操作。

01 在动作中选择一个命令。

02 单击“开始记录”按钮 ● 。

03 执行需要记录的命令。

04 单击“停止播放 / 记录”按钮 ■ 。

16.1.7 改变某命令参数

对于已录制完成的动作，也可以改变其中的命令参数。

在“动作”面板中双击需要改变参数的命令，在弹出的对话框中输入新的数值，单击“确定”按钮即可。

16.1.8 存储、载入动作组

通过将动作组保存起来，可以在今后的工作中重复使用或与他人交流。要存储动作组，可按下述步骤操作。

01 在“动作”面板中选中该动作组的名称。

02 在面板弹出菜单中选择“存储动作”命令。

03 在弹出的对话框中输入该动作组的名称，并选择合适的文件保存路径。

要载入其他动作，可以从“动作”面板弹出菜单中选择“载入动作”命令，在弹出的对话框中选择动作组文件夹，单击“载入”按钮即可。

16.2 统统交给自动化处理吧

使用“批处理”、“PDF 演示文稿”以及“Photomerge”命令自动化处理功能，可以避免在工作过程中做重复性或多次反复的操作，而只需要选择一个命令并再设置一些参数，即可达到目的。

16.2.1 使用“批处理”命令

如果说动作命令能够对单一对象进行某种固定操作，那么“批处理”命令显然更为强大，它能够对指定文件夹中的所有图像文件执行指定的动作。例如，如果希望将某一个文件夹中的图像文件转存成为 TIFF 格式的文件，只需要录制一个相应的动作，并在“批处理”命令中为要处理的图像指定这个动作，即可快速完成这个任务。

应用“批处理”命令进行批处理的具体操作步骤如下。

01 录制要完成指定任务的动作，选择“文件”|“自动”|“批处理”命令，弹出图 16.6 所示的对话框。

图 16.6

02 从“播放”区域的“组”和“动作”下拉列表中选择需要应用动作所在的“组”及此动作的名称。

03 从“源”下拉列表中选择要应用“批处理”的文件，此下拉列表中各个选项的含义如下。

■ 文件夹：此选项为默认选项，可以将批处理的运行范围指定为文件夹，选择此选项必须单击“选择”按钮，在弹出的“浏览文件夹”对话框中选择要执行批处理的文件夹。

■ 导入：对来自数码相机或扫描仪的图像应用动作。

■ 打开的文件：如果要对所有已打开的文件执行批处理，应该选中此选项。

■ Bridge：对显示于“文件浏览器”中的文件应用在“批处理”对话框中指定的动作。

04 选择“覆盖动作中的‘打开’命令”选项，动作中的“打开”命令将引用“批处理”的文件，而不是动作中指定的文件名。

05 选择“包含所有子文件夹”选项，可以使动作同时处理指定文件夹中所有子文件夹包含的可用文件。

06 选择“禁止颜色配置文件警告”选项，将关闭颜色方案信息的显示。

07 从“目标”下拉列表中选择执行“批处理”命令后的文件所放置的位置，其各个选项的含义如下。

■ 无：选择此选项，使批处理的文件保持打开而不存储更改（除非动作包括“存储”命令）。

■ 存储并关闭：选择此选项，将文件存储至其当前位置，如果两幅图像的格式相同，则自动覆盖源文件，并不会弹出任何提示对话框。

■ 文件夹：选择此选项，将处理后的文件存储到另一位置。此时可以单击其下方的“选择”按钮，在弹出的“浏览文件夹”对话框中指定目标文件夹。

08 选择“覆盖动作中的‘存储为’命令”选项，动作中的“存储为”命令将引用批处理的文件，而不是动作中指定的文件名和位置。

09 如果在“目标”下拉列表中选择“文件夹”选项，则可以指定文件命名规范并选择处理文件的文件兼容性选项。

10 如果在处理指定的文件后，希望对新的文件进行统一命名，可以在“文件命名”区域设置需要设定的选项。例如，如果按照图 16.7 所示的参数执行批处理后，以 GIF 图像为例，则存储后的第一个新文件名为“广告海报 gif001.gif ”，第二个新文件名为“广告海报 gif002.gif ”，以此类推。

图 16.7

提示

此选项仅在“目标”下拉列表中的“文件夹”选项被选中的情况下才会被激活。

11 从“错误”下拉列表中选择处理错误的选项，该下拉列表中各个选项的含义如下。

■ 由于错误而停止：选择此选项，在动作执行过程中如果遇到错误将中止批处理，建议不选择此选项。

■ 将错误记录到文件：选择此选项，并单击下面的“存储为”按钮，在弹出的“存储”对话框输入文件名，可以将批处理运行过程中所遇到的每个错误进行记录并保存在一个文本文件中。

12 设置完所有选项后单击“确定”按钮，则 Photoshop 开始自动执行指定的动作。

在掌握了此命令的基本操作后，可以针对不同的情况使用不同的动作来完成指定的任务。

提示

在进行“批处理”过程中，按 Esc 键可以中止运行批处理，在弹出的对话框中，单击“继续”按钮可以继续执行批处理，单击“停止”按钮则取消批处理。

16.2.2 使用 Photomerge 命令制作全景图像

"Photomerge"命令能够拼合具有重叠区域的连续拍摄照片，使其拼合成一个连续的全景图像。使用此命令拼合全景图像，要求拍摄者拍摄出几张在边缘有重合区域的照片。比较简单的方法是，拍摄时手举相机保持高度不变，身体连续旋转几次，从几个角度将景物分成几个部分拍摄出来，然后在 Photoshop 中使用"Photomerge"命令完成拼接操作。

执行"文件"|"自动"|Photomerge 命令，弹出图 16.8 所示的对话框。

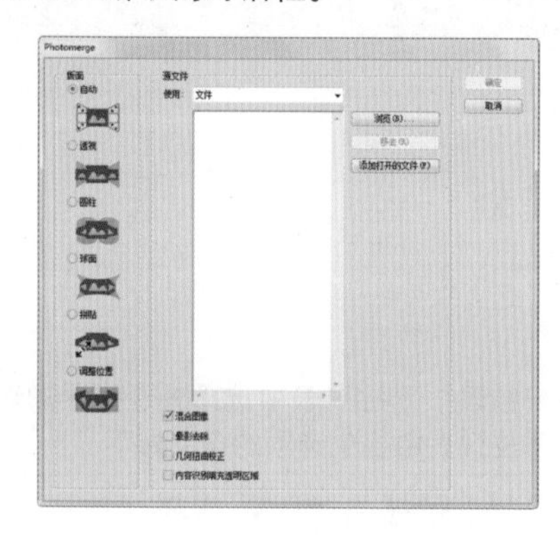

图 16.8

Photomerge 对话框中的参数解释如下。

- 文件：可以使用单个文件生成 Photomerge 合成图像。
- 文件夹：使用存储在一个文件夹中的所有图像文件来创建 Photomerge 合成图像。该文件夹中的文件会出现在此对话框中。
- 混合图像：选择此选项，可以使 Photoshop 自动混合图像，以尽可能地智能化拼合图像。
- 晕影去除：选择此选项，可以补偿由于镜头瑕疵或者镜头遮光处理不当而导致照片边缘较暗的现象，以去除晕影并执行曝光度补偿操作。
- 几何扭曲校正：选择此选项，可以补偿由于拍摄问题在照片中出现的桶形、枕形或者鱼眼失真。
- 内容识别填充透明区域：这是 Photoshop CC 2015 中新增的一个选项，选中后，可在自动混合图像时，自动对空白区域进行智能填充。

16.2.3 使用"图像处理器"命令处理多个文件

在 Windows 平台上，使用 Visual Basic 或 JavaScript 撰写的脚本都能够在 Photoshop 中被调用。使用脚本，能够在 Photoshop 中自动执行其所定义的操作，操作范围既可以是单个对象也可以是多个文档。

执行"文件"|"脚本"|"图像处理器"命令，能够转换和处理多个文件，从而完成以下各项操作。

（1）将一组文件的文件格式转换为 *.jpeg、*.psd 或者 *.tif 格式之一，或者将文件同时转换为以上 3 种格式。

（2）使用相同选项来处理一组相机原始数据文件。

（3）调整图像的大小，使其适应指定的大小。

要执行此命令处理一批文件，可以参考以下操作步骤。

01 执行"文件"|"脚本"|"图像处理器"命令，弹出图 16.9 所示的"图像处理器"对话框。

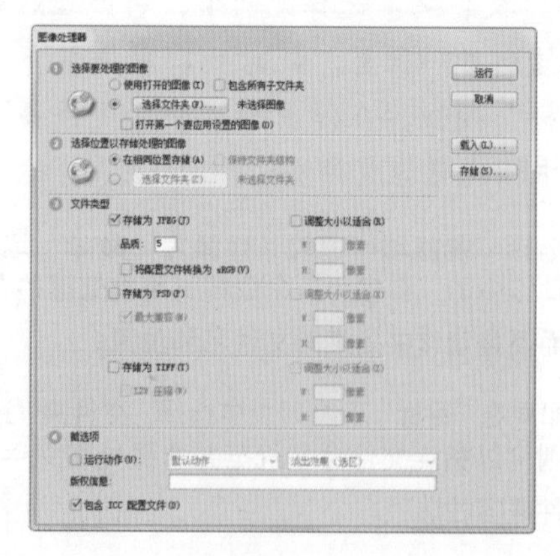

图 16.9

02 单击“使用打开的图像”单选按钮，处理所有当前打开的图像文件；也可以单击“选择文件夹”按钮，在弹出的“选择文件夹”对话框中选择处理某一个文件夹中所有可处理的图像文件。

03 单击“在相同位置存储”单选按钮，可以使处理后生成的文件保存在相同的文件夹中；也可以单击“选择文件夹”按钮，在弹出的“选择文件夹”对话框中选择一个文件夹，用于保存处理后的图像文件。

提示

如果多次处理相同的文件并将其存储到同一个目标文件夹中，则每个文件都将以其自己的文件名存储，而不进行覆盖。

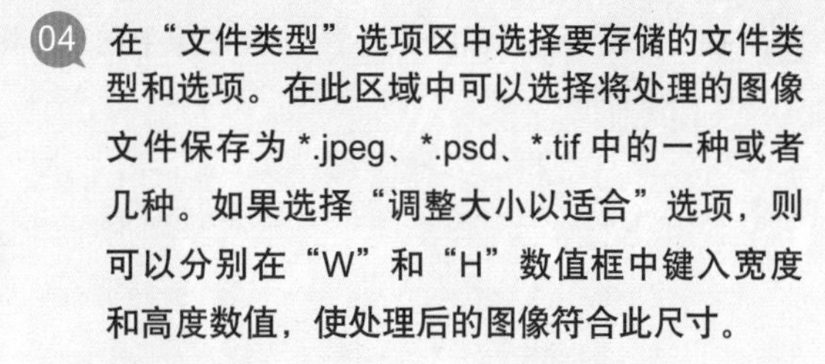

04 在“文件类型”选项区中选择要存储的文件类型和选项。在此区域中可以选择将处理的图像文件保存为 *.jpeg、*.psd、*.tif 中的一种或者几种。如果选择“调整大小以适合”选项，则可以分别在“W”和“H”数值框中键入宽度和高度数值，使处理后的图像符合此尺寸。

05 在“首选项”选项区中设置其他处理选项，如果还需要对处理的图像运行动作中所定义的命令，选择“运行动作”选项，并在其右侧选择要运行的动作；如果选择“包含 ICC 配置文件”选项，则可以在存储的文件中嵌入颜色配置文件。

06 参数设置完毕后，单击“运行”按钮。

16.3 学而时习之——拼合全景图

许多摄影爱好者都没有能够拍摄全景宽幅风景的相机，因此如果遇到有些地方的壮阔景色，也无法将其收入镜头成为一张好的照片，通过下面的方法可以解决这样问题，使我们得到超宽画幅照片效果。

01 打开文件“第 16 章\16.3- 素材\素材 1~ 素材 6.jpg”，如图 16.10 所示，在本例中，将使用这 6 幅素材图像进行合成，从而得到一幅完整的全景图照片。

02 选择“文件”|“自动”|Photomerge 命令，在弹出的对话框中单击“添加打开的文件”按钮，然后在左侧的“版面”选项中选择“调整位置”复选框，如图 16.11 所示。

图 16.10

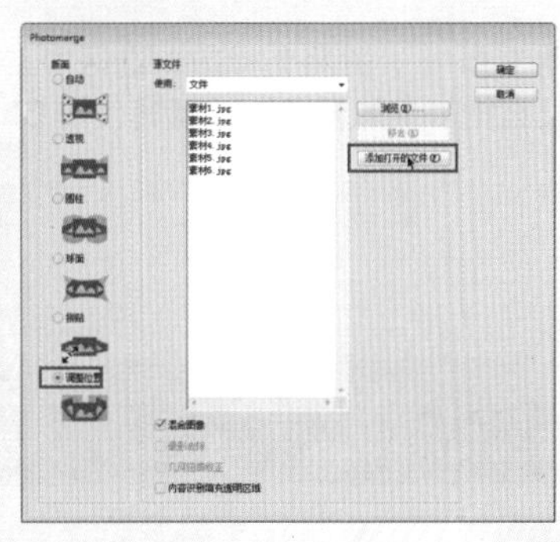

图 16.11

03 单击“确定”按钮退出对话框，软件将自动进行图像的拼合处理，如图 16.12 所示。

图 16.12

04 在工具箱中选择裁剪工具，在图像中拖动，将主体图像裁剪出来，如图 16.13 所示。按 Enter 键确认裁剪操作。

图 16.13

05 选择最上方的图层，按 Ctrl+Shift+Alt+E 键执行“盖印”操作，得到“图层 1”，如图 16.14 所示。

06 使用矩形选框工具在图像左侧天空绘制一个矩形选区，如图 16.15 所示，按 Shift+F6 键调出“羽化选区”对话框，设置“羽化半径”为 20 像素。单击“确定”按钮退出对话框。

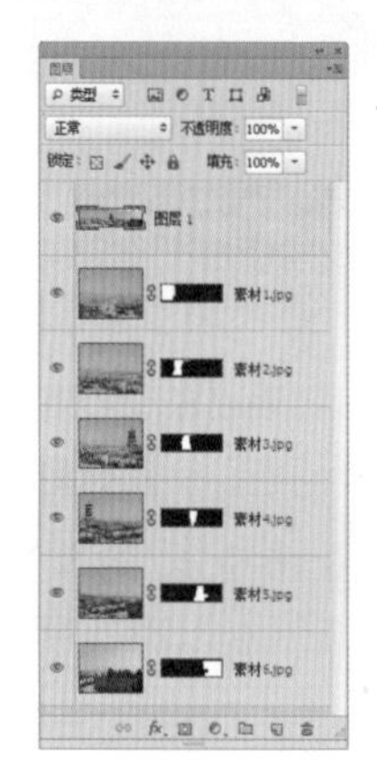

图 16.14

图 16.15

07 选择移动工具，并将光标放到选区内，按住 Shift+Alt 键向右将图像复制到缺少天空的地方，反复拖动多次直至把缺少的天空全部填满，按 Ctrl+D 键取消选区，如图 16.16 所示。

图 16.16

08 最后，可以结合仿制图章工具以及修补工具等，对天空图像进行细致的处理，直至使整体显得更为自然为止，如图 16.17 所示。

图 16.17

第 17 章　视觉艺术

17.1　“飞翔”主题视觉艺术设计

 制作主体图像的基本轮廓

01 打开文件“第 17 章 \ 素材 1.psd，如图 17.1 所示。在本例中，将在此背景素材的基础上进行视觉艺术设计。设置前景色的颜色值为#f03e3e，选择自定形状工具，在其工具选项栏上选择“形状”选项，并在画布中单击右键，在弹出的形状选择框中选择心形形状，如图 17.2 所示。

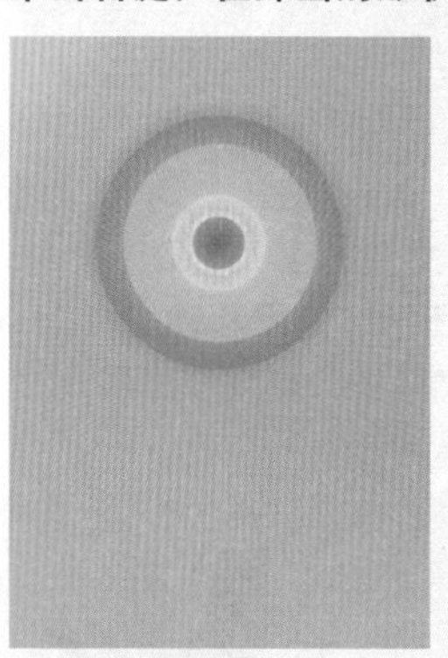

图 17.1

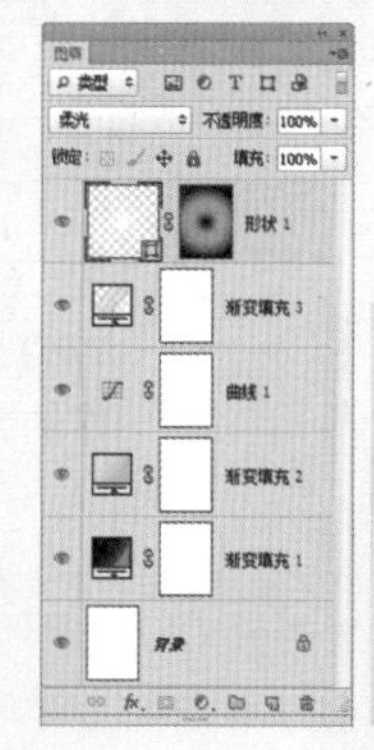

图 17.2

02 使用自定形状工具及上一步选择的图形，在画布中心偏上的位置绘制一个心形，如图 17.3 所示，同时得到对应的图层“形状 2”。

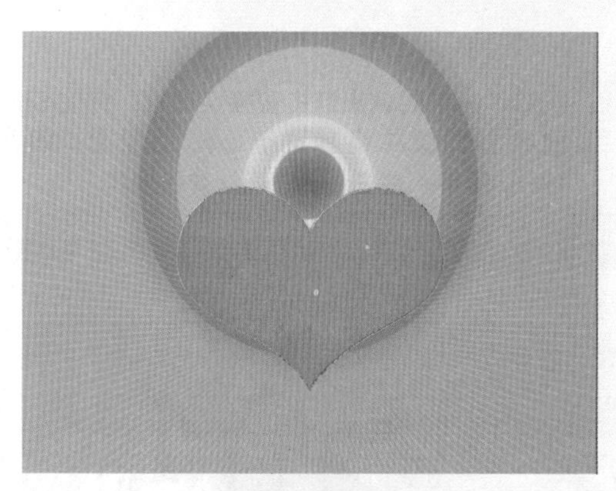

图 17.3

03 选择上一步绘制的形状图层的矢量蒙版，选择钢笔工具，并在其工具选项栏上单击“合并形状”选项，然后在心形的左侧绘制图 17.4 所示的翅膀图形。

图 17.4

04 使用路径选择工具选择上一步绘制的翅膀路径，然后按 Ctrl + Alt + T 键调出自由变换并复制控制框，在控制框内部单击右键，在弹出的快捷菜单中选择“水平翻转”命令，然后按住 Shift 键并将复制得到的路径向右侧移动，置于心形图像的右侧，如图 17.5 所示，按 Enter 键确认变换操作。

图 17.5

05 选择椭圆工具，选择“形状 2”的矢量蒙版，并在其工具选项栏上选择“合并形状”选项，然后按住 Shift 键在心形底部绘制多个大小不一的正圆，如图 17.6 所示。

图 17.6

06 单击“添加图层样式”按钮 fx，在弹出的菜单中选择“描边”命令，设置弹出的对话框，如图 17.7 所示，得到图 17.8 所示的效果。

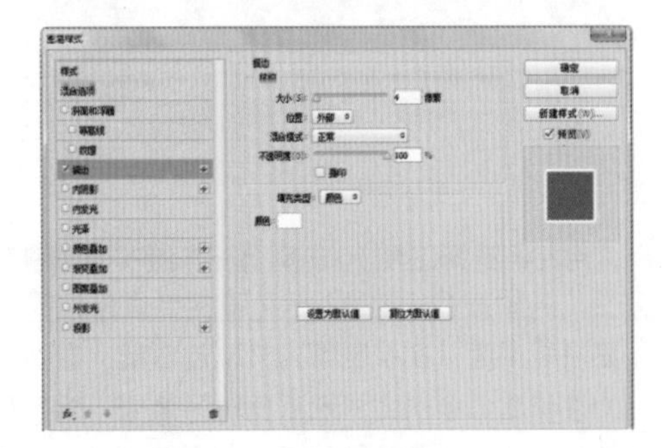

图 17.7

图 17.8

提示

至此，已经完成了中心图像的制作，下面将结合一些三维图像来制作心形的不规则边缘。

07 打开文件“第 17 章 \ 素材 2.psd”，如图 17.9 所示，使用移动工具将其拖至本例操作的文件中，得到“图层 1”。

图 17.9

08 按 Ctrl ＋ T 键调出自由变换控制框，按住 Shift 键缩小图像并将其置于心形图像上，如图 17.10 所示，按 Enter 键确认变换操作。

图 17.10

09 设置前景色的颜色值为#f03e3e（即与心形图像相同的颜色），然后按 Alt+Shift+Delete 键为当前图层中的不透明区域填充颜色，得到图 17.11 所示的效果。

图 17.11

10 复制“图层 1”得到“图层 1 拷贝”，结合自由变换控制框，将图像再次缩小并旋转，然后将其置于心形的左下方位置，如图 17.12 所示，按 Enter 键确认变换操作。

图 17.12

11 打开文件“第 17 章 \ 素材 3.psd”和“第 17 章 \ 素材 4.psd”，使用移动工具将它们拖至本例操作的文件中，将三维图像缩放至图像的左侧，复制人物图像并结合变换功能，分别将其置于心形的左上方和右上方，并为它们填充红色后得到图 17.13 所示的效果。此时的“图层”面板如图 17.14 所示。

图 17.13

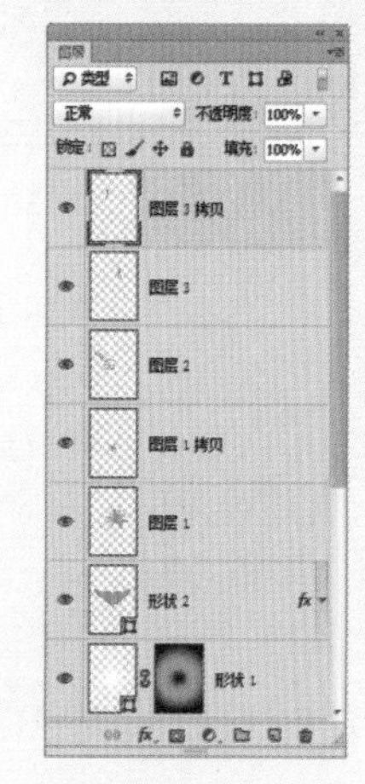

图 17.14

12 选择“形状 2”，然后按住 Shift 键选择“图层 3 拷贝”，从而将两者之间的图层选中，然后按 Ctrl + G 键执行“图层编组”操作，得到“组 1”，选择该组，按 Ctrl + Alt + Shift + E 键执行“盖印”操作，从而将当前所选组中的图像合并至新图层中，并将该图层重命名为“图层 4”。

提示

此时，中心图像已经拼合完毕，下面来对“图层 4”中的图像进行调色处理，使其变为该实例中所需要的青色。

13 隐藏“组 1”并选择“图层 4”，单击“创建新的填充或调整图层”按钮，在弹出的菜单中选择“色相 / 饱和度”命令，得到“色相 / 饱和度 1”，按 Ctrl + Alt + G 键创建剪贴蒙版，设置面板，如图 17.15 所示，得到图 17.16 所示的效果。

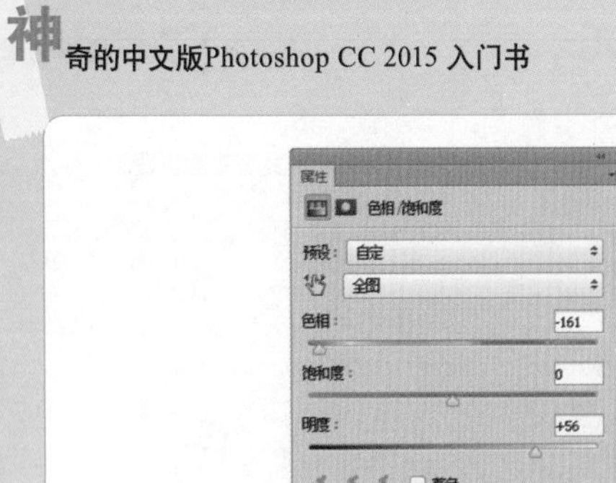

图 17.15

图 17.16

 17.1.2 丰富主体图像的内容

01 打开文件“第 17 章\素材 5.psd”，如图 17.17 所示，使用移动工具将其拖至本例操作的文件中，得到“图层 5”，并确认该图层位于“色相 / 饱和度 1”上方，然后按 Ctrl + Alt + G 键创建剪贴蒙版，再使用移动工具调整图像的位置，直至得到图 17.18 所示的效果。

图 17.17

图 17.18

02 设置“图层 5”的混合模式为“叠加”，得到图 17.19 所示的效果。复制“图层 5”，得到“图层 5 拷贝”，以增强混合效果，并确认该拷贝图层仍然与下面的图层存在剪贴关系，得到图 17.20 所示的效果。

图 17.19

图 17.20

03 此时，炫光图像中的蓝色显得太重了一些，所以需要将其隐藏。单击“添加图层蒙版”按钮为“图层 5 拷贝”添加蒙版，设置前景色为黑色，选择画笔工具，并设置适当大小的柔边画笔，然后在蓝色比较重的图像上涂抹以将其隐藏，得到图 17.21 所示的效果。此时蒙版中的状态如图 17.22 所示。

图 17.21

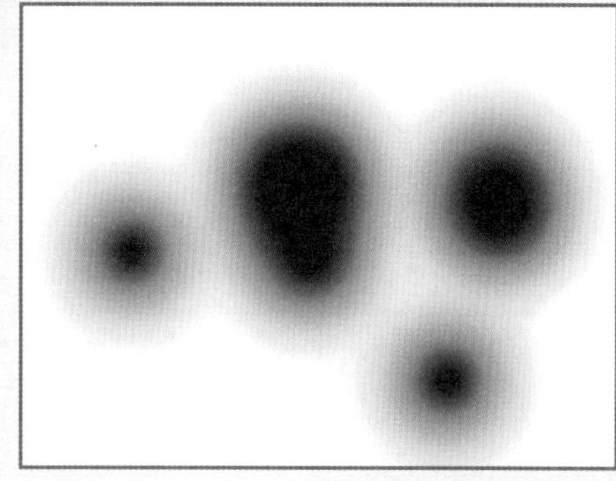

图 17.22

04 打开文件“第 17 章 \ 素材 6.psd”，如图 17.23 所示（该素材的背景为透明状态，但为了便于观看，暂时将其转换成黑色背景），使用移动工具将其拖至本例操作的文件中，得到“图层 6”，并将其拖至“图层 4”的下方。利用变换控制框对图像进行缩放及旋转操作，将其置于主体图像的下方作为装饰，如图 17.24 所示。

图 17.23

图 17.24

提示

至此，已经基本完成了主体图像的处理，下面将在其底部制作一些炫光图像，在制作过程中主要是结合烟雾素材以及变形功能进行处理。

05 打开文件“第 17 章 \ 素材 7.psd”，使用移动工具将其拖至本例操作的文件中，得到“组 2”，并将其置于图层“形状 1”的上方，然后设置其混合模式为叠加，得到图 17.25 所示的效果。

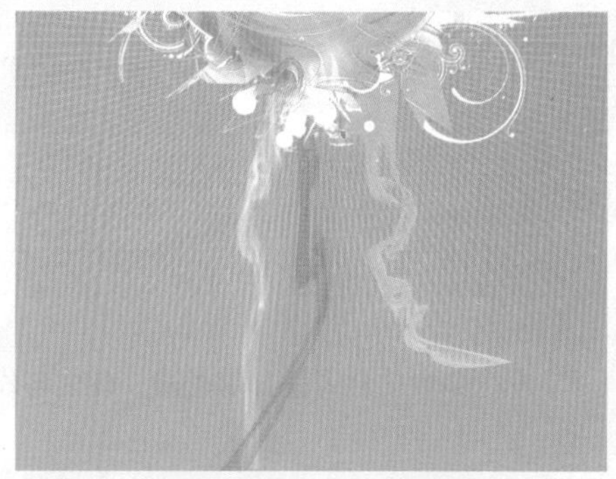

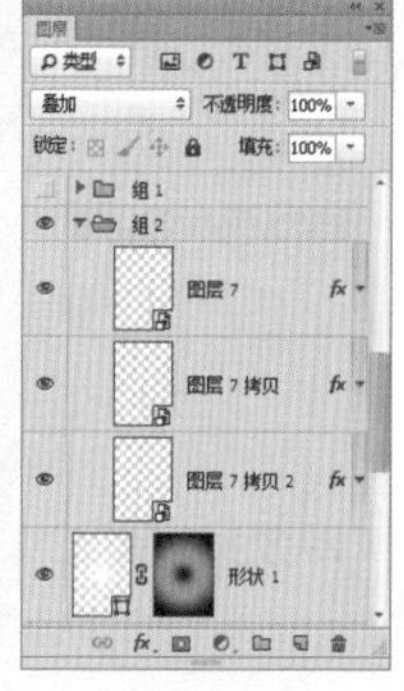

图 17.25

06 最后可以打开“第 17 章 \ 素材 8.psd”和“第 17 章 \ 素材 9.abr”，通过变换、混合模式及图层蒙版等功能对其进行融合，结合画笔工具在其中绘制光点与光晕，制作得到图 17.26 所示的最终效果。

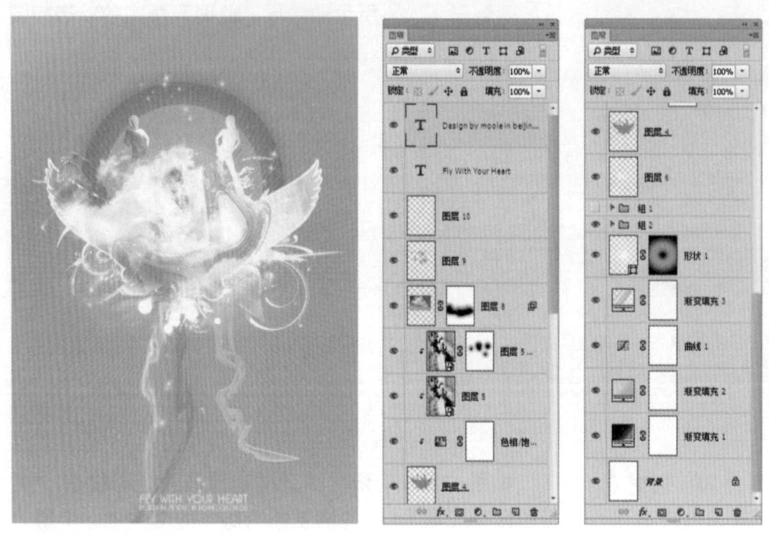

图 17.26

17.2 世外桃源主题视觉

01 利用通道将素材中的斑驳的元素抠选出来，并将其融合于背景图像上，如图 17.27 所示。

02 结合调色、使用预设的画笔进行绘画等操作，进一步丰富背景图像，如图 17.28 所示。

03 继续绘制装饰图形，然后输入主题文字，并对其进行适当的调整，如图 17.29 所示。

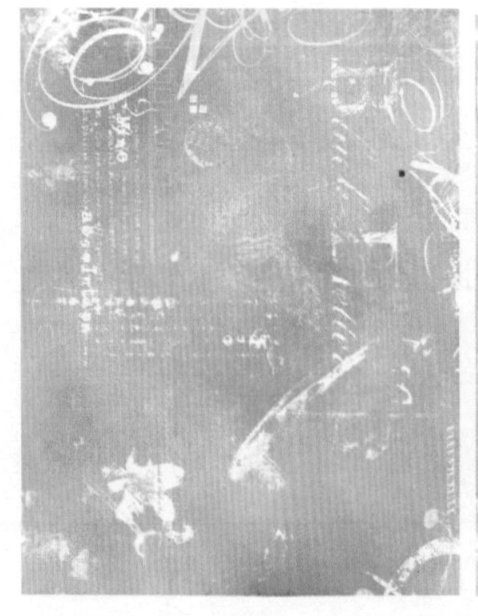

图 17.27

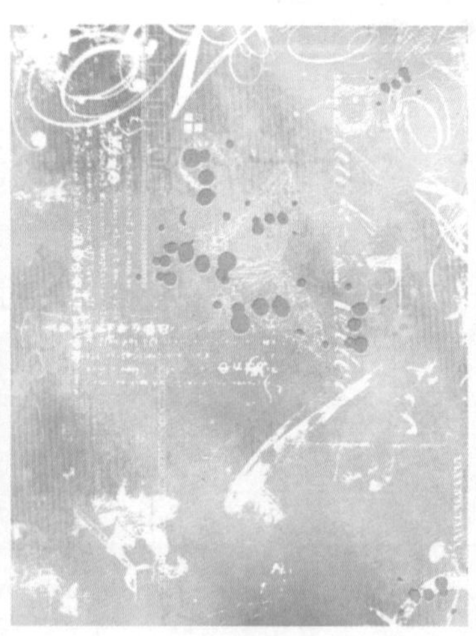

图 17.28

图 17.29

04 打开文件“第 17 章 \17.2- 素材 1.psd”，对其进行缩放、色彩叠加等处理，使之与作品整体的色调相匹配，如图 17.30 所示。

05 利用绘制路径以及图层蒙版等功能，为动物的四肢增加特殊形态效果，如图 17.31 所示。

06 结合色彩调整、曝光调整等功能，对作品整体进行润饰处理，如图 17.32 所示。

图 17.30

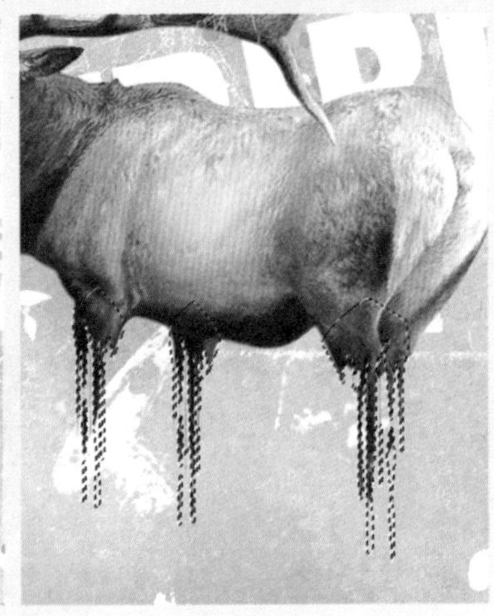

图 17.31

图 17.32

提示

关于本例的详细制作方法，请查阅文件“第 17 章 \17.2- 世外桃源主题视觉 .pdf”。

第 18 章　图像特效

18.1　华丽金属字效

18.1.1 制作数字主体

01 打开文件“第 18 章\素材 1.psd”，将其作为本例的背景图像。

02 切换至“路径”面板，新建“路径 1”，选择钢笔工具，在工具选项栏上选择“路径”选项，在画布的右侧绘制数字“7”的路径，如图 18.1 所示。

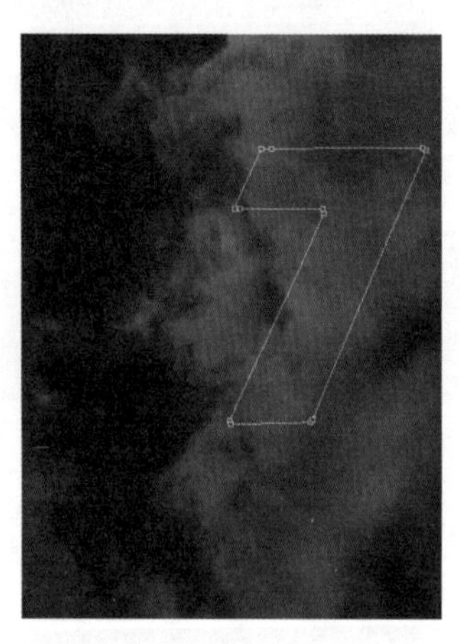

图 18.1

03 切换回“图层”面板，单击“创建新的填充或调整图层”按钮，在弹出的菜单中选择“渐变”命令，设置弹出的对话框，如图 18.2 所示，单击“确定”按钮退出对话框，隐藏路径后的效果如图 18.3 所示，同时得到图层“渐变填充 1”。

图 18.2

图 18.3

提示

在“渐变填充”对话框中，渐变类型为“从#e1620d 到#f9efcd”。

04 显示“路径 1”，使用直接选择工具调整节点的位置，如图 18.4 所示。选择路径选择工具，在其工具选项栏中选择“排除重叠形状”选项，然后按 Alt 键并拖动“路径 1”中的路径以复制路径，再次使用直接选择工具调整节点的位置，如图 18.5 所示。

图 18.4

图 18.5

05 切换回“图层”面板，单击“创建新的填充或调整图层”按钮 ，在弹出的菜单中选择“渐变”命令，设置弹出的对话框，如图 18.6 所示，隐藏路径后的效果，如图 18.7 所示，同时得到图层“渐变填充 2”。

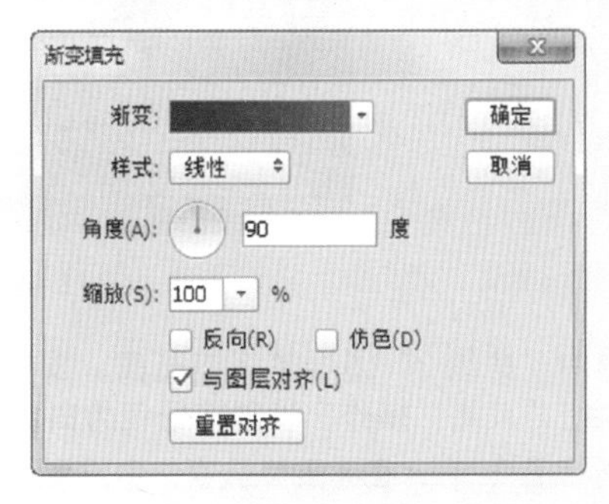

图 18.6

图 18.7

提示

在“渐变填充”对话框中，渐变类型为“从#460101 到#8c4300”。

06 复制“渐变填充 2”得到“渐变填充 2 拷贝”，使用路径选择工具 选取外部的路径，按 Delete 键删除，双击拷贝图层缩览图，设置其对话框如图 18.8 所示，得到如图 18.9 所示的效果。

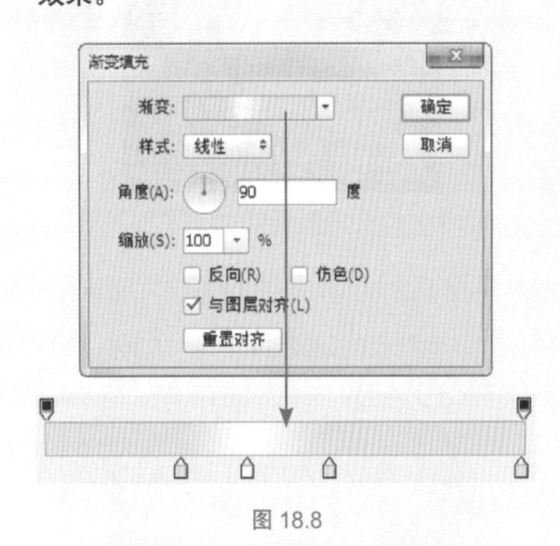

图 18.8

图 18.9

提示

在“渐变填充”对话框中，渐变类型各色标值从左至右分别为#fed674、#fffbdf、#fed674和#ffd784。

07 按照第 3 步的操作方法应用钢笔工具 在数字“7”下方绘制图 18.10 所示的路径。单击“创建新的填充或调整图层”按钮 ，在弹出的菜单中选择“渐变”命令，设置弹出的对话框，如图 18.11 所示，隐藏路径后的效果，如图 18.12 所示，同时得到图层“渐变填充 3”。“图层”面板如图 18.13 所示。

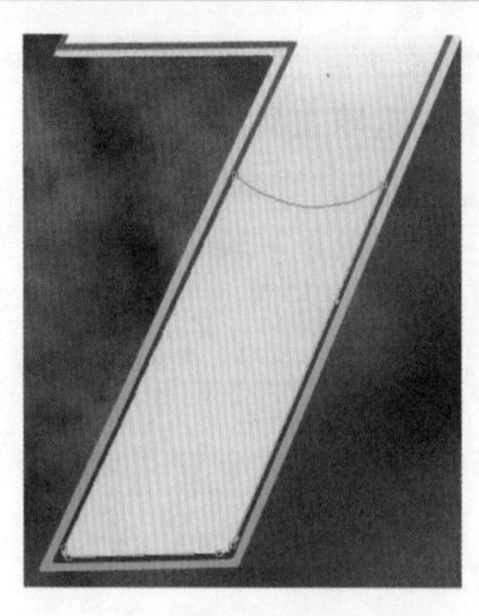

图 18.10

图 18.11

图 18.12

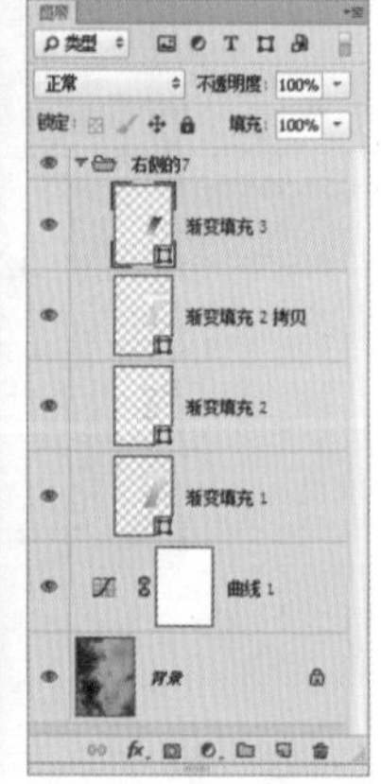

图 18.13

提示 1

本步中为了方便图层的管理，将制作右侧“7”的图层选中，按 Ctrl+G 键执行“图层编组”操作得到“组 1”，并将其重命名为“右侧的 7”。在下面的操作中，也对各部分进行了编组的操作，在步骤中不再叙述。

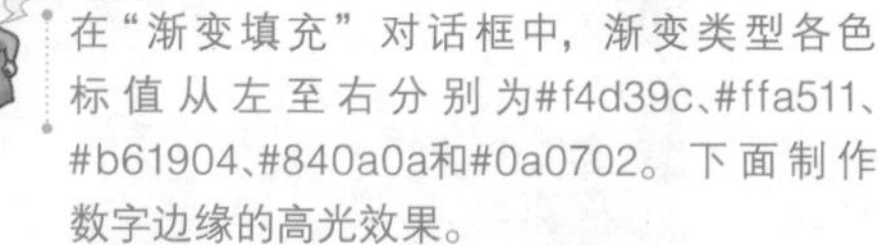

提示 2

在“渐变填充”对话框中，渐变类型各色标值从左至右分别为#f4d39c、#ffa511、#b61904、#840a0a和#0a0702。下面制作数字边缘的高光效果。

08 选择“渐变填充 1”作为当前的工作层，单击“创建新的填充或调整图层”按钮，在弹出的菜单中选择“曲线”命令，得到图层“曲线 2”，按 Ctrl+Alt+G 键执行“创建剪贴蒙版”操作，设置面板，如图 18.14 所示，得到图 18.15 所示的效果。

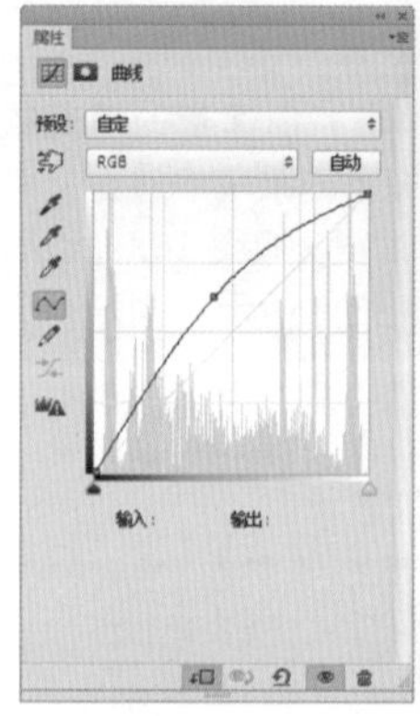

图 18.14

图 18.15

09 选中“曲线 2”图层蒙版缩览图，按 Ctrl+I 键执行“反相”操作，设置前景色为白色，选择画笔工具，在其工具选项栏中设置适当的画笔大小及不透明度，在图层蒙版中进行涂抹，将除下方及下方两侧以外的高光显示出来，直至得到图 18.16 所示的效果，此时蒙版中的状态如图 18.17 所示。

图 18.16

图 18.17

提示

下面结合路径、描边路径以及图层样式的功能，制作数字的双重立体感。

10 选择钢笔工具，在工具选项栏上选择“路径”选项，以及“合并形状”选项，得到的数字图像路径如图 18.18 所示。

图 18.18

11 选择“渐变填充 3”作为当前的工作层，新建“图层 1”，设置前景色为#fef4c9，选择画笔工具，并在其工具选项栏中设置画笔为“尖角 6 像素”，不透明度为 100%。切换至“路径”面板，单击用画笔描边路径按钮，隐藏路径后的效果如图 18.19 所示。

图 18.19

12 单击添加图层样式按钮，在弹出的菜单中选择“投影”命令，设置弹出的对话框，如图 18.20 所示。然后在“图层样式”对话框中继续选择“渐变叠加”选项，设置其对话框，如图 18.21 所示，得到图 18.22 所示的效果。“图层”面板如图 18.23 所示。

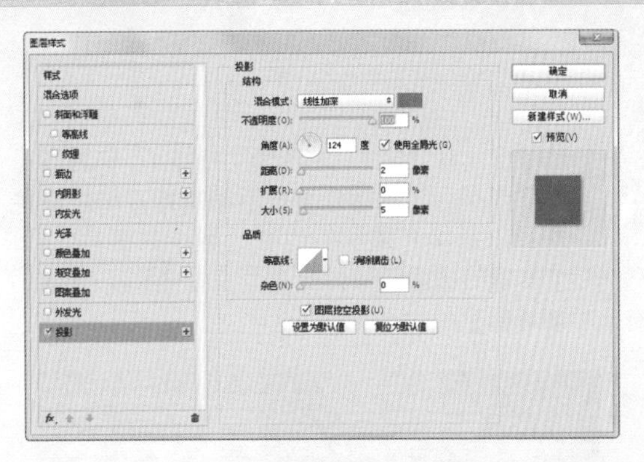

图 18.20

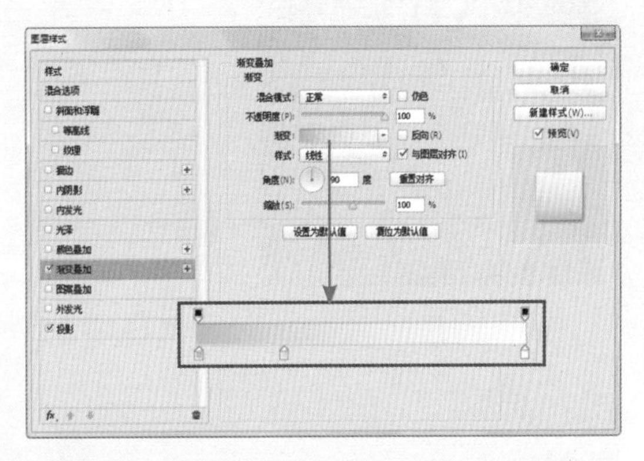

图 18.21

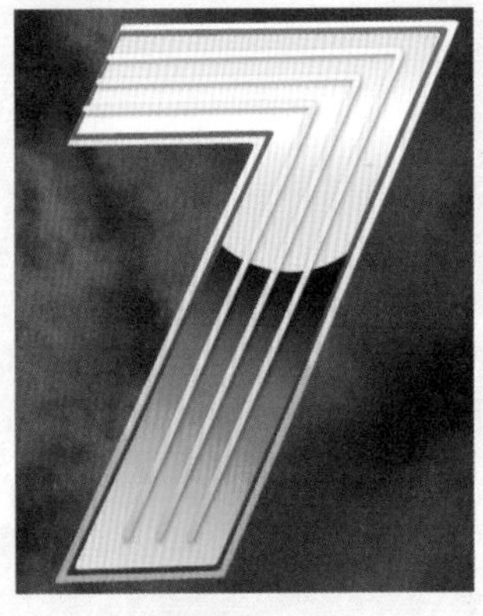

图 18.22

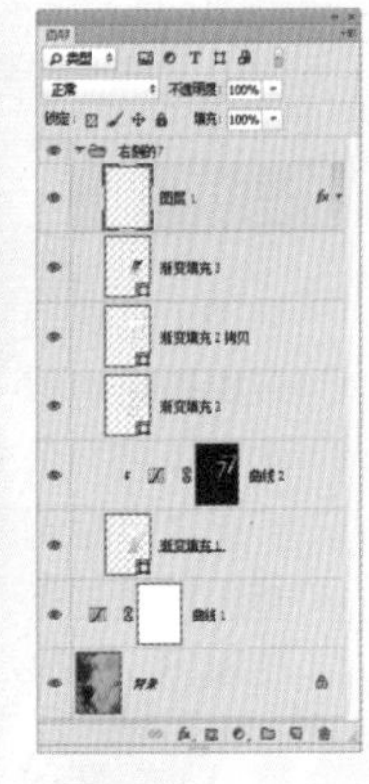

图 18.23

提示

在“投影”对话框中，颜色块的颜色值为#a83303；在“渐变叠加”对话框中，渐变类型各色标值从左至右分别为#ed8818、#fdc73a和#fef4c9。下面制作“7”下方的水珠图像。

 18.1.2 制作其他元素

01 收拢组“右侧的7”，选择“曲线1”作为当前的工作层，根据前面所讲解的操作方法，结合路径以及填充图层的功能，制作数字“7”下方水珠的初始轮廓，如图18.24所示。“图层”面板如图18.25所示。

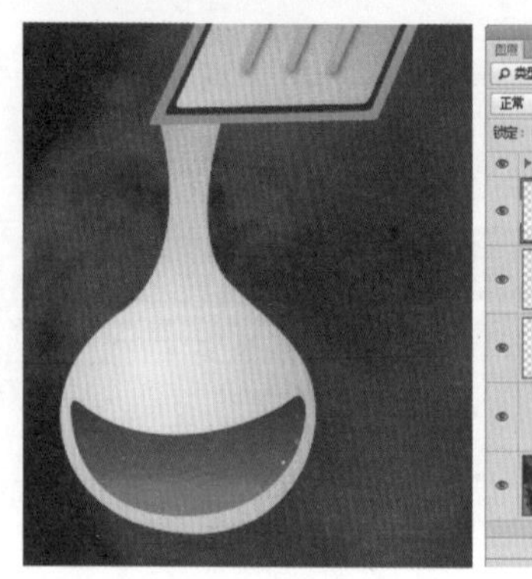

图 18.24

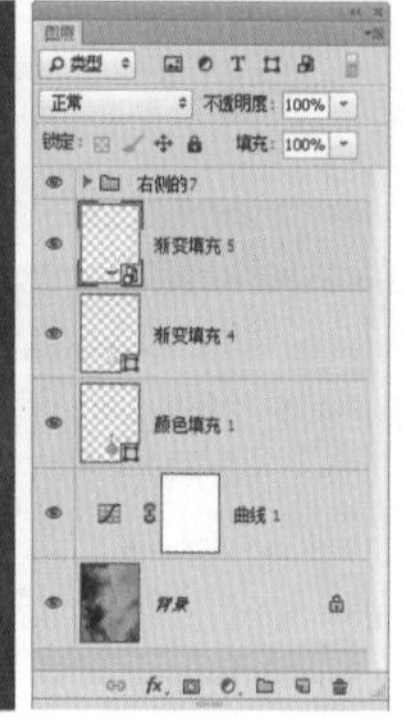

图 18.25

提示

本步中关于图像颜色值以及“渐变填充”对话框中的参数设置请参考最终效果源文件。在下面的操作中，会多次应用到填充图层的功能，不再做相关的提示。

02 单击“添加图层蒙版”按钮为“渐变填充4”添加蒙版，设置前景色为黑色，选择渐变工具，在其工具选项栏中选择线性渐变工具，在画布中单击右键，在弹出的渐变显示框中选择渐变类型为“前景色到透明渐变”，分别从水珠的左上方至右下方、上方至下方绘制渐变，得到的效果如图18.26所示。此时蒙版中的状态如图18.27所示。

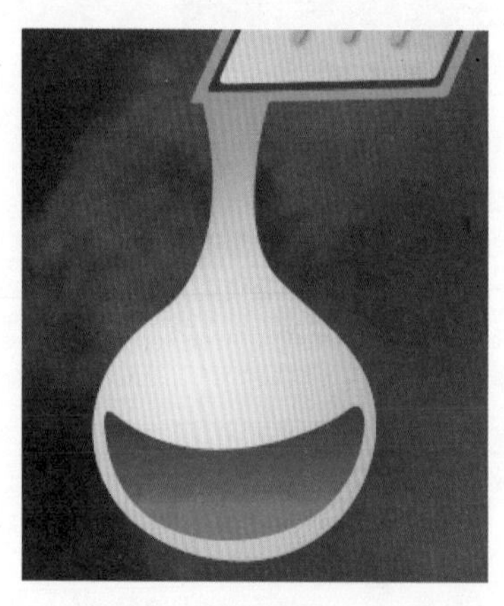

图 18.26

图 18.27

03 在“渐变填充5”图层名称上单击右键，在弹出的菜单中选择“转换为智能对象”命令，从而将其转换成为智能对象图层。在后面将对该图层中的图像进行滤镜操作，而智能对象图层则可以记录下所有的参数设置，以便进行反复的调整。

04 选择“滤镜”|“模糊”|“高斯模糊”命令，在弹出的对话框中设置“半径”数值为2，得到图18.28所示的效果。

图 18.28

05 根据前面所讲解的操作方法，结合路径、填充图层、滤镜、图层蒙版以及调整图层等功能，完善水珠图像，如图18.29所示。“图层”面板如图18.30所示。

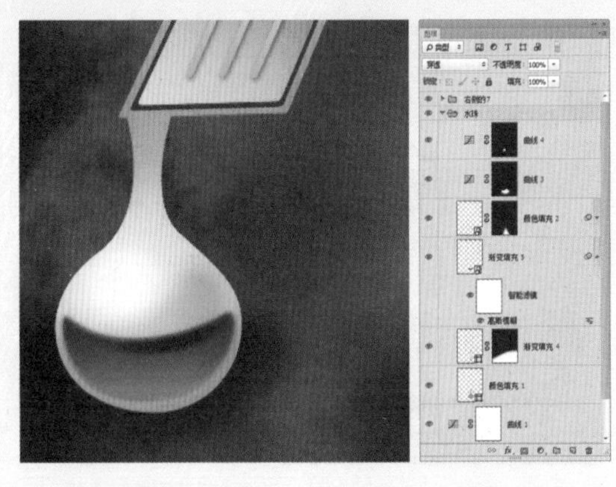

图 18.29　　图 18.30

提示

本步中关于“高斯模糊”对话框中的参数设置同上一步的设置一样。另外，关于调整面板中的参数设置请参考最终效果源文件。

06 选择组“水珠”，按 Ctrl+Alt+E 键执行“盖印”操作，从而将选中图层中的图像合并至一个新图层中，并将其重命名为“图层 2”。按 Ctrl+T 键调出自由变换控制框，按 Shift 键向内拖动控制句柄以缩小图像及移动位置，按 Enter 键确认操作。得到的效果如图 18.31 所示。

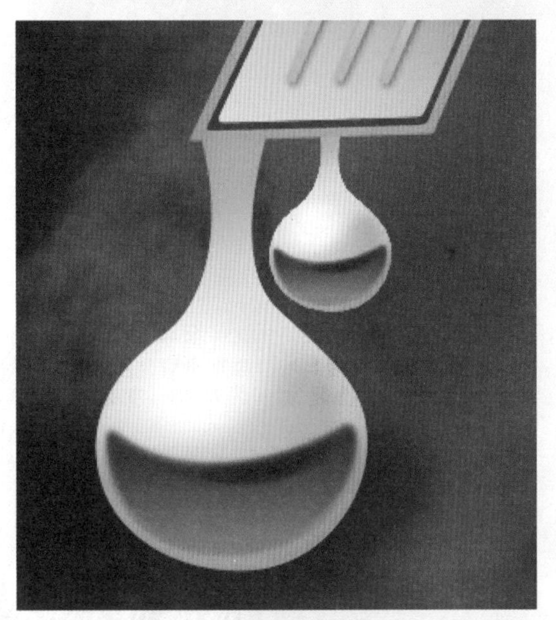

图 18.31

07 结合复制图层、变换以及图层蒙版的功能，制作数字“7”周围的其他水珠图像，如图 18.32 所示。“图层”面板如图 18.33 所示。

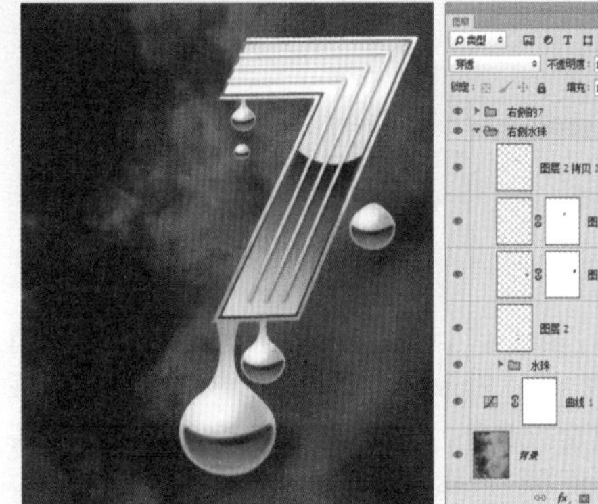

图 18.32　　图 18.33

右侧的数字“7”及水珠图像已制作完成。下面制作左侧的数字“7”及水珠图像。

08 根据前面所讲解的操作方法，选择组“右侧的 7”作为当前操作对象，结合复制图层、编辑路径、更改参数设置、“曲线”调整图层、图层蒙版、描边路径以及图层样式等功能，制作左侧的数字“7”及水珠图像，如图 18.34 所示。“图层”面板如图 18.35 所示。

图 18.34

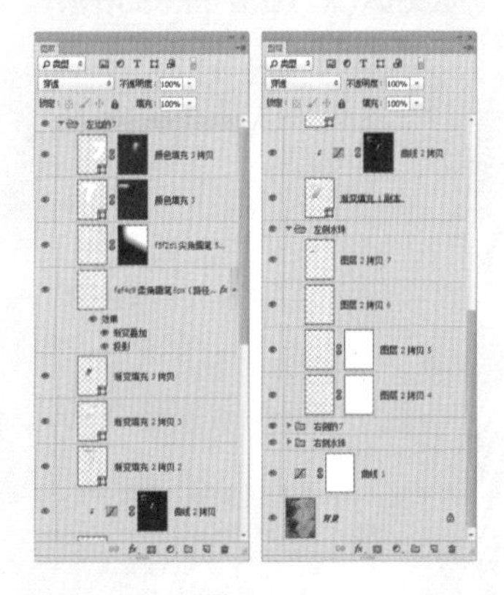

图 18.35

提示

本步中关于图层样式对话框中的参数设置同第 13 步的设置一样；关于线条的颜色值、画笔大小以及对应的路径名称请参见图层名称上的文字信息。

09 选择“曲线 1”作为当前的工作层，打开文件“第 18 章\18.1.2.psd”，利用混合模式及图层蒙版对其进行混合，并使用画笔工具 及调整图层对整体进行处理，得到图 18.36 所示的最终效果。

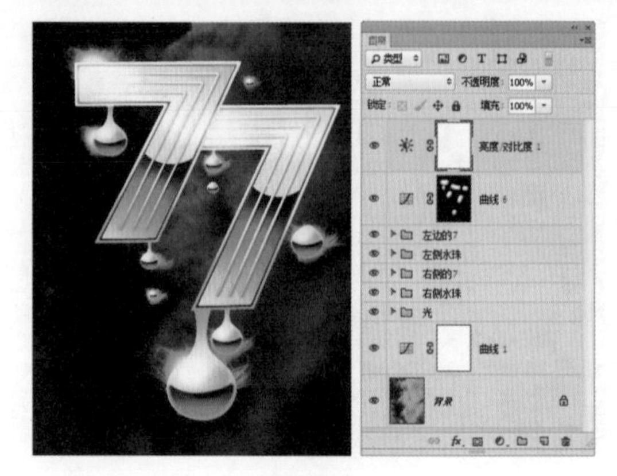

图 18.36

18.2 “浪漫七夕”变形立体字特效设计

01 打开素材图像，并按照指定的字体输入文字，并将其转换成为形状，以便于后面对其形态进行编辑处理，如图 18.37 所示。

图 18.37

02 结合路径绘制工具、选择工具及编辑工具等，选中文字中多余的部分并将其删除，然后进行基本的形态编辑，如图 18.38 所示。

图 18.38

03 此处将以绘制和运算路径为主，为文字进行整体的形态美化处理，如图 18.39 所示。

图 18.39

04 使用图层样式功能，为文字增加具有光泽感的立体效果，并为其局部添加渐变、星光等装饰图像，使之看起来更为华丽、美观，如图 18.40 所示。

图 18.40

提示

关于本例的详细制作方法，请查阅文件“第 18 章\18.2–“浪漫七夕”变形立体字特效设计.pdf”。

18.3 超酷炫光人像

18.3.1 制作头发炫光图像

01 打开文件“第 18 章\素材 5.psd”，如图 18.41 所示。在本例中，将以此图像为基础，制作炫光特效人物图像。

图 18.41

提示

首先将利用滤镜功能来制作人物的基本轮廓。

02 选择“滤镜”|“风格化”|“照亮边缘”命令，设置弹出的对话框，如图 18.42 所示，得到的图像效果可以查看左侧的预览区域，单击“确定”按钮退出对话框。

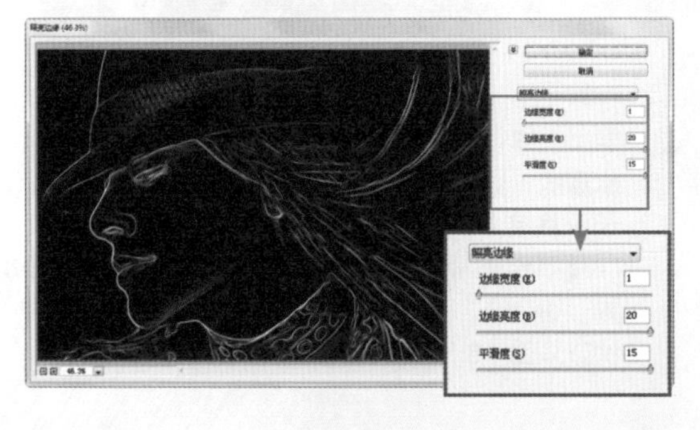

图 18.42

提示

下面将结合火焰图像，来制作人物头发处的炫光。

03 打开文件“第 18 章\素材 6.psd”，如图 18.43 所示，使用移动工具将其拖至本例操作的文件中，得到“图层 1”，在此图层名称上单击右键，在弹出的快捷菜单中选择“转换为智能对象”命令，从而将其转换为智能对象。由于后面将对该图层中的图像进行变形操作，而智能对象图层则可以记录下所有的变形参数，以便于进行反复的调整。

图 18.43

04 按 Ctrl+T 键调出自由变换控制框，缩小图像的高度并旋转 38°，然后将图像置于人物的头发位置，如图 18.44 所示。

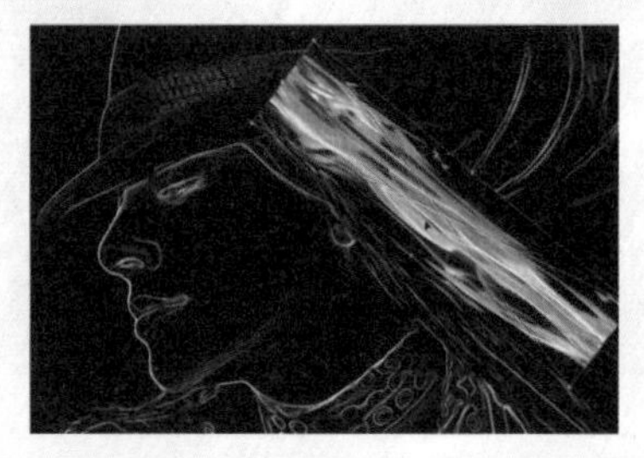

图 18.44

提示

下面先将火焰图像与背景图像融合起来，主要操作就是将原火焰图像的黑色背景去除。

05 设置“图层 1”的混合模式为“线性减淡（添加）”，得到图 18.45 所示的效果。此时图像中的火焰仍然显得很多，不适合制作较细的头发图像，所以下面将使用图层高级混合选项对火焰进行进一步处理。

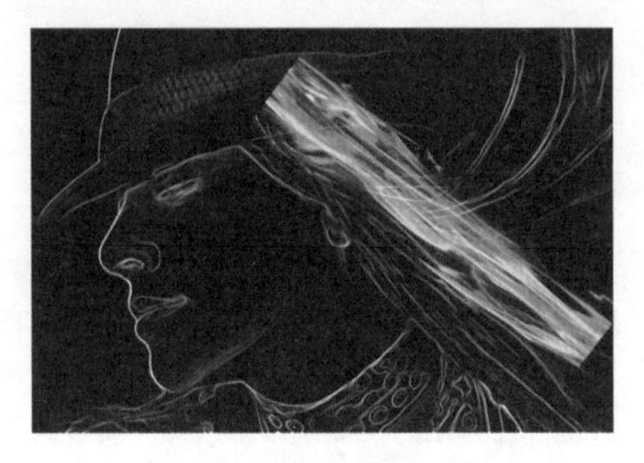

图 18.45

06 选择“图层 1”并单击“添加图层样式”按钮 fx，在弹出的菜单中选择“混合选项”命令，在弹出的对话框底部，按住 Alt 键并向右侧拖动“本图层”选项中的黑色半三角滑块，直至达到图 18.46 所示的状态，单击“确定”按钮退出对话框，得到图 18.47 所示的效果。

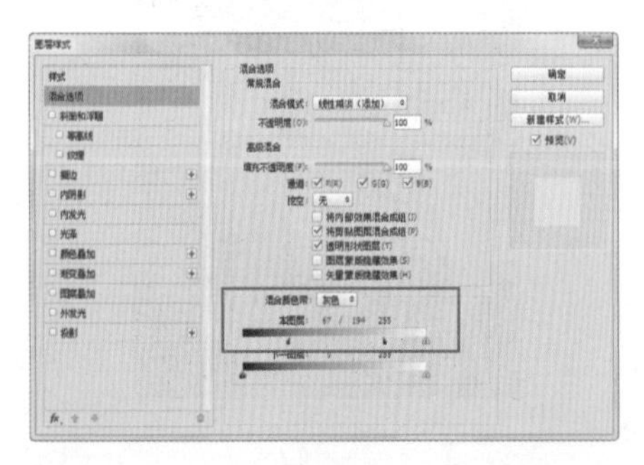

图 18.46

图 18.47

提示

此时，图像的状态已经基本符合制作头发的需要，下面就来对图像进行变形处理，使其符合头发的形态。

07 选择“编辑”|“变换”|“变形”命令，以调出变形控制框，然后分别拖动各个控制句柄，对图像进行变形处理，如图 18.48 所示。继续拖动各个控制句柄，直至得到图 18.49 所示的带有弧度的头发图像状态，按 Enter 键确认变换操作。

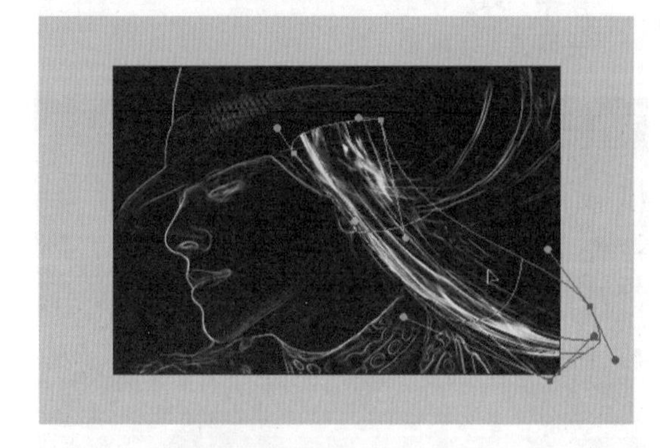

图 18.48

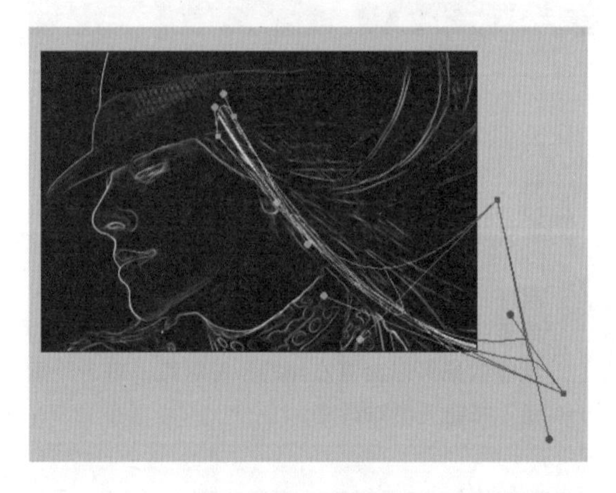

图 18.49

08 单击“添加图层蒙版”按钮为“图层 1”添加蒙版，设置前景色为黑色，选择画笔工具并设置适当的画笔大小，然后将炫光超过头发（与帽子图像重合）的区域进行涂抹以将其隐藏，得到图 18.50 所示的效果。此时蒙版中的状态如图 18.51 所示。

图 18.50

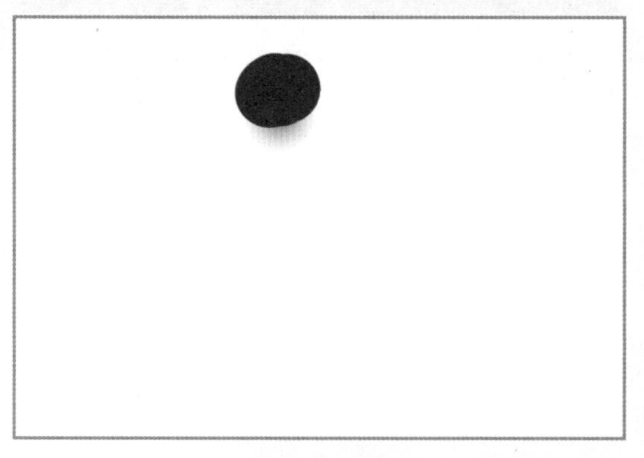

图 18.51

提示 1

在图 18.50 所示的蒙版中，使用硬边画笔用于隐藏与帽子重合的炫光图像，而较淡的柔边画笔涂抹痕迹，则主要是为了使炫光与帽子相接触的位置产生一定的过渡效果，而不至于表现得太过生硬，这样的蒙版编辑手法在后面的操作中会经常用到，将不再一一说明。

提示 2

此时已经完成了一束炫光的制作，所以已经可以为整体确定色调了，这样在后面调整过程中，可以随时预览到添加炫光后的效果，以便于随时设置不同的参数，使整体更加协调。

09 **单击“创建新的填充或调整图层”按钮 ，在弹出的菜单中选择“渐变映射”命令，设置弹出的面板，如图 18.52 所示，得到图 18.53 所示的效果，同时得到“渐变映射 1”。**

图 18.52

图 18.53

提示

在“渐变编辑器”对话框中，所使用的渐变颜色从左至右依次为黑色、#002244、#10b4d7 和白色。在下面的操作中，所有的图层都将位于此“渐变映射”调整图层的下方，将不再一一说明。下面来继续制作其他的炫光图像。

10 **复制“图层 1”，得到“图层 1 拷贝”，并在该拷贝图层的蒙版缩览图上单击右键，在弹出的快捷菜单中选择“删除图层蒙版”命令。**

11 **选择“编辑”|“变换”|“变形”命令以调出变形控制框，此时变形控制框将保持上一次变形时的状态，在此基础上可以继续进行变形编辑，得到图 18.54 所示的状态，按 Enter 键确认变换操作，此时图像的状态如图 18.55 所示。**

图 18.54

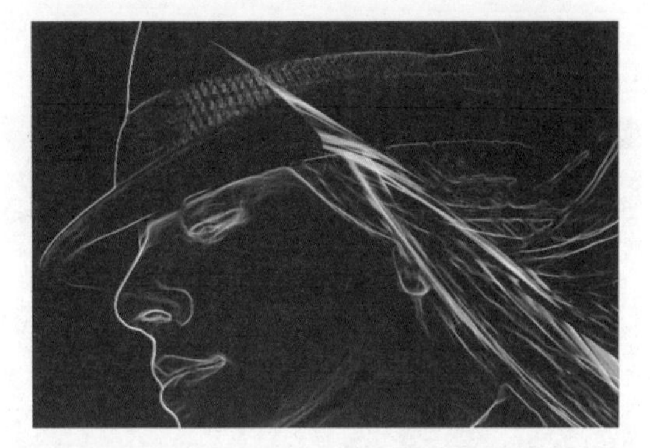

图 18.55

提示

实际上，在变形图像时并没有特别的规则，只需要清楚地知道，现在制作的头发图像，是为了使变形后的图像看起来符合头发的特质即可。至于对炫光的具体形态并没有太多的要求，但在变形时一定要注意改变每一个图像状态，切不可使炫光看起来有重复感，这样会大大降低图像的美观程度。

12 为“图层 1 拷贝”添加蒙版并结合画笔工具 进行涂抹，隐藏超出头发范围的炫光图像，如图 18.56 所示。

图 18.56

13 再复制“图层 1”两次，得到“图层 1 拷贝 2”和“图层 1 拷贝 3”，并分别编辑其中的变形内容，直至得到图 18.57 所示的头发效果。此时的“图层”面板如图 18.58 所示。

图 18.57

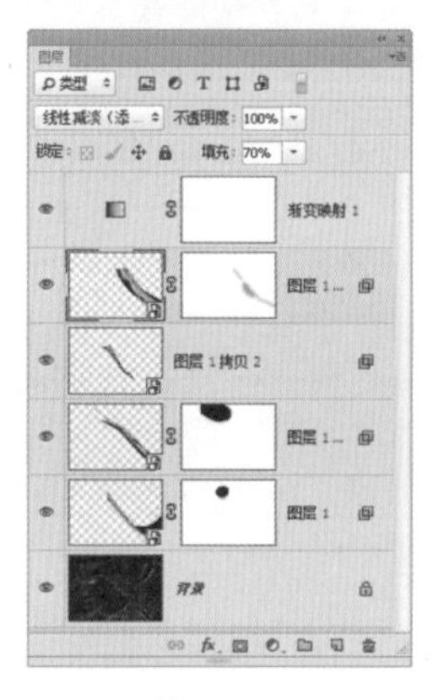

图 18.58

提示

到此为止，已经将本例中用到的技术基本讲解完毕。在后面的操作过程中，几乎就是反复利用上述的变形、用蒙版隐藏图像等技术对图像进行处理，只不过在不同的区域使用不同的素材图像而已。

14 下面来制作飞扬而起的头发图像。复制“图层 1 拷贝 3”，得到“图层 1 拷贝 4”，然后选择“编辑”|“变换”|“变形”命令，以调出变形控制框，在其工具选项栏上将“变形”设置成为“无”，从而将图像恢复为变形前的状态。

15 按 Ctrl + T 键调出自由变换控制框，将图像缩小并旋转，然后置于头发图像上，如图 18.59 所示（为便于观看图像，暂时隐藏了“图层 1”至“图层 1 拷贝 3”）。

图 18.59

提示

要制作飞扬的头发图像，就需要制作出带有较大弧度的变形效果，所以在此先制作得到带有弧度的图像，然后再进一步编辑。

16 保持上一步的自由变换控制框不变，在控制框内单击右键，在弹出的快捷菜单中选择“变形”命令，然后在其工具选项栏上设置“变形”为“扇形”，再按照上一步的操作方法设置其他的参数。此时图像的状态如图 18.60 所示。

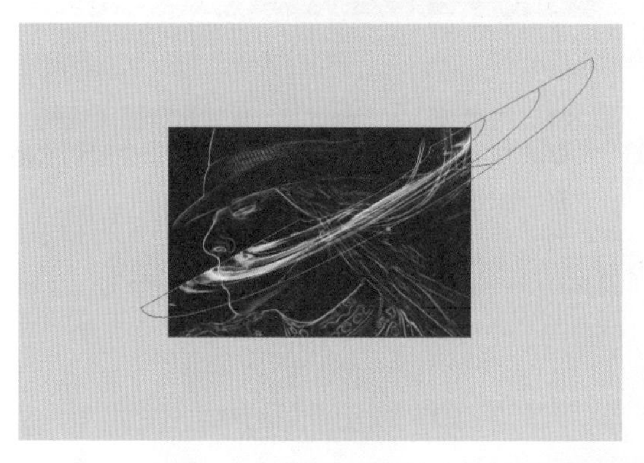

图 18.60

17 在工具选项栏上的“变形”下拉列表中选择“自定”选项，将当前应用的预设变形方案转换成为可编辑的自定义状态，然后按照前面讲解的方法编辑变形图像，直至得到图 18.61 所示的效果。

图 18.61

18 单击“添加图层蒙版”按钮 为“图层 1 拷贝 4”添加蒙版，设置前景色为黑色，选择画笔工具 并设置适当的画笔大小，然后在高光过于强烈的炫光图像上进行涂抹以将其隐藏，得到图 18.62 所示的效果。

图 18.62

19 再复制两个图层并编辑其变形状态，然后再用蒙版隐藏多余的图像，直至得到图 18.63 所示的效果。

图 18.63

20 至此已经基本完成了头发的炫光图像，下面将相关的图层进行编组以便于管理。选择“图层1”，然后按住 Shift 键并选择“图层 1 拷贝 6”，从而将两者之间的图层选中，按 Ctrl + G 键将选中的图层编组，并将得到的组重命名为“头发炫光”。此时的“图层”面板如图 18.64 所示。

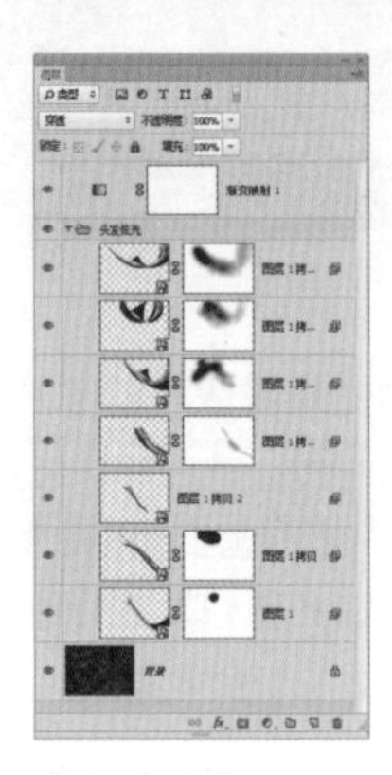

图 18.64

18.3.2 制作其他炫光

下面来制作人物面部的炫光图像，在制作过程中将利用前面制作好的头发炫光图像，以降低操作难度。

01 选择组“头发炫光”，按 Ctrl + Alt + E 键执行“盖印”操作，从而将当前所选组中的图像合并至新图层中，并将该图层重命名为“图层 2”。

02 选择“滤镜”|“扭曲”|“极坐标”命令，在弹出的对话框中选择“平面坐标到极坐标”选项，单击“确定”按钮退出对话框。

03 将“图层 2”转换成为智能对象，然后按照前面讲解的方法，分别在人物面部、脖子及衣领位置添加炫光图像，得到图 18.65 所示的效果。

图 18.65

04 打开文件“第 18 章 \ 素材 7.psd”，使用移动工具将其拖至本例操作的文件中，得到“图层 3”，结合前面使用的变形及图层蒙版功能，在面部位置增加一些炫光图像，使其看起来更加丰富，如图 18.66 所示。

图 18.66

05 将“图层 3”、“图层 2”及其拷贝图层编组，将得到的组重命名为“面部炫光”。此时的“图层”面板如图 18.67 所示。

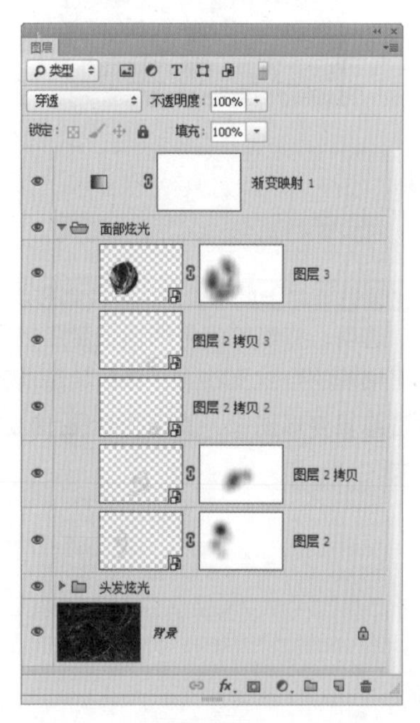

图 18.67

06 在下面的讲解中，读者可结合“第 18 章 \ 素材 8.psd~ 素材 18.psd”，按照前面的方法进行变形处理，并配合混合模式与图层蒙版进行融合处理，最终得到图 18.68 所示的效果。具体的参数设置请读者参考本例的最终效果文件。

图 18.68

18.3.3 整体美化处理

01 选择画笔工具，按 F5 键显示“画笔”面板，然后打开文件“第 18 章 \ 素材 20.abr”，以将其载入进来。

02 新建一个图层得到“图层 16”，选择上一步载入的画笔，设置前景色为白色，使用画笔工具沿人物的轮廓涂抹一些散点图像，直至得到图 18.69 所示的效果，图 18.70 所示是以黑色为背景，同时显示“渐变填充 1”调整图层和显示所绘制的散点图像时的状态。

图 18.69

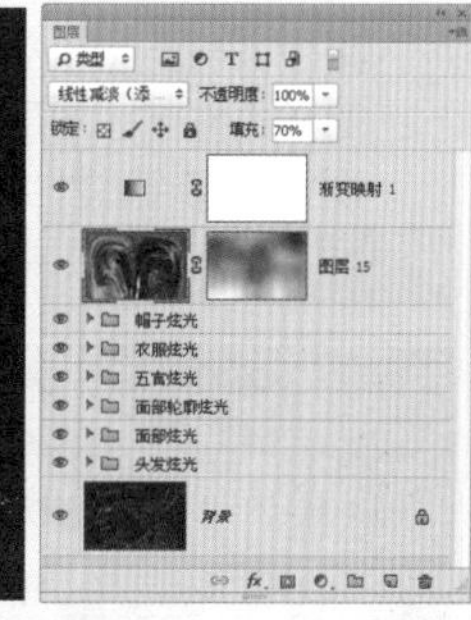

图 18.70

03 下面再来为散点图像增加一些发光效果。单击“添加图层样式”按钮，在弹出的菜单中选择“外发光”命令，设置弹出的对话框，如图 18.71 所示，得到图 18.72 所示的效果。

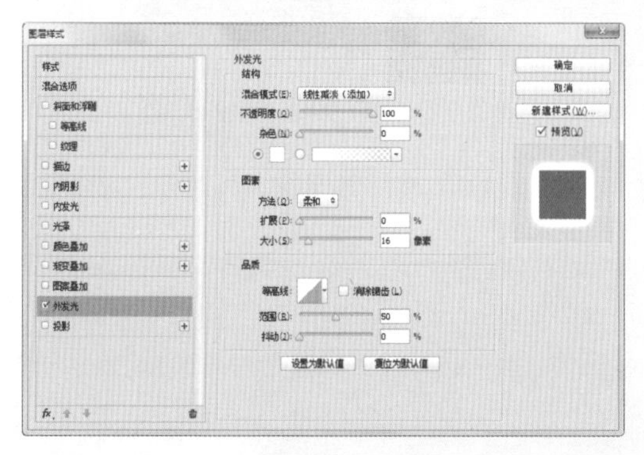

图 18.71

图 18.72

提示

最后再来对整体的高光进行调整，使高光看起来更加强烈，同时也符合本例所要表现的炫光特效。

04 切换至“通道”面板，按Ctrl键并单击“RGB”通道缩览图以载入当前图像中高光区域的选区，然后切换回“图层”面板，新建一个图层得到“图层17”，设置前景色为白色，按Alt+Delete键填充选区，按Ctrl+D键取消选区，得到图18.73所示的效果。

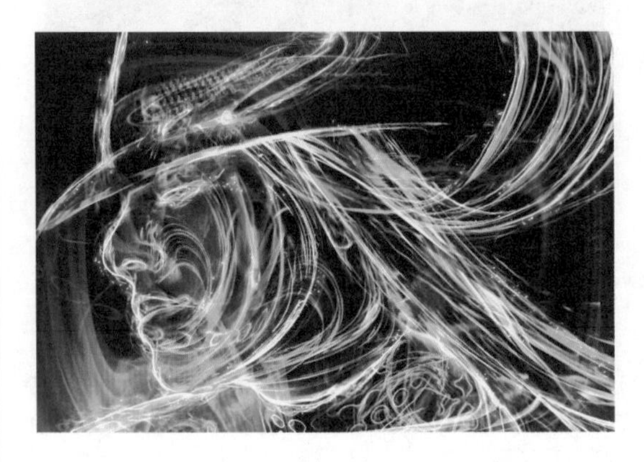

图 18.73

05 按住Alt键，将“图层16”中的“外发光”图层样式拖至“图层17”中以复制图层样式，并设置“图层17”的不透明度为50%，得到图18.74所示的效果。

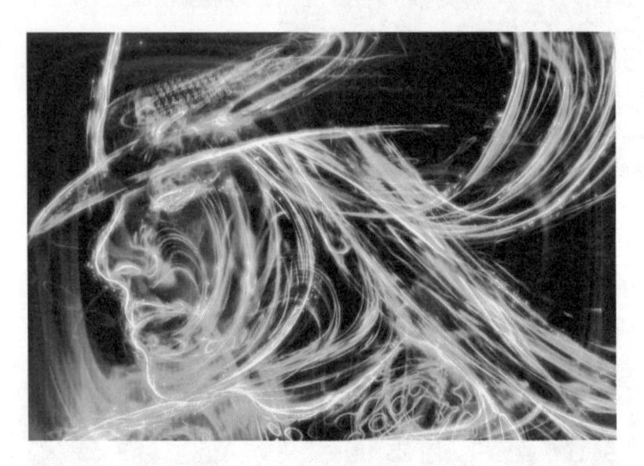

图 18.74

提示

观察图像不难看出，添加了外发光效果的高光区域图像看起来显得过于强烈，所以下面将利用蒙版隐藏部分发光效果。

06 为“图层17”添加蒙版，使用画笔工具并设置适当的画笔大小及不透明度，在蒙版中用黑色涂抹，以隐藏部分发光图像，得到的最终效果如图18.75所示，对应的“图层”面板如图18.76所示。

图 18.75

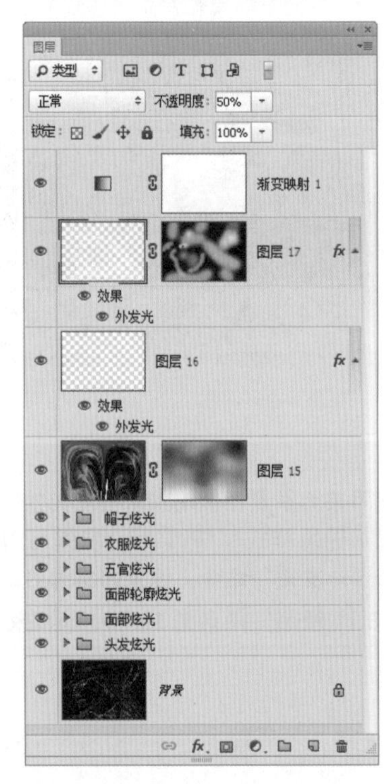

图 18.76

第 19 章　商业设计

19.1　巴黎没有摩天轮

19.1.1 规划封面尺寸

01 首先来计算一下封面的尺寸。在本例中，封面的宽度数值为正封宽度（210mm）+ 书脊宽度（20mm）+ 封底宽度（210mm）+ 左右出血（各 3mm）=446mm，封面的高度数值为上下出血（各 3mm）+ 封面的高度（285mm）=291mm。

02 按 Ctrl+N 键新建一个文件，设置弹出的对话框，如图 19.1 所示，单击“确定”按钮退出对话框，以创建一个新的空白文件。

03 按 Ctrl+R 键显示标尺，按 Ctrl+; 键调出辅助线，按照上面的提示内容在画布中添加辅助线以划分封面中的各个区域，如图 19.2 所示。按 Ctrl+R 键隐藏标尺。

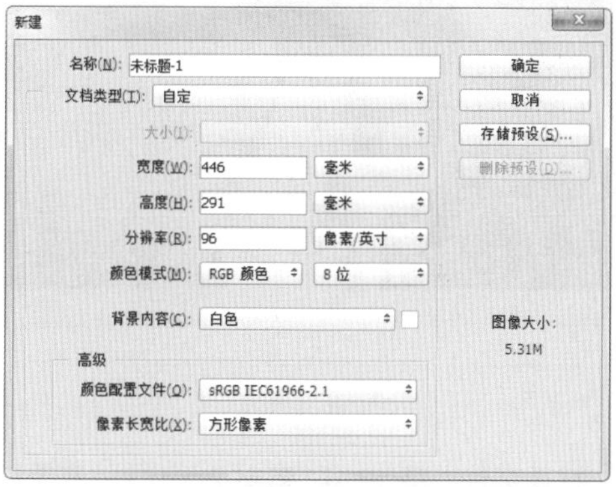

图 19.1

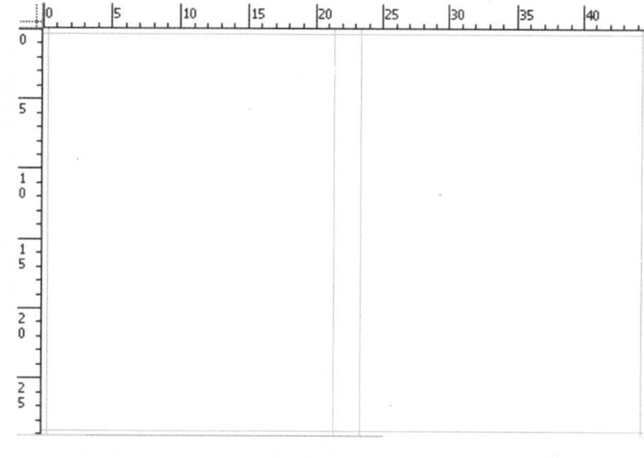

图 19.2

19.1.2 封面设计

下面结合路径及渐变填充图层的功能，制作封面下方的渐变效果。

01 选择矩形工具，在工具选项栏上选择“路径”选项，在画布的下方绘制图 19.3 所示的路径。单击“创建新的填充或调整图层”按钮，在弹出的菜单中选择“渐变”命令，设置弹出的对话框，如图 19.4 所示，得到图 19.5 所示的效果，同时得到图层“渐变填充 1”。

图 19.3

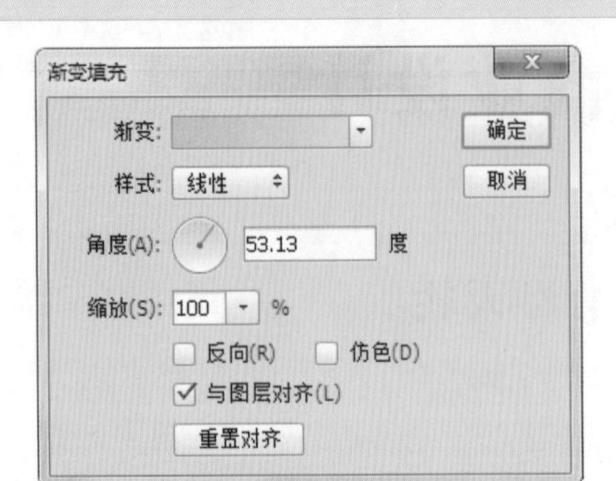

图 19.4

图 19.5

提示

在"渐变填充"对话框中，渐变类型为"从#a4c9b7到#c9dfdc"。

02 下面制作正封中的图像效果。打开文件"第 19 章\素材 1.psd"，使用移动工具将其拖至上一步制作的文件中，得到"图层 1"。按 Ctrl+T 键调出自由变换控制框，按 Shift 键向外拖动控制句柄以放大图像及移动位置，按 Enter 键确认操作。得到的效果如图 19.6 所示。

图 19.6

03 选择矩形工具，在工具选项栏上选择"路径"选项，在人物图像上绘制图 19.7 所示的路径。按 Ctrl 键并单击添加图层蒙版按钮为"图层 1"添加蒙版，隐藏路径后的效果如图 19.8 所示。

图 19.7

图 19.8

04 打开文件"第 19 章\素材 2.psd"，使用移动工具将其拖至上一步制作的文件中，得到"图层 2"。利用自由变换控制框调整图像的大小及位置，得到的效果如图 19.9 所示。

图 19.9

提示

至此，正封中的图片效果已制作完成。下面制作书名文字。

05 **选择横排文字工具 T，设置前景色的颜色值为 #26342d，并在其工具选项栏上设置适当的字体和字号，在右侧图片的下方输入文字“巴黎”，如图 19.10 所示。**

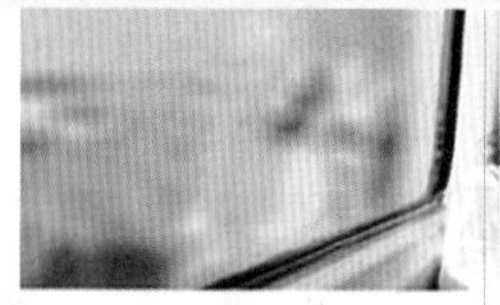

图 19.10

06 **按照上一步的操作方法，应用文字工具 T 继续输入书名文字，如图 19.11 所示。“图层”面板如图 19.12 所示。**

图 19.11

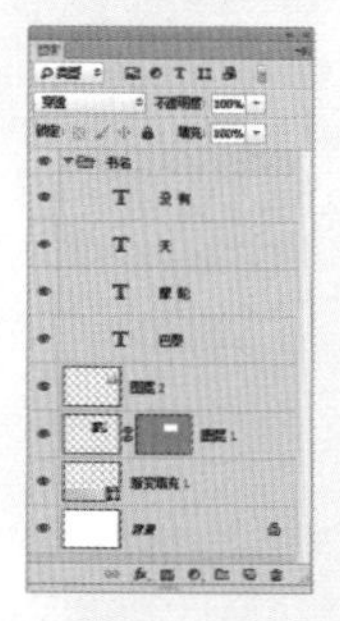

图 19.12

提示 1

本步中为了方便图层的管理，在此将制作文字的图层选中，按 Ctrl+G 键执行“图层编组”操作得到“组 1”，并将其重命名为“书名”。在下面的操作中，也将对各部分进行编组的操作，在步骤中不再叙述。

提示 2

在本步操作过程中，没有给出图像的颜色值，读者可依自己的审美标准进行颜色搭配。在下面的操作中，不再做颜色的提示。下面制作其他相关说明文字。

07 **按照第 4 步的操作方法，应用文字工具 T 制作正封中的其他相关文字信息，并配合图形工具绘制一些装饰图形，如图 19.13 所示。“图层”面板如图 19.14 所示。**

图 19.13

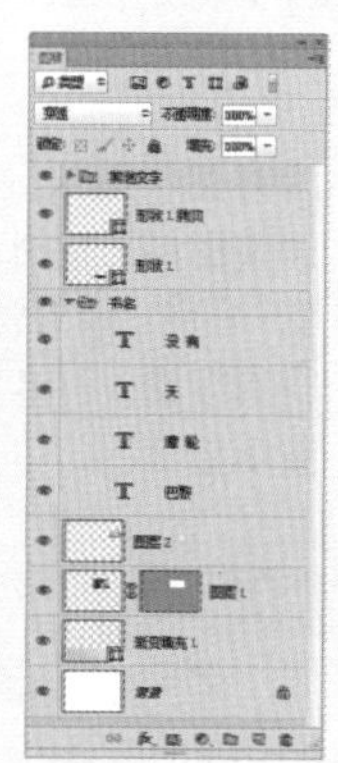

图 19.14

08 **选择“形状 1 拷贝”矢量蒙版缩览图使其路径处于未选中的状态，设置前景色的颜色值为 #969d9b，选择钢笔工具，在工具选项栏上选择“形状”选项，在正封的右下角绘制图 19.15 所示的形状，得到“形状 2”。**

图 19.15

09 确认“形状 2”矢量蒙版缩览图处于选中的状态，切换至“路径”面板，双击“形状 2 矢量蒙版”路径名称，以将此路径存储为“路径 1”。选择路径选择工具 并调整“路径 1”的位置，如图 19.16 所示。

图 19.16

10 切换回“图层”面板，单击“创建新的填充或调整图层”按钮 ，在弹出的菜单中选择“渐变”命令，设置弹出的对话框，如图 19.17 所示，得到如图 19.18 所示的效果，同时得到图层“渐变填充 2”。

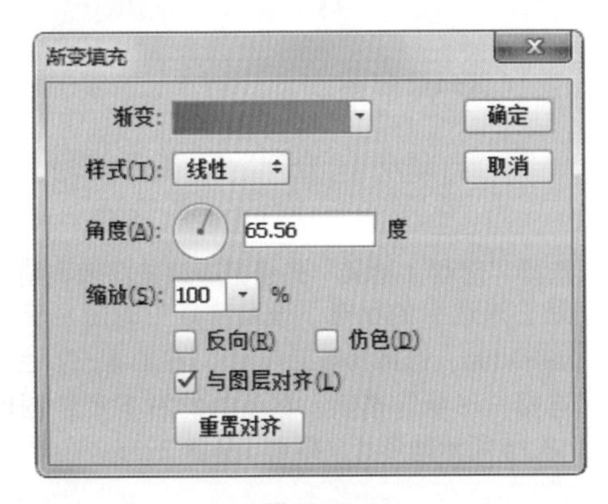

图 19.17

图 19.18

提示

在“渐变填充”对话框中，渐变类型为“从#3d755c到#859d87”。下面利用图层蒙版的功能，制作书签孔。

11 单击添加图层蒙版按钮 为“渐变填充 2”添加蒙版，设置前景色为黑色，选择画笔工具 ，在其工具选项栏中设置适当的画笔大小及硬度，在图层蒙版中单击以将右端的部分图像隐藏起来，直至得到图 19.19 所示的效果。

图 19.19

12 按 Alt 键并将“渐变填充 2”的图层蒙版拖至“形状 2”图层名称上以复制蒙版，此时图像状态如图 19.20 所示。

图 19.20

提示

下面结合路径及描边路径等功能，制作书签上的线图像。

13 选择钢笔工具，在工具选项栏上选择“路径”选项，在书签孔处绘制图 19.21 所示的路径，新建“图层 3”，设置前景色为白色，选择画笔工具，并在其工具选项栏中设置画笔为“柔角 2 像素”，不透明度为 100%。切换至“路径”面板，单击用画笔描边路径按钮，隐藏路径后的效果如图 19.22 所示。

图 19.21

图 19.22

14 切换回“图层”面板，按照第 11 步的操作方法为“图层 3”添加蒙版，应用画笔工具在蒙版中进行涂抹，以制作线穿过孔的效果，如图 19.23 所示。“图层”面板如图 19.24 所示。

图 19.23

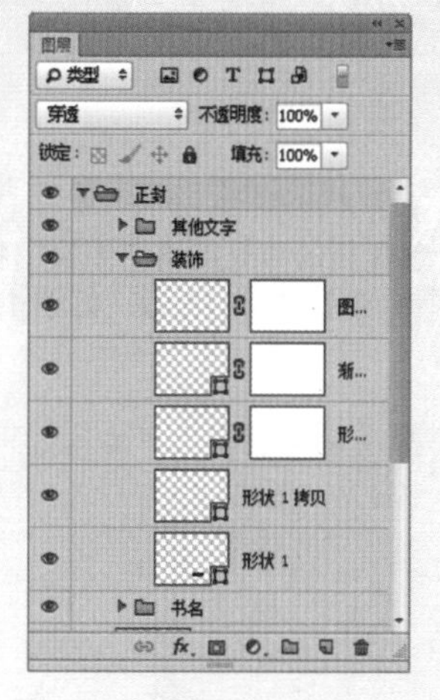

图 19.24

提示

至此，正封中的图像已制作完成。下面制作书脊及封底图像。

15 根据前面所讲解的操作方法，结合文字工具、复制图层以及图层蒙版等功能，制作书脊及封底中的图像，如图 19.25 所示。“图层”面板如图 19.26 所示。

图 19.25

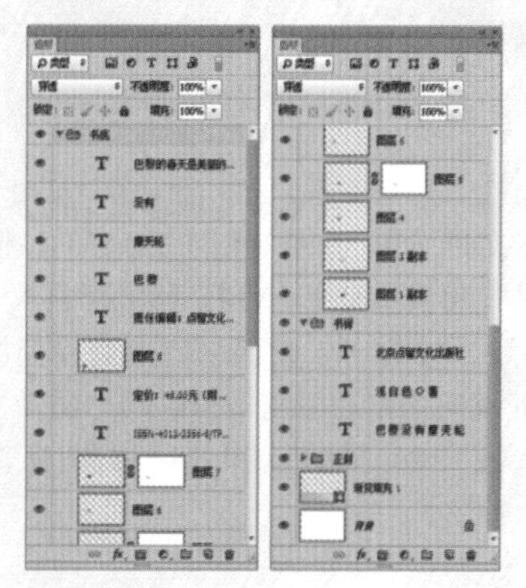

图 19.26

提示

本步中所应用到的素材为文件“第 19 章 \ 素材 3.psd~ 素材 7.psd”。下面调整整体的色彩以完成制作。

16 单击“创建新的填充或调整图层”按钮，在弹出的菜单中选择“色彩平衡”命令，得到图层“色彩平衡 1”，设置弹出的面板，如图 19.27 所示，得到图 19.28 所示的最终效果。“图层”面板如图 19.29 所示。

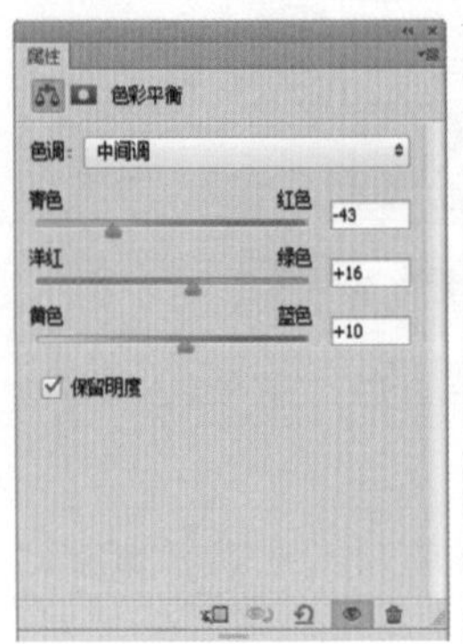

图 19.27

图 19.28

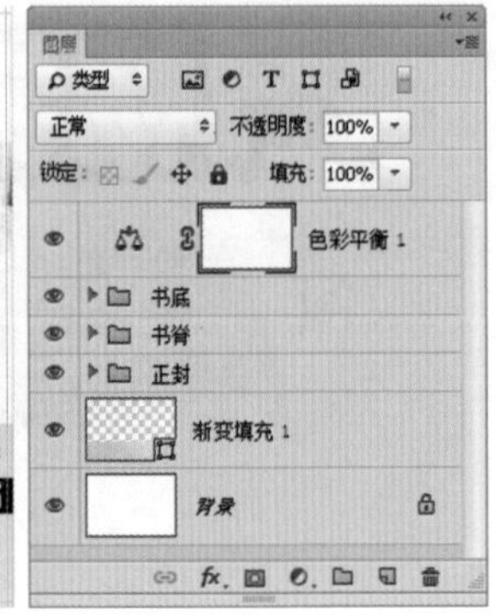

图 19.29

19.2 化妆品清新广告设计

01 打开文件“第 19 章 \ 素材 8.psd”，如图 19.30 所示。将其作为本例的背景图像。

图 19.30

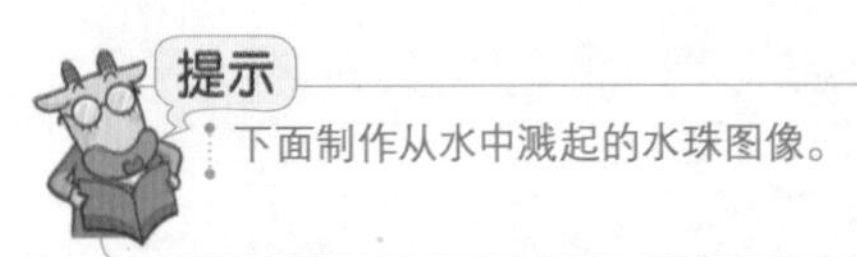

提示

下面制作从水中溅起的水珠图像。

02 打开文件“第 19 章 \ 素材 9.psd”，使用移动工具将其拖至上一步打开的文件中，得到“图层 1”。按 Ctrl+T 键调出自由变换控制框，按 Shift 键向内拖动控制句柄以缩小图像及移动位置，按 Enter 键确认操作；得到的效果如图 19.31 所示。

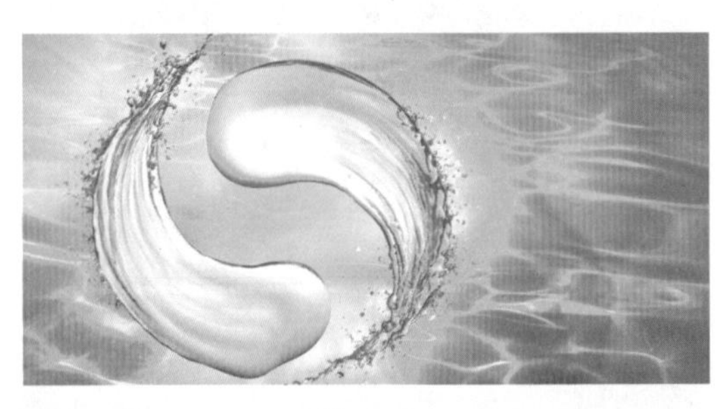

图 19.31

03 设置“图层 1”的混合模式为“线性加深”，以混合图像，得到的效果如图 19.32 所示。

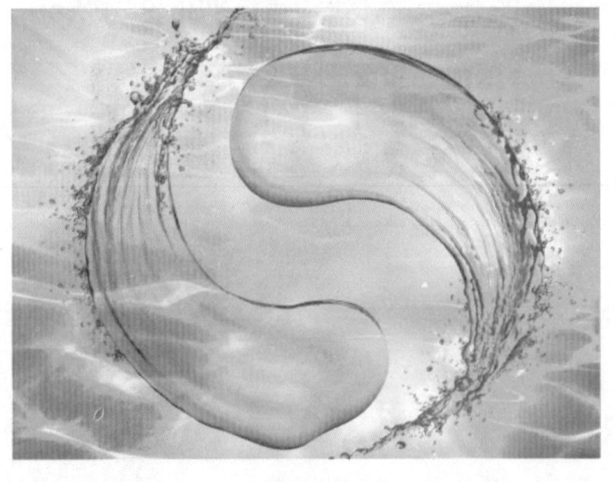

图 19.32

04 打开文件“第 19 章\素材 10.psd”，使用移动工具将其拖至上一步打开的文件中，得到“图层 2”。利用自由变换控制框调整图像的大小及位置，如图 19.33 所示。

图 19.33

05 设置“图层 2”的混合模式为“滤色”，不透明度为 90%，以混合图像，得到的效果如图 19.34 所示。

图 19.34

06 单击“添加图层蒙版”按钮为“图层 2”添加蒙版，设置前景色为黑色，选择画笔工具，在其工具选项栏中设置适当的画笔大小及不透明度，在图层蒙版中进行涂抹，将下方大块水珠区域以外的水纹隐藏起来，直至得到图 19.35 所示的效果，此时蒙版中的状态如图 19.36 所示。

图 19.35

图 19.36

07 利用文件“第 19 章\素材 11.psd 和素材 12.psd”，结合变换、图层属性以及图层蒙版等功能，制作水珠图像上、下方的光线效果，如图 19.37 所示。同时得到“图层 3”和“图层 4”。“图层”面板如图 19.38 所示。

图 19.37

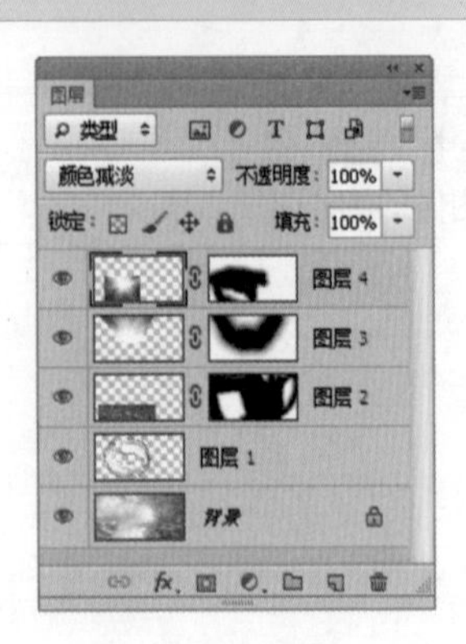

图 19.38

提示

本步中设置了“图层 3”的混合模式为“强光”;“图层 4”的混合模式为“颜色减淡”。下面制作画面中的高光、阴影以及水纹效果。

08 复制“图层 4”得到“图层 4 拷贝”，以加深水珠下方的光线效果，如图 19.39 所示。新建“图层 5”，设置前景色为#00a7e7，选择画笔工具，并在其工具选项栏中设置画笔为“柔角 150 像素”，不透明度为 30%，在左侧的水珠图像上进行涂抹，得到的效果如图 19.40 所示。

图 17.39

图 19.40

09 根据前面所讲解的操作方法，结合画笔工具、图层属性以及图层蒙版等功能，制作画面中的阴影、高光以及水纹效果，如图 19.41 所示。图 19.42 所示为单独显示上一步至本步的图像状态。“图层”面板如图 19.43 所示。

图 19.41

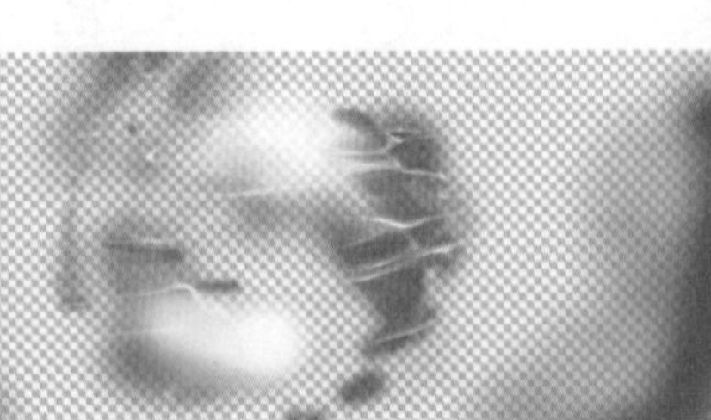

图 19.42

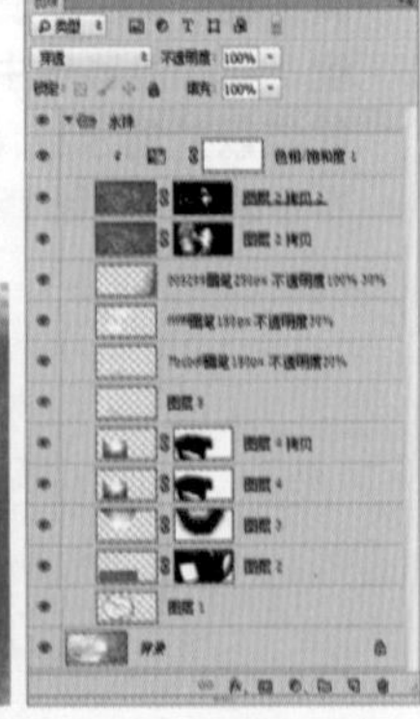

图 19.43

提示 1

本步中关于图像颜色值以及图层属性的设置请参考最终效果源文件。下面若有类似的操作，不再做相关的提示。另外，在制作的过程中，还需要注意各个图层间的顺序。

提示 2

本步中为了方便图层的管理，在此将制作水珠的图层选中，按 Ctrl+G 键执行“图层编组”操作得到“组 1”，并将其重命名为“水珠”。在下面的操作中，也将对各部分进行编组的操作，在后续的步骤中不再叙述。下面调整水纹图像的色相。。

10 **选择“图层 2 拷贝 2”作为当前的工作层，单击“创建新的填充或调整图层”按钮，在弹出的菜单中选择“色相 / 饱和度”命令，得到图层“色相 / 饱和度 1”，按 Ctrl+Alt+G 键执行“创建剪贴蒙版”操作，设置弹出的面板，如图 19.44 所示，得到图 19.45 所示的效果。**

图 19.44

图 19.45

提示

至此，水珠图像已制作完成。下面制作光效果。

11 **选择“背景”图层作为当前的工作层，利用文件“第 19 章 \ 素材 13.psd 和素材 14.psd”，结合变换、图层属性以及图层蒙版等功能，制作水珠与背景之间的光感，以增强一种层次感。如图 19.46 所示。“图层”面板如图 19.47 所示。**

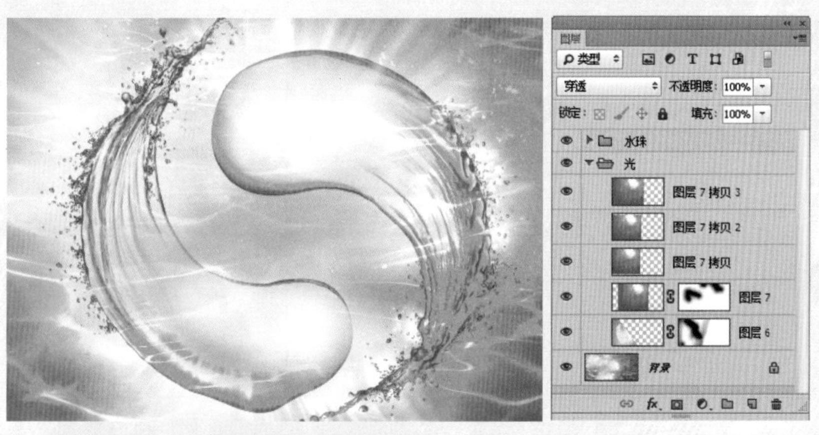

图 19.46　　图 19.47

提示

另外说明一点，本步还设置了组“光”的不透明度为 80%。下面制作产品、人物以及文字图像以完成制作。

12 选择组“水珠”作为当前的操作对象，打开文件“第 19 章\素材 15.psd”，按 Shift 键并使用移动工具 将其拖至上一步制作的文件中，得到的最终效果如图 19.48 所示。“图层”面板如图 19.49 所示。

图 19.48

图 19.49

提示 1

本步是以组的形式给的素材，由于其操作非常简单，在叙述上略显繁琐，读者可以参考最终效果源文件进行参数设置，展开组即可观看到操作的过程。

19.3 奶片包装盒设计

19.3.1 分析与认识刀模文件

01 打开文件“素材 16.psd”，如图 19.50 所示，对应的“图层”面板如图 19.51 所示。

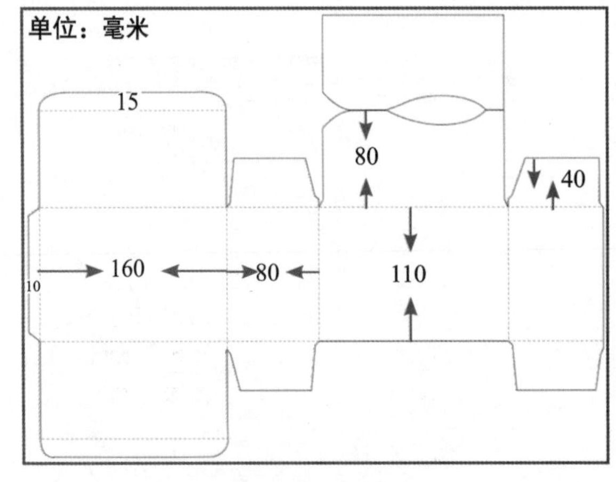

图 19.50

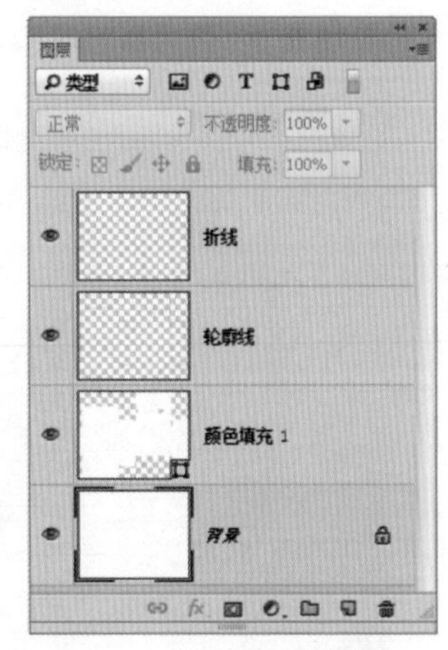

图 19.51

提示 1

此处给出的素材是包装的刀版图，其中已经标示了包装各部分的尺寸，该尺寸是在包装设计之初，经过与客户进行讨论确定下来的数据，再配合对包装结构的设计制作得到此处的刀版图。在本例下面的操作中，主要是对包装上的内容进行设计，即包装装潢设计，这也是绝大部分包装设计师最常遇到的包装设计工作。

提示 2

刀版图中最常见的是实线与虚线两种线条，实线是裁切线，用于确认最后印刷时，包装的裁切边缘，因此在该线条以外的区域，应该保留至少 3mm 的出血尺寸，以避免由于印刷跑位，导致包装边缘出现杂边的情况；刀版图中的虚线是裁折线，代表了线条所在的位置是向内进行折叠；如果要表现向外折叠，可以使用比裁切线细一些的实线进行标注。

02 **为了便于设计包装时更好地确认各部分的范围，可以按 Ctrl + R 键显示标尺（再次按 Ctrl + R 键即可隐藏标尺。），然后在包装的各个位置添加参考线。在本例的素材中，已经添加了对应的参考线，读者可以选择“视图” | “显示” | “参考线”命令，或按 Ctrl+; 键显示参考线，如图 19.52 所示。**

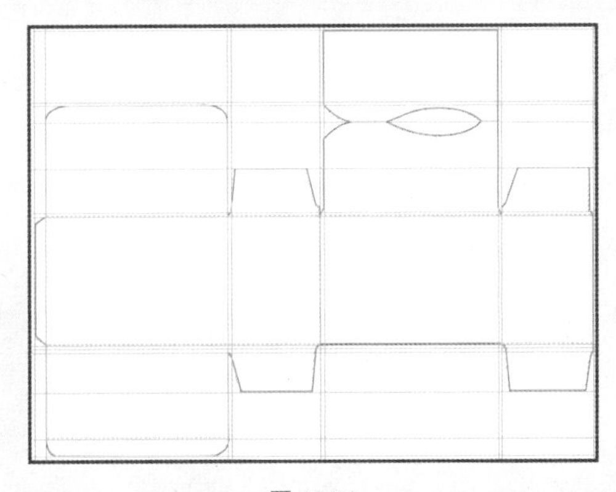

图 19.52

提示

下面来沿裁切线的边缘绘制包装平面图的基本轮廓，为保证在裁切线以外保留有出血内容，应注意向裁切线以外的区域扩展 3mm，再进行绘制。下面将开始制作包装正面上的图像内容。

19.3.2 包装内容设计

01 **选择“颜色填充 1”作为当前的工作层，设置前景色的颜色值为#0f319c，选择钢笔工具，在工具选项栏上选择“形状”选项，在正面的左上方绘制图 19.53 所示的形状，得到“形状 1”。**

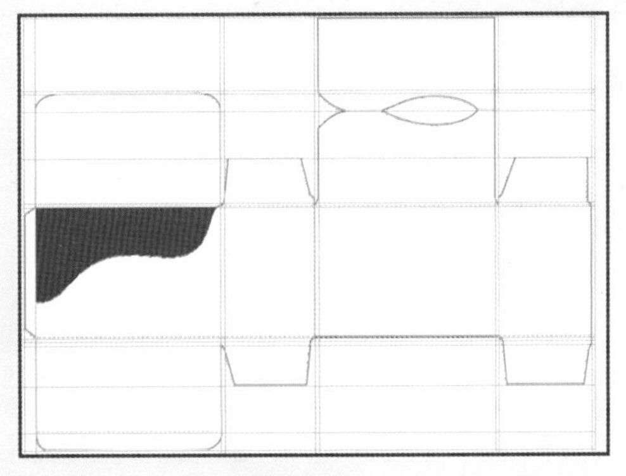

图 19.53

02 单击“形状 1”矢量蒙版缩览图（或在“路径”面板的空白处单击鼠标）以隐藏路径状态，设置前景色的颜色值为#0686d4，按照上一步的操作方法应用钢笔工具在正面中绘制形状，如图 19.54 所示。同时得到“形状 2”。

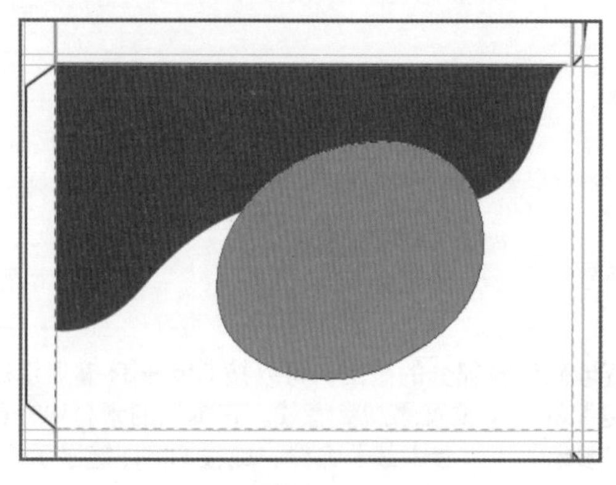

图 19.54

03 单击“添加图层样式”按钮，在弹出的菜单中选择“投影”命令，设置弹出的对话框，如图 19.55 所示，得到的效果如图 19.56 所示。

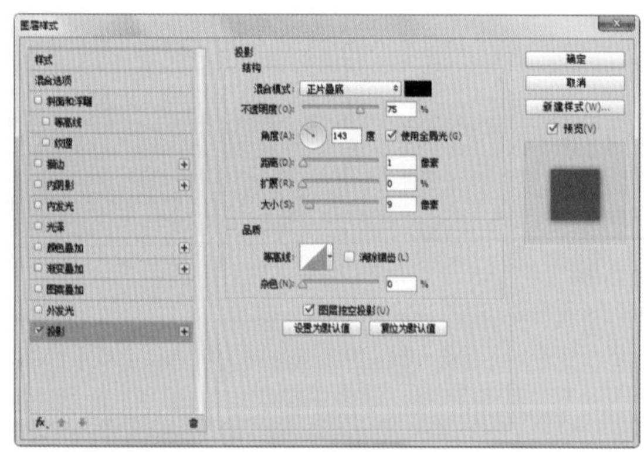

图 19.55

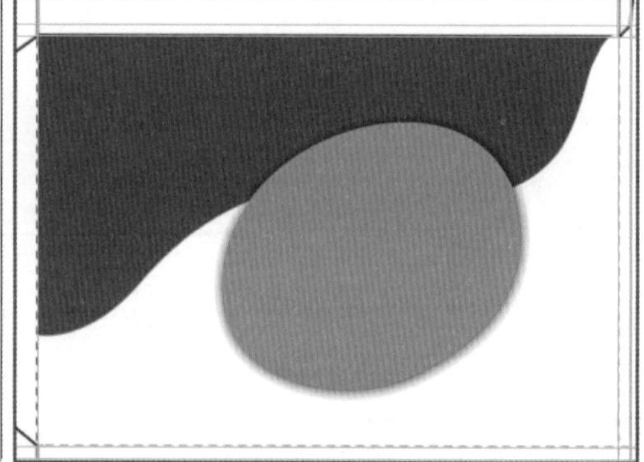

图 19.56

04 选择钢笔工具，在工具选项栏上选择“路径”选项，在上一步得到的图像上绘制路径，如图 19.57 所示。单击“创建新的填充或调整图层”按钮，在弹出的菜单中选择“渐变”命令，设置弹出的对话框，如图 19.58 所示，得到图 19.59 所示的效果，同时得到图层“渐变填充 1”。

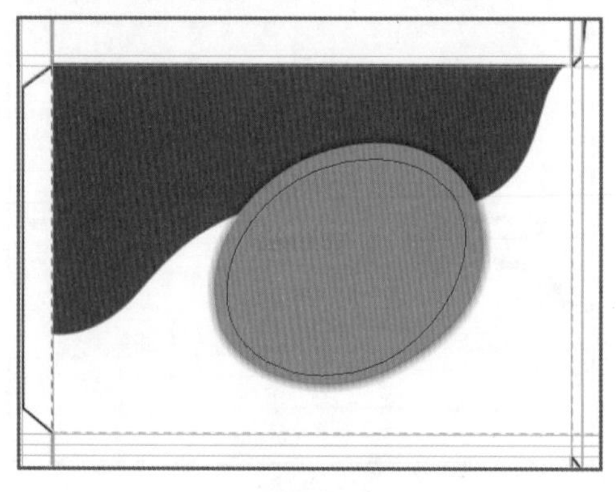

图 19.57

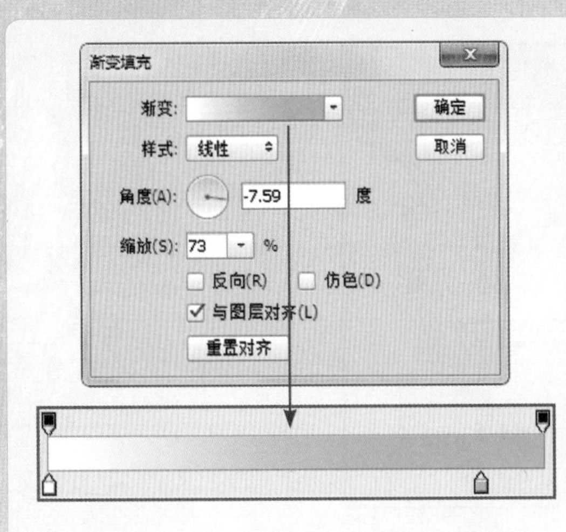

图 19.58

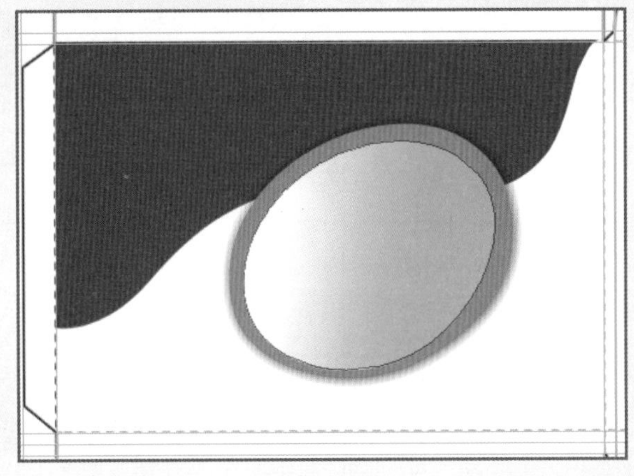

图 19.59

05 打开“素材 17.asl”，选择“窗口”|“样式”命令，以显示“样式”面板，选择刚打开的样式（通常在面板中最后一个）为“渐变填充 1”应用样式，此时的图像效果如图 19.60 所示。

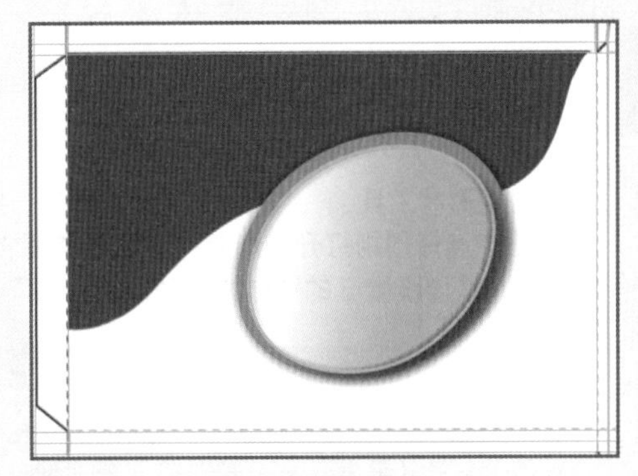

图 19.60

06 按 Alt 键并将“形状 2”拖至“渐变填充 1”的上方得到“形状 2 拷贝”，将其图层样式删除，双击图层缩览图，在弹出的对话框中更改颜色值为#0699f3。在“形状 2 拷贝”矢量蒙版缩览图激活的状态下，按 Ctrl+Alt+T 键调出自由变换并复制控制框，按 Alt+Shift 键向内拖动右上角的控制句柄以等比例缩小图像稍许，按 Enter 键确认操作。

07 接着，选择路径选择工具，并在其工具选项栏中选择“减去顶层形状”选项，得到的效果如图 19.61 所示。按照上一步至本步的操作方法，结合复制图层、调整图层顺序、删除图层样式、更改图像的颜色值、变换以及运算模式等功能，制作圆形图像中的白色圈，如图 19.62 所示。同时得到“形状 2 拷贝 2”。

图 19.61

图 19.62

提示

至此，圆形图像已制作完成。下面制作文字图像。

08 选择自定形状工具，设置前景色为白色，打开“素材 18.csh”，在画布中单击右键，在弹出的形状显示框中选择刚刚打开的形状，在圆形图像的左上方绘制文字形状，如图 19.63 所示，同时得到“形状 3”。按照步骤 5 的操作方法利用“投影”图层样式制作文字的投影效果，如图 19.64 所示。

图 17.53

图 19.64

提示

本步中关于图层样式对话框中的参数设置请参考最终效果源文件。在下面的操作中，会多次应用到图层样式的功能，不再做相关提示。

09 按 Ctrl 键并单击“形状 3”矢量蒙版缩览图以载入其选区，选择“选择”|“修改”|“扩展”命令，在弹出的对话框中设置“扩展量”数值为 3px，单击“确定”按钮退出对话框。新建“图层 1”，将其拖至“形状 3”的下方，设置前景色为白色，按 Alt+Delete 键以前景色填充选区，按 Ctrl+D 键取消选区。得到的效果如图 19.65 所示。

图 19.65

10 根据前面所讲解的操作方法，结合“投影”以及“渐变叠加”图层样式，制作文字的投影及渐变效果，如图 19.66 所示。

图 19.66

11 单击“添加图层蒙版”按钮 为“形状 2 拷贝 2”添加蒙版，设置前景色为黑色，选择画笔工具，在其工具选项栏中设置适当的画笔大小及不透明度，在图层蒙版中进行涂抹，以将左上方以及左下方的部分图像隐藏起来，直至得到图 19.67 所示的效果。“图层”面板如图 19.68 所示。

图 19.67

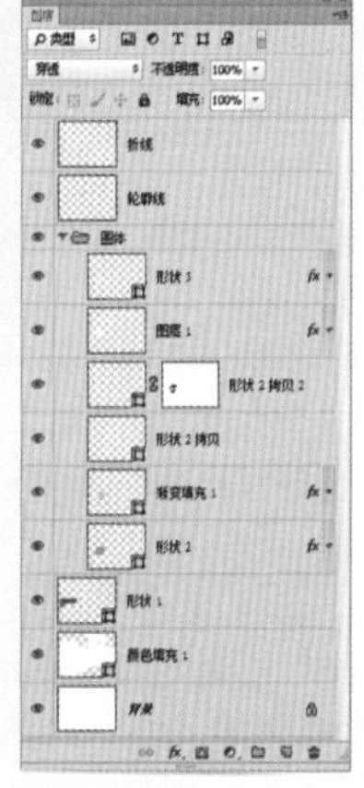

图 19.68

提示

本步中为了方便图层的管理，在此将制作圆体及文字的图层选中，按 Ctrl+G 键执行“图层编组”操作得到“组 1”，并将其重命名为“圆体”。在下面的操作中，也对各部分进行了编组的操作，在后续的步骤中不再叙述。下面制作文字与背景间的接触效果。

12 选择“形状 1”作为当前的工作层，新建“图层 2”，按 Ctrl+Alt+G 键执行“创建剪贴蒙版”操作，设置前景色为#51aee9，选择画笔工具，并在其工具选项栏中设置适当的画笔大小及不透明度，在蓝色图像的下方进行涂抹，得到的效果如图 19.69 所示。

图 19.69

13 根据前面所讲解的操作方法，结合形状工具、路径、渐变填充、图层蒙版、图层样式以及文字工具等功能，制作装饰及相关信息，如图 19.70 所示。“图层”面板如图 19.71 所示。

图 17.70

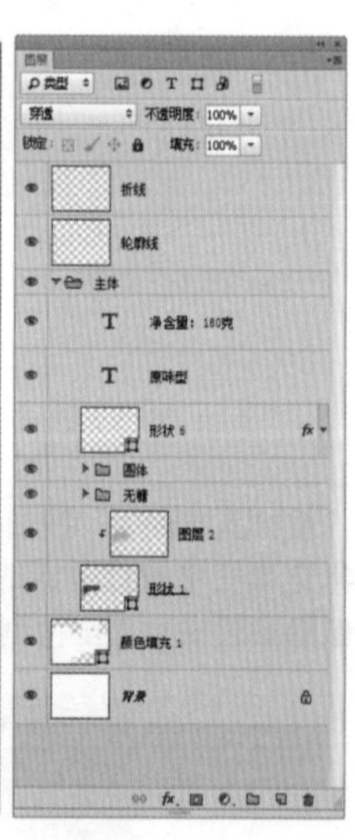

图 19.71

提示

本步中关于图像颜色值、渐变填充对话框中的参数设置请参考最终效果源文件。另外，由于文字的操作方法比较简单，在此也就没有一一叙述。下面制作“奶”形及 Logo 图像。

14 打开“素材 19.psd”，按 Shift 键并使用移动工具将其拖至上一步制作的文件中，得到的效果如图 19.72 所示。同时得到组“奶”和组“logo”。

图 19.72

提示

本步是以组的形式给的素材，由于并非本例讲解的重点，读者可以参考最终效果源文件进行参数设置，展开组即可观看到操作的过程。

15 选中组“主体”、组“奶”和组“logo”，按Ctrl+Alt+E键执行“盖印”操作，从而将选中图层中的图像合并至一个新图层中，并将其重命名为“图层 3”。按Shift键并使用移动工具 水平拖至包装背面，如图 19.73 所示。

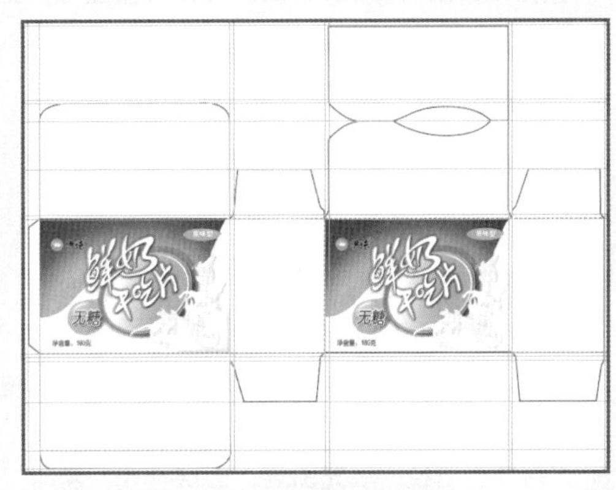

图 19.73

16 根据前面所讲解的操作方法，结合路径、填充图层、画笔工具 以及盖印等功能，制作正面上方的顶盖，如图 19.74 所示。“图层”面板如图 19.75 所示。

图 17.74

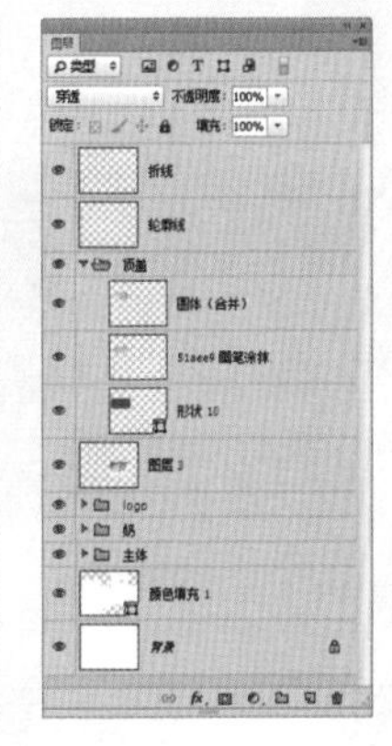

图 19.75

提示

本步中“形状 10”图层中图像的颜色值为#0f319c。

17 将组“顶盖”进行盖印，得到“顶盖（合并）”，暂时隐藏该图层，选择多边形套索工具，在顶盖下方两侧绘制图 19.76 所示的选区，按 Alt 键并单击“添加图层蒙版”按钮 为组“顶盖”添加蒙版，得到的效果如图 19.77 所示。

图 17.76

图 17.77

18 显示图层“顶盖（合并）”，结合移动工具、选区以及图层蒙版的功能，制作底盖图像，如图 19.78 所示。

提示

至此，顶盖及底盖的图像效果已制作完成。下面制作其他面的图像效果，最终完成制作。

图 19.78

19 最后结合路径、填充图层、图层样式、盖印、文字工具、素材图像以及变换等功能，制作包装其他面的图像效果，得到的最终效果如图 19.79 所示。“图层”面板如图 19.80 所示。

图 19.79

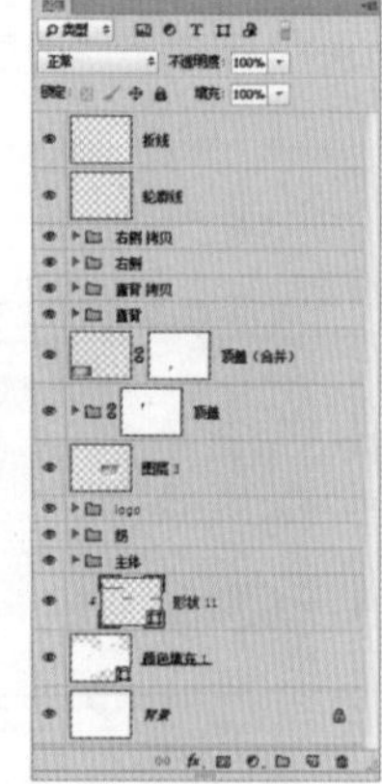

图 19.80

提示

本步中所应用到的素材图像为“素材 19.psd”和“素材 21.psd”。在制作的过程中，关于各参数的设置请参考最终效果源文件。另外，还为个别图层设置了图层的透明度。